现代电力电子技术及应用

主　编　崔　红　高有清
副主编　徐　颖　胡晓燕　赵俊杰

北京理工大学出版社
BEIJING INSTITUTE OF TECHNOLOGY PRESS

内容简介

本书将高职高专智能控制技术专业、机电一体化专业、电气自动化技术等电类专业的"电力电子技术"和"变频调速技术与应用"这两门主干专业课程进行了整合和优化,以适应目前高职高专教学改革的需要。全书按照"项目引领、任务驱动"的原则,设计了7个项目,共30个任务。本书系统介绍了晶闸管的简易触发电路和单相可控整流电路、晶闸管整流器运行调试和锯齿波同步移相触发电路的原理分析与调试、全控型电力电子器件的应用、交流调压电路的分析与调试、直流变换电路的分析与应用、逆变电路的分析与应用、变频器的应用等相关内容。

本书为新形态教材,以项目引领以及知识与技能并举的方式进行编写,以项目中的单个任务为单位组织教学,每个任务遵循实际项目实施过程,包含任务目标、知识链接、任务实施、任务评价、拓展训练等环节,教、学、做、练相结合。学生通过7个项目、30个任务的学习,既增长了专业知识,又培养了工程应用能力、创新意识、精益求精的工匠精神。为强化实践技能的培养和团队协作能力,本书配备了9个项目实训。为便于学习,随书还配有视频、动画、微课等教学资源。

本书可作为高等职业院校机电类专业的专业课教学用书,也可作为从事电力电子技术及变频调速技术工作的工程技术人员参考使用。

版权专有 侵权必究

图书在版编目(CIP)数据

现代电力电子技术及应用 / 崔红,高有清主编. --北京:北京理工大学出版社,2024.4
ISBN 978-7-5763-3934-5

Ⅰ.①现… Ⅱ.①崔… ②高… Ⅲ.①电力电子技术-高等职业教育-教材 Ⅳ.①TM76

中国国家版本馆 CIP 数据核字(2024)第 091058 号

责任编辑:陈莉华	文案编辑:陈莉华
责任校对:周瑞红	责任印制:施胜娟

出版发行	/ 北京理工大学出版社有限责任公司
社　　址	/ 北京市丰台区四合庄路6号
邮　　编	/ 100070
电　　话	/ (010) 68914026(教材售后服务热线)
	(010) 68944437(课件资源服务热线)
网　　址	/ http://www.bitpress.com.cn

版 印 次	/ 2024年4月第1版第1次印刷
印　　刷	/ 涿州市新华印刷有限公司
开　　本	/ 787 mm×1092 mm　1/16
印　　张	/ 17
字　　数	/ 389千字
定　　价	/ 80.00元

图书出现印装质量问题,请拨打售后服务热线,负责调换

前 言

本书突出当前高职高专教育的特点，认真总结和充分吸收各院校近几年来的教改成果和成功经验，汲取了国内同类教材的精华编写而成。以全面贯彻党的教育方针，落实立德树人根本任务，培养德智体美劳全面发展的社会主义建设者和接班人，以及坚持科技是第一生产力、人才是第一资源、创新是第一动力，深入实施科教兴国战略、人才强国战略、创新驱动发展战略，开辟发展新领域、新赛道，不断塑造发展新动能、新优势为指导。参考学时为60学时。

本书有以下特点：

（1）本书教学内容立足于智能制造背景下企业发展的新需求和高等职业院校机电类专业毕业生需要具备的岗位能力，将"电力电子技术"和"变频调速技术与应用"等内容进行优化整合，以适应高职高专教学的需要。

（2）本书以培养应用型人才为目标，遵循"项目引领、任务驱动"的原则编写，设计了7个项目，共30个任务。项目由简单到复杂，教、学、做、练相结合，培养学生的综合职业能力。

（3）本书为新形态教材，精选内容，突出实用性。以项目中的单个任务为单位组织教学，每个任务遵循实际项目实施过程，让学生由浅入深地完成任务，最终达到学习目标。

（4）本书通过项目学习不仅培养学生的工程应用能力，而且培养学生分析解决实际问题的能力、创新意识、精益求精的工匠精神、团队协作精神、吃苦耐劳的品德和良好的职业道德等，促进知识传授与价值引领相结合。

（5）本书注重实际应用，加强应用理论知识解决实际问题的能力的训练。在附录中配备了实验实训项目。为便于学习，随书还配有视频、动画、微课等教学资源，作为课后拓展阅读的材料。

本书分为7个项目，系统地介绍了晶闸管的简易触发电路和单相可控整流电路、晶闸管整流器运行调试和锯齿波同步移相触发电路的原理分析与调试、全控型电力电子器件的应用、交流调压电路的分析与调试、直流变换电路的分析与应用、逆变电路的分析与应用、变频器的应用等内容，并且配备了电力电子技术项目实训。

本书在编写体系和内容选定方面做了一些新的尝试，结合国家战略和行业需求，注重理论联系实际，突出能力的培养，将电力电子器件及其应用技术与变频器的基础知识、主要参数设定、常用控制功能及变频器的工程应用等内容融合在一起，在编排上以应用为重点。如在变频器的应用项目中，重点介绍了西门子MM420通用型变频器。学生通过项目学习、任务实施训练，提高专业技能。

本书由辽宁省交通高等专科学校崔红和沈阳光大环保科技股份有限公司高有清担任主编，辽宁省交通高等专科学校徐颖、胡晓燕、营口职业技术学院赵俊杰担任副主编。具体编写分工如下：崔红编写项目1、项目6、项目7；高有清编写项目2、项目3；徐颖编写项目4；赵俊杰编写项目5；胡晓燕编写项目实训1至项目实训9。崔红负责全书的组织、统编与修改。

在本书的编写过程中，还参考了国内许多同行、专家的文献，在此表示衷心的感谢。

由于编者水平有限，书中难免存在疏漏及不足之处，恳请广大读者批评指正。

编　者

目 录

项目1　晶闸管的简易触发电路和单相可控整流电路 1
 任务1.1　功率二极管的特性及应用 2
  知识点1　功率二极管的特性和主要参数 2
  知识点2　功率二极管的应用 4
 任务1.2　晶闸管的原理和识别 8
  知识点1　晶闸管的结构及工作原理 8
  知识点2　晶闸管的特性和主要参数 10
  知识点3　晶闸管的型号及识别方法 12
  知识点4　晶闸管的其他派生元件 13
 任务1.3　晶闸管触发电路 17
  知识点1　晶闸管对触发电路的要求 17
  知识点2　单结晶体管触发电路 18
  知识点3　单结晶体管自激振荡电路 20
 任务1.4　单相可控整流电路的分析 23
  知识点1　单相半波整流电路 23
  知识点2　单相桥式半控整流电路 26
  知识点3　单相桥式全控整流电路 28
 任务1.5　晶闸管及单相整流电路的应用 34
  知识点1　晶闸管调光调温电路 34
  知识点2　过电压自动断电保护电路 35
  知识点3　单相可控整流电路在直流电动机调速中的应用 36

项目2　晶闸管整流器运行调试和锯齿波同步移相触发电路的原理分析与调试 41
 任务2.1　晶闸管整流器的运行调试 42
  知识点1　晶闸管整流器的工程计算 43
  知识点2　晶闸管整流器的保护 46
 任务2.2　三相半波可控整流电路 50
  知识点1　电阻性负载三相半波可控整流电路 51

　　　　知识点 2　电感性负载三相半波可控整流电路 ················· 52
　　　　知识点 3　三相半波共阳极可控整流电路 ····················· 53
　任务 2.3　三相桥式全控整流电路 ··· 57
　　　　知识点 1　电阻性负载三相桥式全控整流电路 ················· 57
　　　　知识点 2　电感性负载三相桥式全控整流电路 ················· 61
　任务 2.4　三相桥式半控整流电路 ··· 64
　　　　知识点 1　三相桥式半控整流电路的结构和特点 ·············· 65
　　　　知识点 2　三相桥式半控整流电路的波形分析 ················· 66
　任务 2.5　锯齿波同步移相触发电路的原理分析 ························· 68
　　　　知识点 1　脉冲形成和放大环节 ································· 69
　　　　知识点 2　同步环节 ··· 70
　　　　知识点 3　移相环节 ··· 71
　　　　知识点 4　强触发环节 ·· 71
　　　　知识点 5　双脉冲形成环节 ······································· 71
　　　　知识点 6　同步电压 ··· 73
　　　　知识点 7　防止误触发的措施 ···································· 73

项目 3　全控型电力电子器件的应用 ·· 77
　任务 3.1　门极可关断晶闸管的原理及应用 ······························· 79
　　　　知识点 1　门极可关断晶闸管的结构和原理 ···················· 79
　　　　知识点 2　门极可关断晶闸管的主要参数 ······················· 80
　　　　知识点 3　门极可关断晶闸管的应用 ···························· 81
　任务 3.2　电力晶体管的原理及应用 ······································ 85
　　　　知识点 1　电力晶体管的结构和原理 ···························· 86
　　　　知识点 2　电力晶体管的特性和主要参数 ······················· 87
　　　　知识点 3　电力晶体管的应用 ···································· 89
　任务 3.3　功率场效应晶体管的原理及应用 ······························· 93
　　　　知识点 1　功率场效应晶体管的结构和原理 ···················· 94
　　　　知识点 2　功率场效应晶体管的特性和主要参数 ·············· 95
　　　　知识点 3　功率场效应晶体管的应用 ···························· 97
　任务 3.4　绝缘栅双极型晶体管的原理及应用 ···························· 101
　　　　知识点 1　绝缘栅双极型晶体管的原理及应用 ················ 101
　　　　知识点 2　绝缘栅双极型晶体管的特性和主要参数 ··········· 102
　　　　知识点 3　绝缘栅双极型晶体管的应用 ························· 104
　任务 3.5　其他新型电力电子器件的原理及应用 ························· 107
　　　　知识点 1　MOS 控制晶闸管的原理及应用 ···················· 107
　　　　知识点 2　集成门极换流晶闸管的原理及应用 ················ 108
　　　　知识点 3　静电感应晶体管 ······································ 109
　　　　知识点 4　静电感应晶闸管 ······································ 109

项目 4　交流调压电路的分析与调试 ……………………………………………… 113

任务 4.1　单相交流调压电路的分析 ………………………………………… 114
知识点 1　电阻性负载的单相交流调压电路 …………………………… 114
知识点 2　电感性负载的单相交流调压电路 …………………………… 115

任务 4.2　三相交流调压电路的分析 ………………………………………… 120
知识点 1　星形连接带中性线的三相交流调压电路 …………………… 121
知识点 2　晶闸管与负载连接成内三角形的三相交流调压电路 ……… 122
知识点 3　用 3 对反并联晶闸管连接成的三相三线交流调压电路 …… 122

任务 4.3　其他交流电力控制电路 …………………………………………… 126
知识点 1　晶闸管交流开关 ……………………………………………… 127
知识点 2　交流调功电路及控制 ………………………………………… 128
知识点 3　固态交流开关 ………………………………………………… 131

项目 5　直流变换电路的分析与应用 …………………………………………… 137

任务 5.1　降压斩波电路的分析与调试 ……………………………………… 139
知识点 1　电路的结构 …………………………………………………… 139
知识点 2　电路的工作原理 ……………………………………………… 139

任务 5.2　升压斩波电路的分析与调试 ……………………………………… 144
知识点 1　电路的结构 …………………………………………………… 144
知识点 2　电路的工作原理 ……………………………………………… 144

任务 5.3　升降压斩波电路的分析与调试 …………………………………… 148
知识点 1　电路的结构 …………………………………………………… 148
知识点 2　电路的工作原理 ……………………………………………… 148

任务 5.4　Cuk 斩波电路的分析与调试 ……………………………………… 152
知识点 1　电路的结构 …………………………………………………… 152
知识点 2　电路的工作原理 ……………………………………………… 152

任务 5.5　Sepic 斩波电路和 Zeta 斩波电路的分析与调试 ………………… 155
知识点 1　Sepic 斩波电路的结构 ……………………………………… 156
知识点 2　Sepic 斩波电路的工作原理 ………………………………… 156
知识点 3　Zeta 斩波电路的结构 ………………………………………… 156
知识点 4　Zeta 斩波电路的工作原理 …………………………………… 156

项目 6　逆变电路的分析与应用 ………………………………………………… 161

任务 6.1　无源逆变电路的分析 ……………………………………………… 165
知识点 1　无源逆变电路的基本概念 …………………………………… 166
知识点 2　电压型逆变电路 ……………………………………………… 170
知识点 3　电流型逆变电路 ……………………………………………… 177
知识点 4　PWM 控制技术 ……………………………………………… 180

任务 6.2　有源逆变电路的分析 ……………………………………………… 187
知识点 1　有源逆变电路的工作原理 …………………………………… 187

知识点2　逆变实现的条件与逆变角 ……………………………………… 189
　　知识点3　三相有源逆变电路 …………………………………………… 190
　任务6.3　有源逆变电路的应用 ……………………………………………… 197
　　知识点1　直流可逆电力拖动系统 ……………………………………… 197
　　知识点2　绕线式异步电动机晶闸管串级调速 ………………………… 199
　　知识点3　高压直流输电 ………………………………………………… 200

项目7　变频器的应用　205

　任务7.1　变频器的基础知识 ………………………………………………… 206
　　知识点1　变频器的发展 ………………………………………………… 206
　　知识点2　变频器的基本类型 …………………………………………… 207
　　知识点3　变频器的应用概况 …………………………………………… 209
　任务7.2　通用变频器的结构和工作原理 …………………………………… 212
　　知识点1　变频器的结构 ………………………………………………… 212
　　知识点2　变频器主电路的结构 ………………………………………… 214
　　知识点3　变频器的工作原理 …………………………………………… 216
　任务7.3　变频器的常用参数与功能 ………………………………………… 219
　　知识点1　变频器的频率参数 …………………………………………… 219
　　知识点2　变频器的主要功能及预置 …………………………………… 221
　任务7.4　变频器在恒压供水系统中的应用 ………………………………… 230
　　知识点1　水泵供水的基本模型与主要参数 …………………………… 231
　　知识点2　供水系统的节能原理分析 …………………………………… 232
　　知识点3　恒压供水系统的构成与工作过程 …………………………… 234
　　知识点4　恒压供水系统的PI调节原理框图及主要参数设置 ………… 235

附　录　240

　项目实训1　晶闸管的简易测试与导通和关断条件 ………………………… 240
　项目实训2　单结晶体管触发电路及单相半波可控整流电路的测试 ……… 242
　项目实训3　锯齿波触发电路与三相全控桥整流电路的测试 ……………… 245
　项目实训4　三相桥式有源逆变电路的测试 ………………………………… 249
　项目实训5　单相交流调压电路的测试 ……………………………………… 253
　项目实训6　双向晶闸管三相交流调压电路的测试 ………………………… 255
　项目实训7　IGBT斩波电路的测试 …………………………………………… 256
　项目实训8　变频器熟悉实验 ………………………………………………… 259
　项目实训9　变频器的快速调试实验 ………………………………………… 262

参考文献　264

项目 1

晶闸管的简易触发电路和单相可控整流电路

引导案例

为了使晶闸管由阻断状态转入导通状态，晶闸管在承受正向阳极电压的同时，还需要在门极加上适当的触发电压，其中控制晶闸管导通的电路称为触发电路。触发电路是电力电子装置的重要组成部分，为了充分发挥电力电子器件的潜力，保证装置的正常运行，必须正确设计与选择触发电路。

图 1.1 所示为电瓶充电电路，该电路使用元件较少，线路简单，具有过充电保护、短路保护和电瓶短接保护功能。

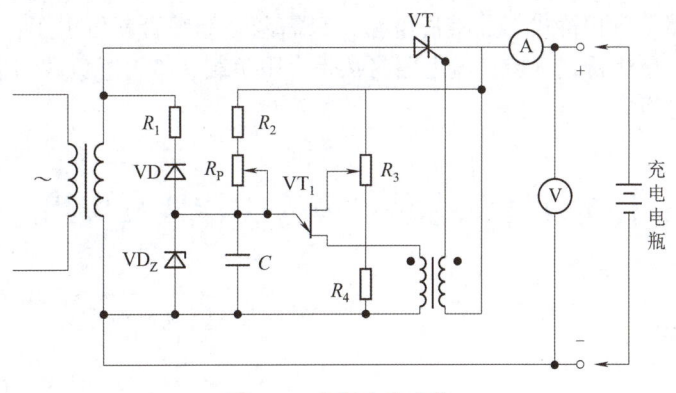

图 1.1 电瓶充电电路

图中 R_2、R_P、C、VT_1、R_3、R_4 构成了单结晶体管触发电路，当待充电电瓶接入电路后，触发电路获得所需电源电压开始工作。当电瓶电压充到一定数值时，使单结晶体管的峰点电压 U_P 大于稳压管 VD_Z 的稳定电压，单结晶体管不能导通，触发电路不再产生触发脉冲，则充电电瓶停止充电。触发电路和可控整流电路的同步是由二极管 VD 和电阻 R_1 来完成的，交流电压过零变负后，电容通过 VD 和 R_1 迅速放电。交流电压过零变正后 VD 截止，电瓶电压通过 R_2、R_P 向 C 充电。改变 R_P 的值，可设定电瓶的初始充电电流。

项目描述

本项目分为 5 个任务模块，分别是功率二极管的特性及应用、晶闸管的原理和识别、晶闸管触发电路、单相可控整流电路的分析、晶闸管及单相整流电路的应用。整个实施过

1

程中涉及：功率二极管的特性、主要参数及应用，晶闸管的结构、工作原理、特性、主要参数、型号及其他派生元件，晶闸管对触发电路的要求、单结晶体管触发电路、单结晶体管自激振荡电路，单相半波可控整流电路、单相桥式半控整流电路、单相桥式全控整流电路的分析，晶闸管调光调温电路、过电压自动断电保护电路、直流电动机调速电路等方面的内容。通过学习掌握晶闸管的结构、原理和单相可控整流电路的工作原理及波形分析，掌握单相可控整流电路的应用，为进一步掌握三相整流电路打下基础。

知识准备

功率二极管常作为整流元件，由于 PN 结具有单向导电性，所以功率二极管是一个正方向单向导电、反方向阻断的电力电子器件，广泛应用于整流、续流、稳压等场合。功率二极管的特性主要有伏安特性和开关特性。

晶闸管是一个 4 层 3 端的大功率半导体器件，能够用控制信号控制其导通，但不能控制其关断。晶闸管的派生元件有快速晶闸管、双向晶闸管、逆导晶闸管和光控晶闸管等。

晶闸管的触发信号可以用交流正半周的一部分，也可用直流，还可用短暂的正脉冲。晶闸管对触发电路的基本要求有：触发信号要有足够的功率；触发脉冲要与主回路电源电压保持同步；触发脉冲要有一定的宽度，前沿要陡；触发脉冲的移相范围要能满足主电路要求。

单相半波可控整流电路采用了可控器件晶闸管，且交流输入为单相，故该电路为单相半波可控整流电路。单相桥式半控整流电路，只需两个晶闸管就可以了，另两个晶闸管可以用二极管代替。单相桥式全控整流电路将从带电阻负载、带阻感负载和带反电动势负载 3 种工作情况进行分析。

任务 1.1　功率二极管的特性及应用

任务目标

[知识目标]
- 概括了解电力电子技术，掌握功率二极管的特性和主要参数。

[技能目标]
- 掌握功率二极管的应用。

[素养目标]
- 具有良好的职业道德和职业素养。
- 具有质量意识、环保意识、安全意识、信息素养、工匠精神和创新思维。

知识链接

知识点 1　功率二极管的特性和主要参数

功率二极管（Power Diode）又称为电力二极管，常作为整流元件，属于不可控型器件，可用于不需要调压的整流、感性负载的续流以及用作限幅、钳位、稳压等场合。

功率二极管的结构和电气符号如图 1.2（a）和图 1.2（b）所示。在 PN 结的 P 型端引出的电极称为阳极 A（Anode），在 N 型端引出的电极称为阴极 K（Cathode）。由于 PN 结具有单向导电性，所以二极管是一个正方向单向导电、反方向阻断的电力电子器件。

不可控器件

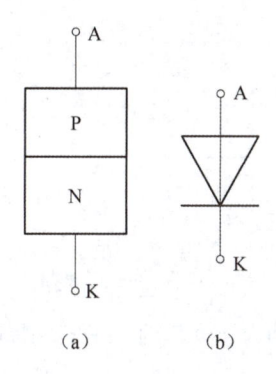

图 1.2 功率二极管的结构和电气符号

（a）结构；（b）电气符号

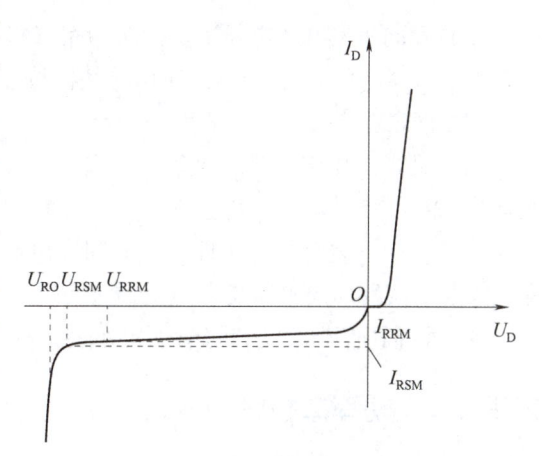

1. 功率二极管的特性

1）功率二极管的伏安特性

（1）二极管具有单向导电能力，二极管正向导电时必须克服一定的阈值电压 U_{th}（又称死区电压），当所加正向阳极电压小于阈值电压时，二极管只流过很小的正向电流。当正向阳极电压大于阈值电压时，正向电流急剧增加，此时阳极电流的大小完全由外电路决定，二极管呈现低阻态，其管压降大约为 0.6 V。

（2）图 1.3 所示的第Ⅲ象限为反向特性区。即当二极管加上反向阳极电压时，开始只有极小的反向漏电流，管子呈现高阻态，随着反向电压的增加，反向电流有所增大，当反向电压增大到一定程度时，漏电流就会急剧增加而使管子被击穿。击穿后的二极管若为开路状态，则管子两端电压为电源电压；若二极管击穿后为短路状态，则管子电压将很小，而电流却较大，如图 1.3 中虚线所示，其中 U_{RO} 为反向击穿电压。

2）功率二极管的开关特性

由于 PN 结电容的存在，二极管从导通

图 1.3 功率二极管的伏安特性

到截止的过渡过程与反向恢复时间 t_{rr}、最大反向电流值 I_{RM}、与二极管 PN 结结电容的大小、导通时正向电流 I_F 所对应的存储电荷 Q、电路参数以及反向电流 di/dt 等都有关。普通二极管的 t_{rr}=2~10 μs，快速恢复二极管的 t_{rr} 为几十至几百纳秒，超快恢复二极管的 t_{rr} 仅几纳秒。功率二极管的开关特性如图 1.4 所示。

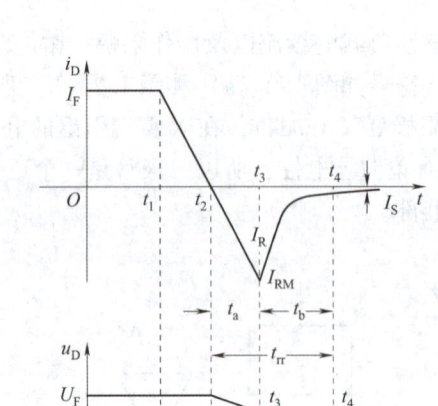

图 1.4 功率二极管的开关特性

2. 功率二极管的主要参数

(1) 正向平均电流 $I_{F(AV)}$: 为额定电流,是在指定的管壳温度(简称壳温,用 T_C 表示)和散热条件下,其允许流过的最大工频正弦半波电流的平均值(与 SCR 相同)。正向平均电流是按照电流的发热效应来定义的,因此使用时应按有效值相等的原则来选取电流定额,并应留有一定的裕量。

(2) 正向压降 U_F: 指功率二极管在指定温度下,流过某一指定的稳态正向电流时所对应的正向压降,有时参数表中也会给出在指定温度下流过某一瞬态正向大电流时器件的最大瞬时正向压降。

(3) 反向重复峰值电压 U_{RM}: 对功率二极管所能重复施加的反向最高峰值电压,通常是其雪崩击穿电压 U_B 的 2/3,使用时往往按照电路中功率二极管所能承受的反向最高峰值电压的 2 倍来选定。

(4) 最高工作结温 T_{JM}: 指在 PN 结不致损坏的前提下所能承受的最高平均温度, T_{JM} 通常为 125~175 ℃。

(5) 反向恢复时间 t_{rr}: 即延迟时间和电流下降时间之和。因而 t_{rr} 为关断过程中从电流降至零起到恢复反向阻断能力为止的时间。

(6) 浪涌电流 I_{FMS}: 二极管所能承受的最大的连续一个或几个工频周期的过电流。

知识点 2 功率二极管的应用

(1) 整流。利用二极管正偏时导通、反偏时截止的不对称非线性特性可实现整流变换,如图 1.5 (a) 所示,这是二极管最基本的应用。

(2) 续流。用作续流二极管,如图 1.5 (b) 所示。当开关 S 切断电感电路时,为防止电感产生很高的反电动势 $e = L \cdot di/dt$ 而损坏设备,接入一个二极管 VD,使电感电流有一个继续流动的回路,使开关管 S 在关断时其两端电压不超过电源电压 U_S,避免了因电感断流而在开关器件两端出现高压。

（3）限幅。当输入信号电压 U_S 变化范围很大时，为了使信号电压的幅值能够限制在某个范围之内，可采用图 1.5（c）所示的二极管限幅电路。设二极管阈值电压为 U_{th}，当 $U_S < U_{th}$ 时，二极管截止不导通，信号全部输出，$U_O = U_S$；当 $U_S > U_{th}$ 时，二极管导通，二极管电压被限制为正向导通电压。

（4）钳位。如图 1.5（d）所示，负载电阻 R_L 改变时，只要二极管 VD 处于正偏导通状态，则输出端电压 U_O 将等于电源电压 U_G 加二极管正向电压降 U_F，与负载无关，即 U_O 被钳位到 $U_G + U_F$。当然要保持二极管总是处于正偏导通状态，R_L 不能过小，R_L 太小时流过 R 上的电流过大，R 上的电压降太大以至 R_L 上电压小于 U_G 时，二极管反偏截止，U_O 将随 R_L 的改变而改变，钳位电路失去作用。

（5）稳压。如图 1.5（e）所示，稳压管 VD_Z 也是一种半导体二极管，这种二极管的正常工作区是在反向击穿区，二极管反向击穿后反向电流改变时，其反向端电压基本不变。因此，在图 1.5（e）中，当电源电压 U_S 改变时，通过稳压管的反向电流改变，使串联电阻 R 上的压降改变，从而使负载电压 U_O 基本不变。

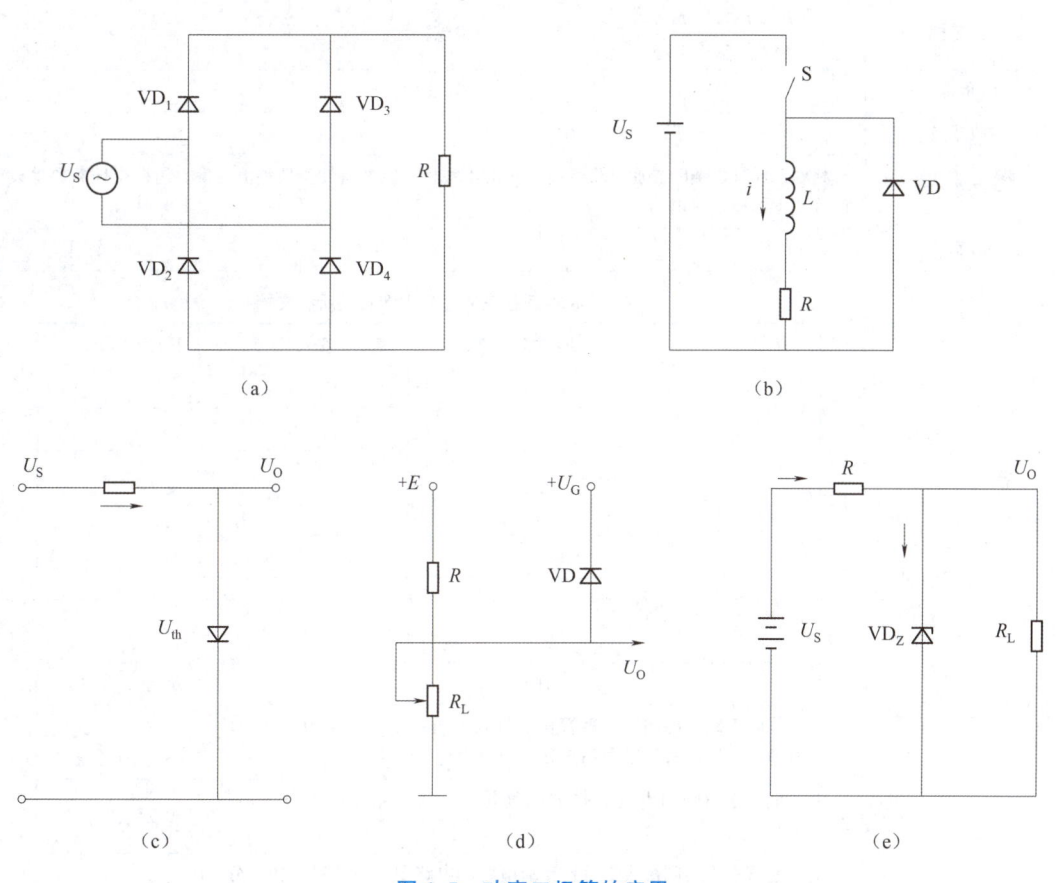

图 1.5 功率二极管的应用
(a) 整流；(b) 续流；(c) 限幅；(d) 钳位；(e) 稳压

任务实施

（1）明确功率二极管的特性有哪些，画出功率二极管的伏安特性曲线。

（2）掌握功率二极管的主要参数有哪些，写出参数并加以说明。

（3）掌握功率二极管在电力电子电路中有哪些应用，举例说明。

任务评价

1. 小组互评

小组互评任务验收单

任务名称	利用二极管构成桥式不可控整流电路	验收结论	
验收负责人		验收时间	
验收成员			
任务要求	利用二极管正偏时导通、反偏时截止的不对称非线性特性实现整流变换。请根据任务要求设计桥式不可控整流电路			
实施方案确认				
文档接收清单	接收本任务完成过程中涉及的所有文档			
	序号	文档名称	接收人	接收时间
验收评分	配分表			
	评价标准		配分	得分
	能够正确列出利用二极管构成桥式不可控整流电路中用到的所有电气元件。每处错误扣5分，扣完为止		20分	
	能够正确画出电气元件的电气符号。每处错误扣5分，扣完为止		30分	
	能够正确绘制桥式不可控整流电路的电路图。每处错误扣5分，扣完为止		30分	
	能够正确描述桥式不可控整流电路的工作原理。描述模糊不清楚或不达要点不给分		20分	
效果评价				

2. 教师评价

教师评价任务验收单

任务名称	利用二极管构成桥式不可控整流电路	验收结论	
验收负责人		验收时间	
验收成员			
任务要求	利用二极管正偏时导通、反偏时截止的不对称非线性特性实现整流变换。请根据任务要求设计桥式不可控整流电路			
实施方案确认				
文档接收清单	接收本任务完成过程中涉及的所有文档			
	序号	文档名称	接收人	接收时间
验收评分	配分表			
	评价标准		配分	得分
	能够正确列出利用二极管构成桥式不可控整流电路中用到的所有电气元件。每处错误扣5分，扣完为止		20分	
	能够正确画出电气元件的电气符号。每处错误扣5分，扣完为止		30分	
	能够正确绘制桥式不可控整流电路的电路图。每处错误扣5分，扣完为止		30分	
	能够正确描述桥式不可控整流电路的工作原理。描述模糊不清楚或不达要点不给分		20分	
效果评价				

💡 拓展训练

（1）电力电子电路的功能是完成_____和_____电能的转换。

（2）根据直流输出电压是否可以调整，通常分为_____电路和_____电路。

（3）功率二极管属于_____器件，可用于不需要调压的整流、感性负载的_____以及用作限幅、钳位、稳压等。

（4）电力电子技术有哪些基本功能？并加以解释。

任务 1.2　晶闸管的原理和识别

任务目标

[知识目标]
- 掌握晶闸管的结构和工作原理；掌握晶闸管派生元件的电气符号和伏安特性。

[技能目标]
- 掌握晶闸管的特性及识别方法。

[素养目标]
- 具有良好的职业道德和职业素养。
- 具有质量意识、环保意识、安全意识、信息素养、工匠精神和创新思维。

知识链接

知识点 1　晶闸管的结构及工作原理

电力电子技术概述

　　晶闸管（Thyristor）：全称为晶体闸流管，也叫可控硅整流器（Silicon Controlled Rectifier，SCR）。晶闸管于 1956 年在美国贝尔实验室（Bell Laboratories）发明，1957 年美国通用电气公司（General Electric Company）开发出第一只晶闸管产品，并于 1958 年使其商业化。晶闸管的研制成功标志着电力电子技术的诞生。

　　晶闸管是一种能够用控制信号控制其导通，但不能控制其关断的半控型器件。它导通时刻可控，满足了调压要求，具有体积小、质量轻、效率高、动作迅速、维护简单、操作方便和寿命长等特点，被广泛应用于可控整流、交流调压、无触点电子开关、逆变及变频等电子电路中。随着晶闸管进入实用阶段，以晶闸管为主要器件的电力电子技术很快在电化学工业、铁道电气机车、钢铁工业（感应加热）、电力工业（直流输电、无功补偿）中获得了广泛的应用。然而，由于晶闸管是通过门极只能控制其开通而不能控制其关断的半控型器件，通常依靠电网电压等外部条件来实现其关断，同时工作频率难有较大提高，这就使它的应用范围受到了极大的限制。但由于晶闸管价格低廉，故在高电压和大功率的变流领域中依然占有明显优势，用其他器件还不易替代。

1. 结构

半控型器件

　　晶闸管是一个 4 层（P_1、N_1、P_2、N_2）3 端（A、K、G）的大功率半导体器件，3 个极为阳极 A、阴极 K 和门极 G（也称控制极），晶闸管的内部可以看成是由 3 个二极管连接而成的。晶闸管的外形、结构和电气符号如图 1.6 所示。

2. 工作原理

1) 晶闸管工作原理的实验说明

实验中,由电源、晶闸管的阳极和阴极、白炽灯组成晶闸管主电路;由电源、开关 S、晶闸管的门极和阴极组成触发电路,如图 1.7 所示。

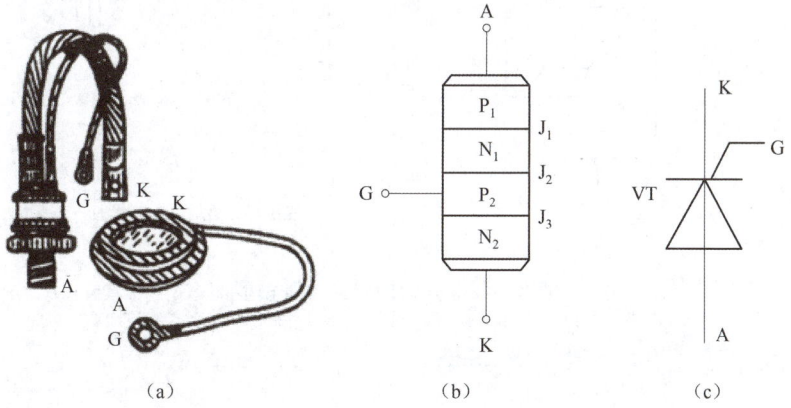

图 1.6 晶闸管
(a) 外形;(b) 结构;(c) 电气符号

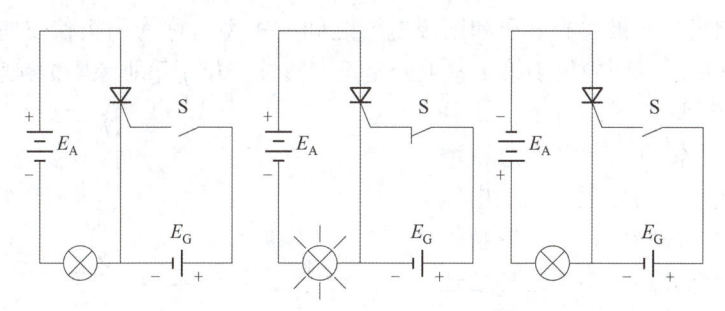

图 1.7 晶闸管工作条件的实验电路

通过实验可知,晶闸管导通必须同时具备以下两个条件。

(1) 晶闸管主电路加正向电压。

(2) 晶闸管控制电路加合适的正向电压。

晶闸管一旦导通,门极即失去控制作用,故晶闸管为半控型器件。为使晶闸管关断,必须使其阳极电流减小到一定数值以下,这只有通过使阳极电压减小到零或反向的方法来实现。

2) 晶闸管工作原理的等效电路说明

当晶闸管阳极承受正向电压,门极也加正向电压时,形成了强烈的正反馈,如图 1.8 所示。相关电流变化如下:

$$I_G \uparrow \to I_{B2} \uparrow \to I_{C2} \uparrow \to I_{C1} \uparrow \to I_{B2} \uparrow$$

晶闸管导通之后,它的导通状态完全依靠管子本身的正反馈作用来维持,即使控制极电流消失,晶闸管仍将处于导通状态。因此,控制极的作用仅是触发晶闸管使其导通,导通之后门极就失去了控制作用。要想关断晶闸管,可采用的方法有:将阳极电源断开;改变晶闸管的阳极电压方向,即在阳极和阴极间加反向电压。

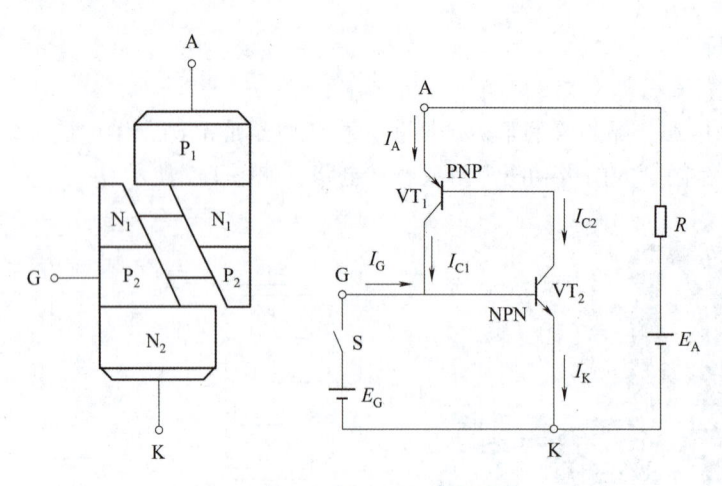

图 1.8　晶闸管的双晶体管模型

知识点 2　晶闸管的特性和主要参数

1. 晶闸管的特性

1）伏安特性

晶闸管的阳极与阴极间的电压和阳极电流之间的关系，称为阳极伏安特性。其伏安特性曲线如图 1.9 所示。图中位于第Ⅰ象限的是正向特性，位于第Ⅲ象限的是反向特性。

（1）在正向偏置下，当 $I_G = 0$ 且 $U_A = U_{BO}$ 时，发生转折，漏电流急剧增大，晶闸管由截止变为导通，正向电压降低，其特性和二极管的正向伏安特性相仿。此时称为硬开通，多次这样会造成晶闸管的损坏，所以通常不允许。

（2）当采用门极触发导通方式时，门极触发电流 I_G 越大，正向转折电压 U_{BO} 就越低，晶闸管一旦触发导通后，即使去掉门极信号，器件仍能维持导通状态不变。所以，晶闸管一旦导通，门极就失去控制作用。

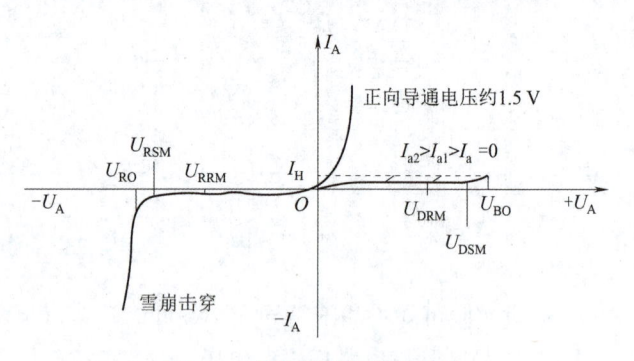

图 1.9　晶闸管阳极伏安特性

（3）导通之后，只要逐步减小阳极电流，使下降到小于维持电流，器件又可恢复到阻断状态。

（4）在反向偏置下，其伏安特性和整流管的反向伏安特性相似。

2）开关特性

晶闸管的开关特性如图 1.10 所示。

（1）开通过程。

延迟时间 t_d：门极电流阶跃时刻开始，到阳极电流上升到稳态值的 10% 的时间。

上升时间 t_r：阳极电流从 10% 上升到稳态值的 90% 所需的时间。

开通时间 t_{on}：以上两者之和，即 $t_{on} = t_d + t_r$。

普通晶闸管延迟时间为 0.5~1.5 μs，上升时间为 0.5~3 μs。

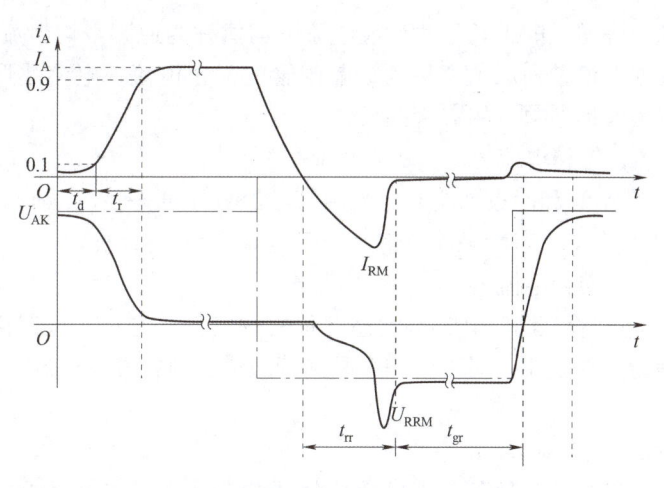

图1.10　晶闸管的开通和关断过程波形（开关特性）

（2）关断过程。

反向阻断恢复时间 t_{rr}：从正向电流降为零到反向恢复电流衰减至接近于零的时间。

正向阻断恢复时间 t_{gr}：在 t_{rr} 之后晶闸管要恢复其对正向电压的阻断能力还需要的一段时间。

在正向阻断恢复时间内，如果重新对晶闸管施加正向电压，晶闸管会重新正向导通。

实际应用中，应对晶闸管施加足够长时间的反向电压，使晶闸管充分恢复其对正向电压的阻断能力，电路才能可靠工作。

关断时间 t_{off}：即 t_{rr} 与 t_{gr} 之和，普通晶闸管的关断时间为几百微秒。

2. 晶闸管的主要参数

1）断态重复峰值电压 U_{DRM}

在门极断路而结温为额定值时，允许重复加在器件上的正向峰值电压，称为断态重复峰值电压 U_{DRM}。

2）反向重复峰值电压 U_{RRM}

在门极断路而结温为额定值时，允许重复加在器件上的反向峰值电压，称为反向重复峰值电压 U_{RRM}。

3）通态（峰值）电压 U_{TM}

晶闸管通以某一规定倍数的额定通态平均电流时的瞬态峰值电压，称为通态（峰值）电压 U_{TM}。

通常取晶闸管的 U_{DRM} 和 U_{RRM} 中较小的标值作为该器件的额定电压。选用时，额定电压要留有一定裕量，一般取额定电压为正常工作时晶闸管所承受峰值电压的 2~3 倍。

4）通态平均电压 $U_{T(AV)}$

当流过正弦半波电流并达到稳定的额定结温时，晶闸管阳极与阴极之间电压降的平均值称为通态平均电压。额定电流大小相同的管子，通态平均电压越小，耗散功率就越小，管子质量就越好。

5）额定电流 $I_{T(AV)}$

晶闸管的额定电流用通态平均电流来表示。在环境温度小于40 ℃和标准散热及全导通的条件下，晶闸管允许通过的工频正弦半波电流平均值称为通态平均电流 $I_{T(AV)}$ 或正向平均电流，按晶闸管标准电流系列取值，称为该晶闸管的额定电流。电流波形的有效值与平均值之比称为该电流的波形系数，用 K_f 表示。

6）维持电流 I_H

在室温和门极断路时，晶闸管已经处于通态后，从较大的通态电流下降到达的维持通态所必需的最小阳极电流称为维持电流。

晶闸管的维持电流测试

7）擎住电流 I_L

晶闸管从断态转换到通态并移去触发信号之后，该器件维持通态所需要的最小阳极电流称为擎住电流。对于同一个晶闸管来说，通常擎住电流 I_L 为维持电流 I_H 的 2~4 倍。

8）断态电压临界上升率 du/dt

在额定结温和门极断路条件下，不导致器件从断态转入通态的最大电压上升率称为断态电压临界上升率。过大的断态电压上升率会使晶闸管误导通。

9）通态电流临界上升率 di/dt

在规定条件下，由门极触发晶闸管使其导通时，晶闸管能够承受而不导致损坏的通态电流的最大上升率称为通态电流临界上升率。在晶闸管开通时，如果电流上升过快，会使门极电流密度过大，从而造成局部过热而使晶闸管损坏。

知识点 3　晶闸管的型号及识别方法

1. 晶闸管的型号

晶闸管型号的各部分含义如表 1.1 所示。

第一部分用字母"K"表示主称为晶闸管。

第二部分用字母表示晶闸管的类别。

第三部分用数字表示晶闸管的额定通态电流值。

第四部分用数字表示重复峰值电压级数。

表 1.1　晶闸管型号的各部分含义

第一部分：主称		第二部分：类别		第三部分：额定通态电流		第四部分：重复峰值电压级数	
字母	含义	字母	含义	数字	含义	数字	含义
K	晶闸管	P	普通反向阻断型	1	1 A	1	100 V
				5	5 A	2	200 V
				10	10 A	3	300 V
				20	20 A	4	400 V
		K	快速反向阻断型	30	30 A	5	500 V
				50	50 A	6	600 V
				100	100 A	7	700 V
				200	200 A	8	800 V
		S	双向型	300	300 A	9	900 V
				400	400 A	10	1 000 V
				500	500 A	12	1 200 V
						14	1 400 V

举例如表 1.2 所列。

表 1.2　晶闸管型号含义举例说明

KP1-2（1 A、200 V 普通反向阻断型晶闸管）	KS5-4（5 A、400 V 双向晶闸管）
K——晶闸管	K——晶闸管
P——普通反向阻断型	S——双向型
1——额定通态电流 1 A	5——额定通态电流 5 A
2——重复峰值电压 200 V	4——重复峰值电压 400 V

2. 晶闸管的简单识别方法

利用万用表欧姆挡测试元件的 3 个电极之间阻值的方法，可初步判断管子是否完好。当用万用表 $R\times 1$ kΩ 挡测量阳极 A 和阴极 K 之间电阻时，若阻值在几百千欧以上，且正、反向电阻相差很小，用 $R\times 10$ Ω 或 $R\times 100$ Ω 挡测量门极 G 和阴极 K 之间的阻值时，其正向电阻小于或接近于反向电阻，这样的晶闸管是好的；否则晶闸管已经损坏。

晶闸管的测试

知识点 4　晶闸管的其他派生元件

1. 快速晶闸管

快速晶闸管（Fast Switching Thyristor，FST）包括所有专为快速应用而设计的晶闸管，由于对快速晶闸管和高频晶闸管管芯结构和制造工艺进行了改进，其开关时间以及 du/dt 和 di/dt 耐量都有了明显的改善。普通晶闸管关断时间为数百微秒，快速晶闸管仅为数十微秒，高频晶闸管则为 10 μs 左右。

2. 双向晶闸管

双向晶闸管（Triode AC Switch，TRIAC；或 Bidirectional Triode Thyristor）可认为是一对反并联连接的普通晶闸管的集成，其电气符号和伏安特性如图 1.11 所示。它有两个主电极 T_1、T_2 和一个门极 G，门极使器件在主电极的正反两方向均可触发导通，所以双向晶闸管在第 Ⅰ 和第 Ⅲ 象限有对称的伏安特性。它与一对反并联晶闸管相比是经济的，且控制电路简单，在交流调压电路、固态继电器（Solid State Relay，SSR）和交流电机调速等领域应用较多。通常用在交流电路中，因此不用平均值而用有效值来表示其额定电流值。

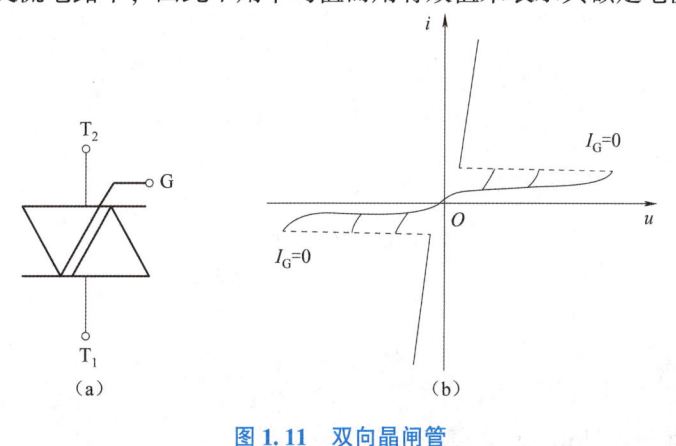

图 1.11　双向晶闸管
(a) 电气符号；(b) 伏安特性

3. 逆导晶闸管

逆导晶闸管（Reverse Conducting Thyristor，RCT）是将晶闸管反并联一个二极管制作在同一管芯上的功率集成器件，具有正向压降小、关断时间短、高温特性好、额定结温高等优点。逆导晶闸管的电气图形符号和伏安特性如图 1.12 所示。

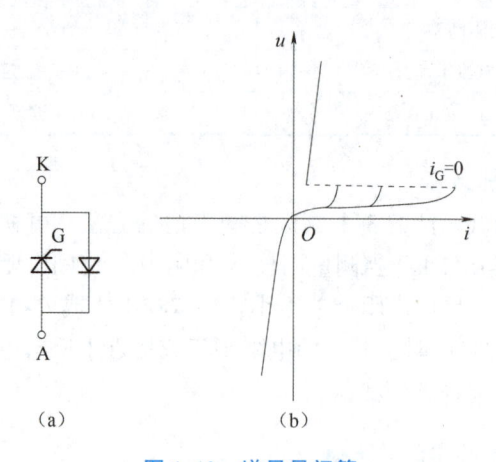

图 1.12　逆导晶闸管
(a) 电气符号；(b) 伏安特性

4. 光控晶闸管

光控晶闸管（Light Triggered Thyristor，LTT）又称光触发晶闸管，是利用一定波长的光照信号触发导通的晶闸管。光控晶闸管的电气符号和等效电路如图 1.13 所示。小功率光控晶闸管只有阳极和阴极两个端子；大功率光控晶闸管则还带有光缆，光缆上装有作为触发光源的发光二极管或半导体激光器。光触发保证了主电路与控制电路之间的绝缘，且可避免电磁干扰的影响。因此，目前在高电压大功率的场合，如高压直流输电和高压核聚变装置中，占据重要的地位。

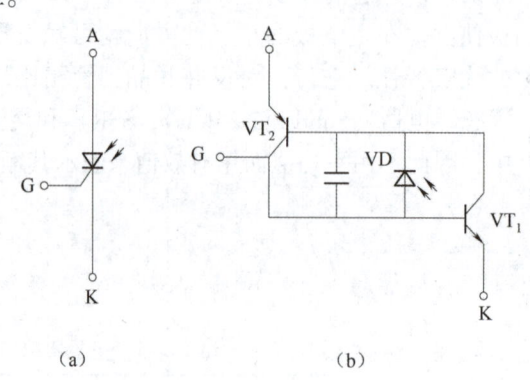

图 1.13　光控晶闸管
(a) 电气符号；(b) 等效电路

任务实施

（1）明确晶闸管的结构，画出晶闸管的电气符号。

（2）根据图1.8所示晶闸管的双晶体管模型，说明晶闸管的工作原理。

（3）说明利用万用表识别晶闸管好坏的方法。

任务评价

1. 小组互评

小组互评任务验收单

任务名称	单向晶闸管的检测	验收结论	
验收负责人		验收时间	
验收成员			
任务要求	利用万用表测量普通晶闸管各引脚之间的电阻值，来确定3个电极的极性。请根据任务要求设计测试电路，描述测试方法			
实施方案确认				
文档接收清单	接收本任务完成过程中涉及的所有文档			
	序号	文档名称	接收人	接收时间
验收评分	配分表			
	评价标准		配分	得分
	能够正确列出测试电路中用到的电气元件。每处错误扣5分，扣完为止		20分	
	能够正确画出测试电路中电气元件的电气符号。每处错误扣5分，扣完为止		30分	
	能够正确绘制单向晶闸管检测电路的电路图。每处错误扣5分，扣完为止		30分	
	能够正确描述单向晶闸管3个电极的极性测试方法。描述模糊不清楚或不达要点不给分		20分	
效果评价				

2. 教师评价

教师评价任务验收单

任务名称	单向晶闸管的检测	验收结论	
验收负责人		验收时间	
验收成员			
任务要求	利用万用表测量普通晶闸管各引脚之间的电阻值，来确定3个电极的极性。请根据任务要求设计测试电路，描述测试方法			
实施方案确认				
文档接收清单	接收本任务完成过程中涉及的所有文档			
	序号	文档名称	接收人	接收时间
验收评分	配分表			
	评价标准		配分	得分
	能够正确列出测试电路中用到的电气元件。每处错误扣5分，扣完为止		20分	
	能够正确画出测试电路中电气元件的电气符号。每处错误扣5分，扣完为止		30分	
	能够正确绘制单向晶闸管检测电路的电路图。每处错误扣5分，扣完为止		30分	
	能够正确描述单向晶闸管3个电极的极性测试方法。描述模糊不清楚或不达要点不给分		20分	
效果评价				

💡 拓展训练

（1）晶闸管是一种能够用控制信号控制其_____，但不能控制其_____的半控型器件。

（2）晶闸管的阳极与阴极间的电压和阳极电流之间的关系，称为_____。晶闸管是一个_____的大功率半导体器件。

（3）光控晶闸管又称_____晶闸管，是利用_____触发导通的晶闸管。

（4）晶闸管有哪些派生器件？请画出它们的电气符号。

任务 1.3　晶闸管触发电路

任务目标

[知识目标]
- 掌握单结晶体管的自激振荡电路原理。

[技能目标]
- 掌握晶闸管触发电路的原理。

[素养目标]
- 具有良好的职业道德和职业素养。
- 具有质量意识、环保意识、安全意识、信息素养、工匠精神和创新思维。

知识链接

知识点 1　晶闸管对触发电路的要求

普通晶闸管是半控型电力电子器件。为了使晶闸管由阻断状态转入导通状态，晶闸管在承受正向阳极电压的同时，还需要在门极加上适当的触发电压，其中控制晶闸管导通的电路称为触发电路。触发电路常以所组成的主要元件名称进行分类，包括简单触发电路、单结晶体管触发电路、晶体管触发电路、集成电路触发器和计算机控制数字触发电路等。

触发电路是电力电子装置的重要组成部分，为了充分发挥电力电子器件的潜力、保证装置的正常运行，必须正确设计与选择触发电路。

1. 常用的触发脉冲信号

常用的触发脉冲信号如图 1.14 所示。

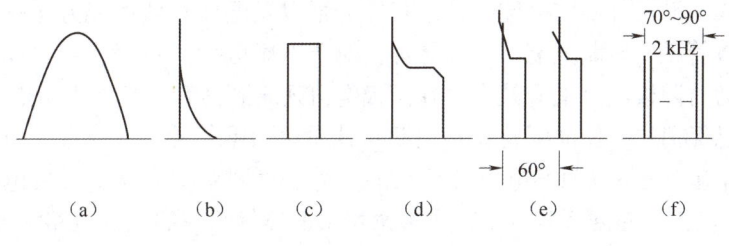

图 1.14　触发脉冲信号

图 1.14（a）所示为正弦波触发脉冲信号。前沿不陡，触发准确性差，用在触发要求不高的场合。

图 1.14（b）所示为尖脉冲信号。生成较容易，电路简单，也用于触发要求不高的场合。

图 1.14（c）所示为矩形脉冲信号。

图 1.14（d）所示为强触发脉冲信号。前沿陡，宽度可变，有强触发功能，适用于大功率场合。

图 1.14（e）所示为双窄脉冲信号。有强触发功能，变压器耦合效率高，用于控制精度较高、感性负载的装置。

图 1.14（f）所示为脉冲列。具有双窄脉冲的优点，应用广泛。

2. 晶闸管对触发电路的要求

晶闸管的触发信号可以用交流正半周的一部分，也可用直流，还可用短暂的正脉冲，为了减少门极损耗，确保触发时刻的准确性，触发信号常采用脉冲形式。晶闸管对触发电路的基本要求有以下几个方面。

（1）触发信号要有足够的功率。要使晶闸管可靠触发，触发电路提供的触发电压和触发电流必须大于晶闸管产品参数提供的门极触发电压与触发电流值，即必须保证具有足够的触发功率。但触发信号不许超过规定的门极最大允许峰值电压与峰值电流，以防损坏晶闸管的门极。

（2）触发脉冲要与主回路电源电压保持同步。为保证电路的品质及可靠性，要求晶闸管在每个周期都在相同的相位上触发。因此，晶闸管的触发电压必须与其主回路的电源电压保持固定的相位关系，即实现同步。

（3）触发脉冲要有一定的宽度，前沿要陡。为使被触发的晶闸管能保持在导通状态，晶闸管的阳极电流在触发脉冲消失前必须达到擎住电流，所以触发脉冲应具有一定的宽度，不能过窄。特别是当负载为电感性负载时，因其中电流不能突变，更需要较宽的触发脉冲，才可使元件可靠导通。

（4）触发脉冲的移相范围要能满足主电路要求。触发脉冲的移相范围与主电路的形式、负载性质及变流装置的用途有关。例如，单相全控桥电阻性负载要求触发脉冲移相范围为180°，而电感性负载（不接续流二极管时）要求移相范围为90°。

知识点 2　单结晶体管触发电路

单结晶体管触发电路是由单结晶体管组成的触发电路，具有简单、可靠、触发脉冲前沿陡、抗干扰能力强以及温度补偿性能好等优点。但单结晶体管触发电路只能产生窄脉冲，对于电感较大的负载，由于晶闸管在触发导通时阳极电流上升较慢，在阳极电流还未到达管子擎住电流 I_L 时，触发脉冲已经消失，使晶闸管在触发期间导通后又重新关断。所以，单结晶体管如不采用脉冲扩展措施，是不宜触发电感性负载的。为了克服单结晶体管触发电路的缺点，在要求较高、功率较大的晶闸管装置中，大多采用由晶体管组成的触发电路。

1. 单结晶体管结构及特性

1）单结晶体管的结构

单结晶体管又称双基极晶体管，它的内部结构是 1 个 PN 结，外部有 3 个电极，即 1 个发射极 e 和 2 个基极 b_1、b_2，分别称为第一基极与第二基极。单结晶体管的结构、等效电路及电气符号如图 1.15 所示。

(a)

(b)

(c)

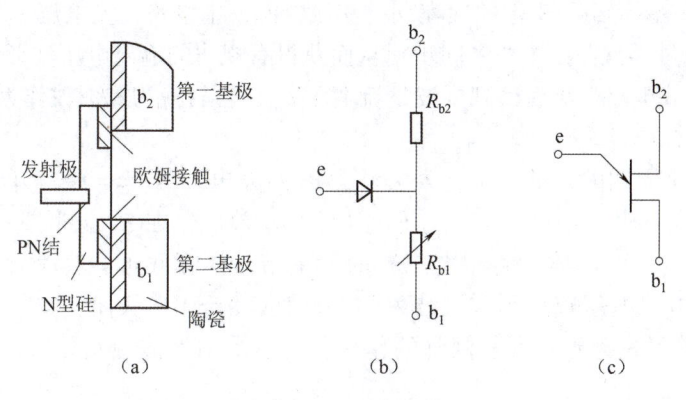

图 1.15 单结晶体管

(a) 结构；(b) 等效电路；(c) 电气符号

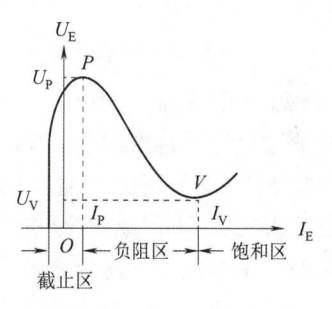

2) 单结晶体管的伏安特性

单结晶体管的伏安特性如图 1.16 所示。

(1) 当 $U_E < U_P$ 时，单结晶体管截止，P 点称为峰点，U_P 为峰点电压，I_P 为峰点电流。

(2) 当 $U_E \geqslant U_P$ 时，单结晶体管导通，I_E 迅速增大，U_E 减小，进入负阻区。

(3) 当 $U_E < U_V$ 时，单结晶体管由导通恢复到截止状态，V 点称为谷点，U_V 为谷点电压，I_V 为谷点电流。

峰点 P 和谷点 V 是单结晶体管的特殊点，$U_E > U_P$ 时单结晶体管导通，$U_E < U_V$ 时单结晶体管截止。

图 1.16 单结晶体管的伏安特性

2. 单结晶体管触发电路工作原理

单结晶体管触发电路如图 1.17 所示，触发电路的波形如图 1.18 所示。

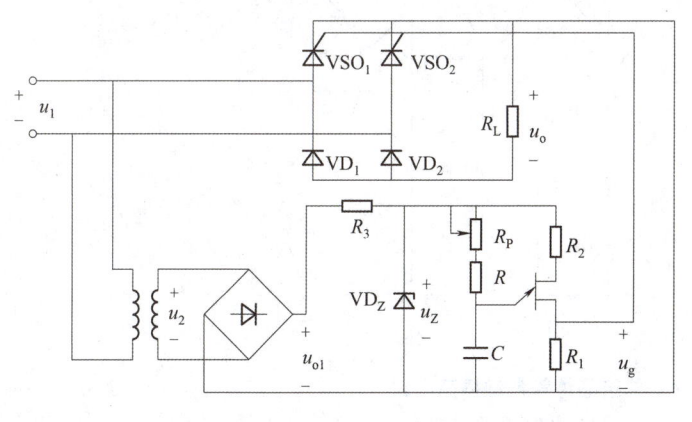

图 1.17 单结晶体管触发电路

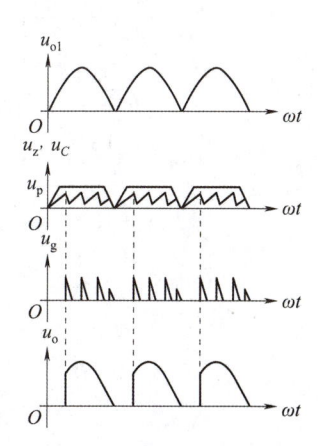

图 1.18 单结晶体管触发电路的波形

(1) 触发电路由单结晶体管脉冲发生电路组成，输出触发脉冲电压 u_g，同时供给两个晶闸管，但每半周只对一个晶闸管起触发作用。

（2）变压器一次绕组与主电路接在同一交流电源，主电路交流电压 u_1 过零时，触发电路电源电压 u_2 也过零，保证了两者同步，从而获得有规律的输出电压波形。

（3）u_2 经桥式电路整流后得到全波整流电压 u_{o1}，再转换为梯形波作为触发电路的同步电源。

（4）在每个半周期内，第一次电容 C 由零开始充电，当 $U_E = U_P$（单结晶体管峰点电压）时单结晶体管导通，随后电容迅速向小电阻 R_1 放电，在 R_1 上形成一个尖脉冲电压。当放电到 $U_E = U_V$（单结晶体管谷点电压）时，单结晶体管截止。然后又由 U_V 开始充电，如此反复，直到电源电压减小到零，结束半个周期，$u_C = 0$，从而获得一系列尖脉冲电压 u_g，但只有第一个脉冲起到触发晶闸管的作用，一旦晶闸管被触发导通，后面的脉冲不再起作用。

知识点 3　单结晶体管自激振荡电路

利用单结晶体管的负阻特性和 RC 电路的充放电特性，可以组成单结晶体管自激振荡电路。

（1）当合上开关 S 后，电源通过 R_1、R_2 加到单结晶体管的两个基极上，同时又通过 R、R_P 向电容器 C 充电，u_C 按指数规律上升。在 $u_C(u_C = U_E) < U_P$ 时，单结晶体管截止，R_1 两端输出电压近似为 0。当 u_C 达到峰点电压 U_P 时，单结晶体管的 e、b_1 极之间突然导通，电阻 R_{b1} 急剧减小，电容上的电压通过 R_{b1}、R_1 放电，由于 R_{b1}、R_1 都很小，放电很快，放电电流在 R_1 上形成一个脉冲电压 u_o。当 u_C 下降到谷点电压 U_V 时，e、b_1 极之间恢复阻断状态，单结晶体管从导通跳变到截止，输出电压 u_o 下降到零，完成一次振荡。

（2）当 e、b_1 极之间截止后，电源又对 C 充电，并重复上述过程，结果在 R_1 上得到一个周期性尖脉冲输出电压，如图 1.19 所示。

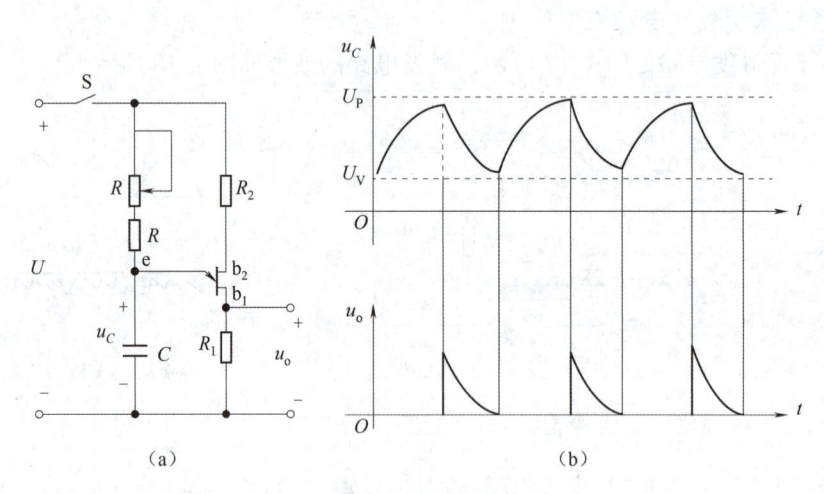

图 1.19　单结晶体管自激振荡电路
(a) 电路；(b) 波形

上述电路的工作过程是利用了单结晶体管负阻特性和 RC 充放电特性，如果改变 R_P，便可改变电容充放电的快慢，使输出脉冲前移或后移，从而改变触发延迟角（又称控制角）α，控制了晶闸管触发导通的时刻。显然，充放电时间常数 $\tau = RC$ 大时，触发脉冲后移，α

大，晶闸管推迟导通；τ小时，触发脉冲前移，α小，晶闸管提前导通。

任务实施

（1）常用触发脉冲信号有哪几种？说明各自的适用场合。

（2）说明单结晶体管的结构，画出单结晶体管的电气符号。

（3）说明单结晶体管触发电路的工作原理。

任务评价

1. 小组互评

小组互评任务验收单

任务名称	单结晶体管负阻特性的测量	验收结论	
验收负责人		验收时间	
验收成员			
任务要求	利用万用表测量单结晶体管的负阻特性，以粗略判定它的好坏。请根据任务要求设计测试电路，描述测试方法			
实施方案确认				
文档接收清单	接收本任务完成过程中涉及的所有文档			
^	序号	文档名称	接收人	接收时间
^				
^				
^				
^				

续表

	配分表		
验收评分	评价标准	配分	得分
	能够正确列出测试电路中用到的电气元件。每处错误扣 5 分，扣完为止	20 分	
	能够正确画出测试电路中电气元件的电气符号。每处错误扣 5 分，扣完为止	30 分	
	能够正确绘制单结晶体管负阻特性测试电路的电路图。每处错误扣 5 分，扣完为止	30 分	
	能够正确描述单结晶体管负阻特性测试的方法。描述模糊不清楚或不达要点不给分	20 分	
效果评价			

2. 教师评价

教师评价任务验收单

任务名称	单结晶体管负阻特性的测量	验收结论	
验收负责人		验收时间	
验收成员			
任务要求	利用万用表测量单结晶体管的负阻特性，以粗略判定它的好坏。请根据任务要求设计测试电路，描述测试方法		
实施方案确认			
文档接收清单	接收本任务完成过程中涉及的所有文档		
	序号	文档名称	接收人	接收时间
验收评分	配分表		
	评价标准	配分	得分
	能够正确列出测试电路中用到的电气元件。每处错误扣 5 分，扣完为止	20 分	
	能够正确画出测试电路中电气元件的电气符号。每处错误扣 5 分，扣完为止	30 分	
	能够正确绘制单结晶体管负阻特性测试电路的电路图。每处错误扣 5 分，扣完为止	30 分	
	能够正确描述单结晶体管负阻特性测试的方法。描述模糊不清楚或不达要点不给分	20 分	
效果评价			

拓展训练

（1）单结晶体管触发电路只能产生_____窄脉冲，单结晶体管如不采用_____措施，是不宜触发电感性负载的。

（2）单结晶体管又称_____，它的内部结构是一个_____，外部有 3 个电极。

（3）触发电路常以所组成的主要元件名称进行分类，包括简单触发电路、单结晶体管触发电路、_____触发电路、_____触发器和计算机控制数字触发电路等。

（4）单结晶体管的伏安特性分为哪几个区？在什么情况下导通和截止？

任务 1.4　单相可控整流电路的分析

任务目标

[知识目标]
- 掌握单相桥式半控整流电路、单相桥式全控整流电路的工作情况。

[技能目标]
- 掌握单相半波整流电路的原理图及波形分析。

[素养目标]
- 具有良好的职业道德和职业素养。
- 具有质量意识、环保意识、安全意识、信息素养、工匠精神和创新思维。

知识链接

知识点 1　单相半波整流电路

整流（AC/DC 转换），即将交流电能转换为直流电能。完成整流任务的电力电子电路称为整流器。根据直流输出电压是否可以调整，通常分为不可控整流电路和可控整流电路。晶闸管组成的整流器可将不变的交流电压变换为大小可控的直流电压，即实现可控整流。晶闸管可控整流能取代传统的直流发电机组实现交流电动机的调速，广泛应用于机床、轧钢、造纸、纺织、电解、电镀等领域。

单相半波可控整流电路

在分析晶闸管电路时，应注意不同性质的负载对于整流电路输出的电压、电流波形及数量关系有很大影响。晶闸管电路负载的性质分类如下。

（1）电阻性负载。电炉、电解和电镀设备、白炽灯、电饭煲、电熨斗等用电电器均属于电阻性负载。根据电路分析基础知识可知，流过电阻性负载两端的电流波形与负载两端的电压波形成固定比例，形状相同，相位也相同，在数量关系上满足欧姆定律。

（2）电感性负载。各种电动机的励磁绕组、中频炉、电抗器等负载均属于电感性负载。所谓电感性负载，就是在同一个负载中既有电阻又有电感，当负载中的感抗值与电阻值在数值上相比不可忽略时，这种负载称为电感性负载。当电抗值比电阻值大得多时，称为大电感负载。它的特点是，当负载两端的电压发生跃变时，负载电流波形连续变化。当电感趋近于无穷大时，电流波形接近于一条直线，相当于纯直流电源。

（3）电容性负载。在晶闸管整流电路负载端并联一大容量电容，对输出电流进行滤波，这样的电路称为电容性负载电路。其特点是晶闸管触发导通时，因电容初始充电，电流流过晶闸管会产生较大的电流波形尖峰。但是，较大的电流上升率可能会导致晶闸管损坏，所以在电路中应采取限制措施。

（4）反电动势负载。蓄电池充电装置、直流电动机电枢等负载为反电动势负载。其特点是只有整流电路输出电压大于负载反电动势时才有电流产生，因此，电流波形的波动较大。

1. 带电阻负载的工作情况

单相半波可控整流电路如图 1.20（a）所示。变压器起变换电压和隔离的作用。u_d 为脉动直流，波形只在 u_2 正半周内出现，故称"半波"整流。由于采用了可控器件晶闸管，且交流输入为单相，故该电路为单相半波可控整流电路。电阻负载的特点是电压与电流成正比，两者波形相同。下面结合图 1.20 进行工作原理及波形分析。首先介绍几个重要的基本概念。

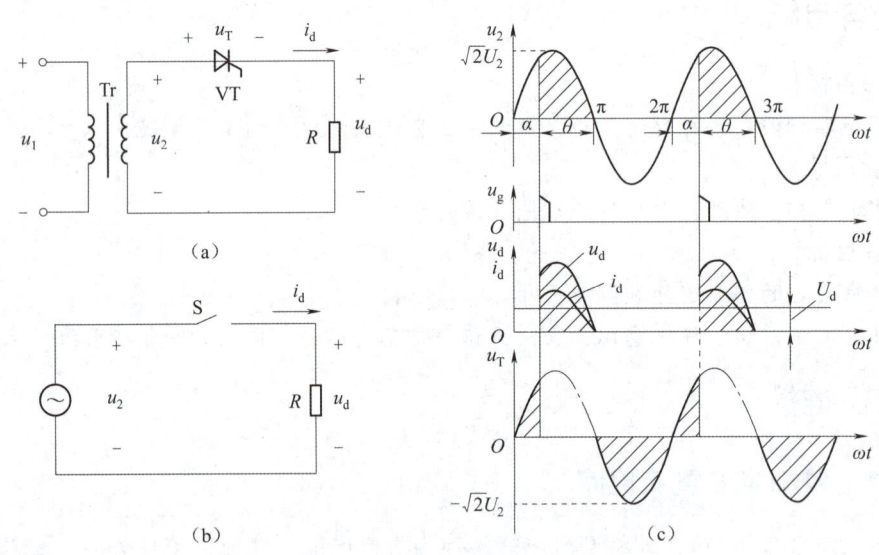

图 1.20　单相半波可控整流电路及波形
(a) 电路原理图；(b) 等效电路；(c) 波形

触发延迟角：从晶闸管开始承受正向阳极电压起到施加触发脉冲为止的电角度，用 α 表示，也称触发角或控制角。

导通角：晶闸管在一个电源周期中处于通态的电角度，用 θ 表示。

直流输出电压平均值为

$$U_d = \frac{1}{2\pi}\int_\alpha^\pi \sqrt{2}\, U_2 \sin(\omega t)\, d(\omega t) = \frac{\sqrt{2}\, U_2}{2\pi}(1+\cos\alpha) = 0.45 U_2 \frac{1+\cos\alpha}{2} \tag{1-1}$$

VT 的 α 移相范围为 180°。这种通过控制触发脉冲的相位来控制直流输出电压大小的方式称为相位控制方式，简称相控方式。

直流回路的平均电流为

$$I_d = \frac{U_d}{R} = 0.45 \frac{U_2}{R} \frac{1+\cos\alpha}{2} \tag{1-2}$$

回路中的电流有效值为

$$I = I_T = I_R = \sqrt{\frac{1}{2\pi}\int_\alpha^\pi \left(\frac{\sqrt{2}U_2}{R}\sin(\omega t)\right)^2 d(\omega t)} \tag{1-3}$$

$$= \frac{U_2}{R}\sqrt{\frac{1}{4\pi}\sin 2\alpha + \frac{\pi-\alpha}{2\pi}}$$

由式（1-2）、式（1-3）可得流过晶闸管的电流波形系数为

$$K_f = \frac{I}{I_d} = \frac{\sqrt{2\pi\sin 2\alpha + 4\pi(\pi-\alpha)}}{2(1+\cos\alpha)} \tag{1-4}$$

电源供给的有功功率为

$$P = I_R^2 R = UI \tag{1-5}$$

其中 U 为 R 上的电压有效值，即

$$U = \sqrt{\frac{1}{2\pi}\int(\sqrt{2}U_2\sin(\omega t))^2 d(\omega t)} = U_2\sqrt{\frac{1}{4\pi}\sin(2\alpha) + \frac{\pi-\alpha}{2\pi}} \tag{1-6}$$

电源侧的输入功率为

$$S = S_2 = U_2 I \tag{1-7}$$

功率因数为

$$\cos\varphi = \frac{P}{S} = \frac{I_2}{U_2} = \sqrt{\frac{1}{4\pi}\sin(2\alpha) + \frac{\pi-\alpha}{2\pi}} \tag{1-8}$$

α 越大，$\cos\alpha$ 越低。可见，尽管是电阻负载，电源的功率因数也不为 1，这是单相半波整流电路的缺陷。

2. 带阻感负载的工作情况

带阻感负载的单相半波整流电路及其波形如图 1.21 所示。

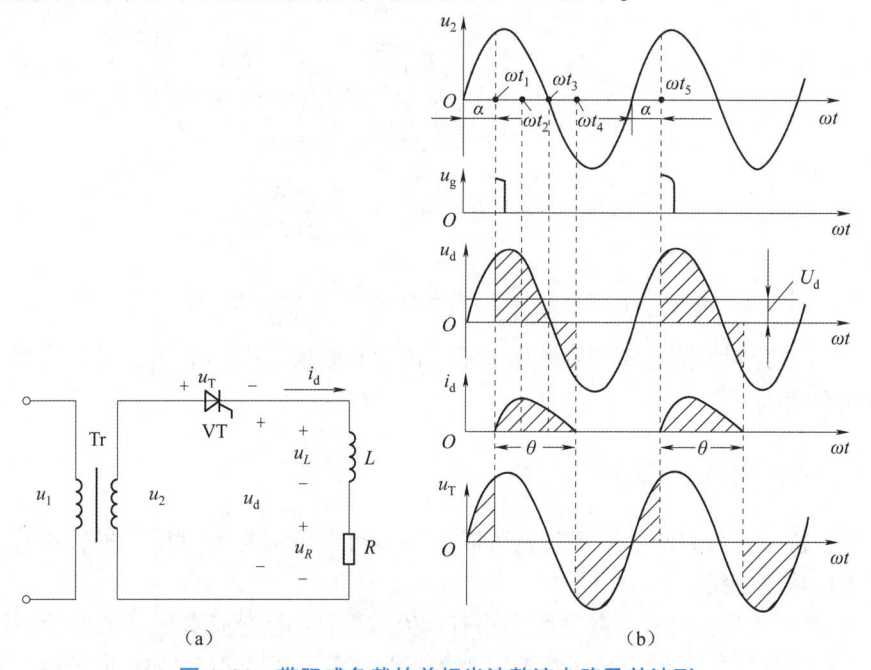

图 1.21 带阻感负载的单相半波整流电路及其波形

（a）电路；（b）波形

阻感负载的特点是电感对电流变化有抗拒作用，使流过电感的电流不能发生突变。通过器件的理想化，将电路简化为分段线性电路，分段进行分析计算。单相半波可控整流电路的分段线性等效电路如图 1.22 所示。

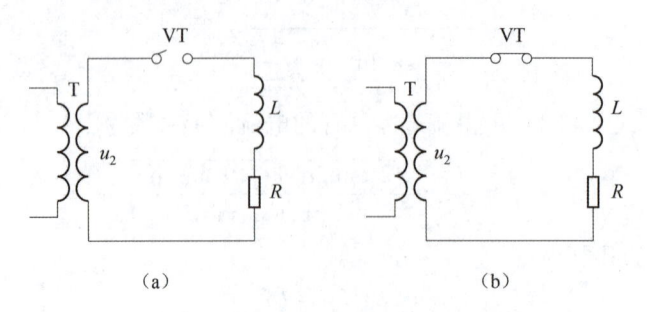

图 1.22 单相半波可控整流电路的分段线性等效电路
(a) VT 处于关断状态；(b) VT 处于导通状态

对单相半波电路的分析可基于上述方法进行：当 VT 处于断态时，相当于电路在 VT 处断开，$i_d = 0$。当 VT 处于通态时，相当于 VT 短路。

为避免 u_d 太小，在整流电路的负载两端并联续流二极管，并与没有续流二极管时的情况比较，如图 1.23 所示。在 u_2 正半周时两者工作情况一样。当 u_2 过零变负时，VD_R 导通，u_d 为零。此时为负的 u_2 通过 VD_R 向 VT 施加反压使其关断，L 存储的能量保证了电流 i_d 在 L-R-VD_R 回路中流通，此过程通常称为续流。续流期间 $u_d = 0$，u_d 中不再出现负的部分。

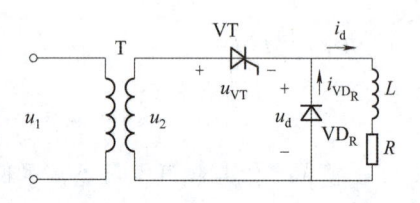

图 1.23 并联续流二极管时的电路

数量关系上若近似认为 i_d 为一条水平线，恒为 I_d，则

$$I_{dVT} = \frac{\pi - \alpha}{2\pi} I_d \tag{1-9}$$

$$I_{dVD_R} = \frac{\pi + \alpha}{2\pi} I_d \tag{1-10}$$

$$I_{VT} = \sqrt{\frac{1}{2\pi}\int_\alpha^\pi I_d^2 d(\omega t)} = \sqrt{\frac{\pi - \alpha}{2\pi}} I_d \tag{1-11}$$

$$I_{VD_R} = \sqrt{\frac{1}{2\pi}\int_\pi^{2\pi+\alpha} I_d^2 d(\omega t)} = \sqrt{\frac{\pi + \alpha}{2\pi}} I_d \tag{1-12}$$

式中：I_{dVT} 和 I_{VT} 分别为流过晶闸管的电流平均值和有效值；I_{dVD_R} 和 I_{VD_R} 分别为续流二极管的平均值和有效值。

知识点 2　单相桥式半控整流电路

单相半控桥中，只需两个晶闸管就可以了，另两个晶闸管可以用二极管代替，即成为单相桥式半控整流电路。

图 1.24 所示为单相桥式半控整流电路有续流二极管和阻感负载时的电路及波形。在 u_2 正半周，在触发延迟角 α 处给晶闸管 VT_1 加触发脉冲，u_2 经 VT_1 和 VD_4 向负载供电。u_2 过

零变负时,因电感作用使电流连续,VT_1 继续导通,但因 a 点电位低于 b 点电位,使电流从 VD_4 转移至 VD_2,VD_4 关断,电流不再流经变压器二次绕组,而是由 VT_1 和 VD_2 续流。在 u_2 负半周触发延迟角 α 时刻触发 VT_3,VT_3 导通,则向 VT_1 加反压使之关断,u_2 经 VT_3 和 VD_2 向负载供电。u_2 过零变正时,VD_4 导通,VD_2 关断。VT_3 和 VD_4 续流,由于续流二极管的作用 u_d 又为零。

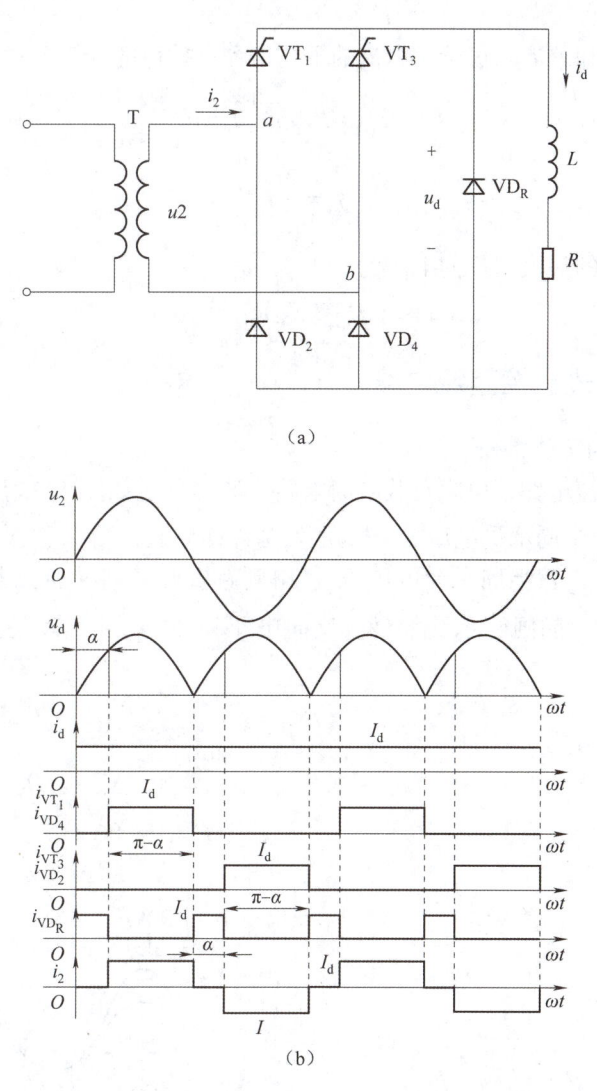

(a)

(b)

图 1.24　单相桥式半控整流电路有续流二极管和阻感负载时的电路及波形
(a) 电路;(b) 波形

若无续流二极管,则当 α 突然增大至 180°或触发脉冲丢失时,会发生一个晶闸管持续导通而两个二极管轮流导通的情况,这使 u_d 成为正弦半波,即半周期 u_d 为正弦,另外半周期 u_d 为零,其平均值保持恒定,称为失控。有续流二极管 VD_R 时,续流过程由 VD_R 完成,晶闸管关断,避免了某一个晶闸管持续导通而导致失控的现象。同时,续流期间导电回路中只有一个管压降,有利于降低损耗。

输出电压平均值的计算公式为

$$U_d = 0.9 U_2 \frac{1+\cos\alpha}{2} \qquad (1-13)$$

式中：α 的移相范围是 0°~180°。

负载电流平均值的计算公式为

$$I_d = \frac{U_d}{R_d} = 0.9 \frac{U_2}{R_d} \frac{1+\cos\alpha}{2} \qquad (1-14)$$

流过一个晶闸管和整流二极管的电流的平均值和有效值的计算公式分别为

$$I_{dVT} = I_{dVD} = \frac{1}{2} I_d \qquad (1-15)$$

$$I_T = \frac{1}{\sqrt{2}} I \qquad (1-16)$$

晶闸管可能承受的最大正反向电压为

$$U_{TM} = \sqrt{2} U_2 \qquad (1-17)$$

知识点 3　单相桥式全控整流电路

1. 带电阻负载的工作情况

单相桥式全控整流电路带电阻负载时的电路及波形分析如图 1.25 所示。VT$_1$ 和 VT$_4$ 组成一对桥臂，在 u_2 正半周承受电压 u_2 得到触发脉冲即导通，当 u_2 过零时关断；VT$_2$ 和 VT$_3$ 组成另一对桥臂，在 u_2 负半周承受电压 $-u_2$，得到触发脉冲即导通，当 u_2 过零时关断。α 角的移相范围为 180°。晶闸管承受的最大反向电压为 $\sqrt{2} U_2$，而其承受的最大正向电压为 $\frac{\sqrt{2}}{2} U_2$。

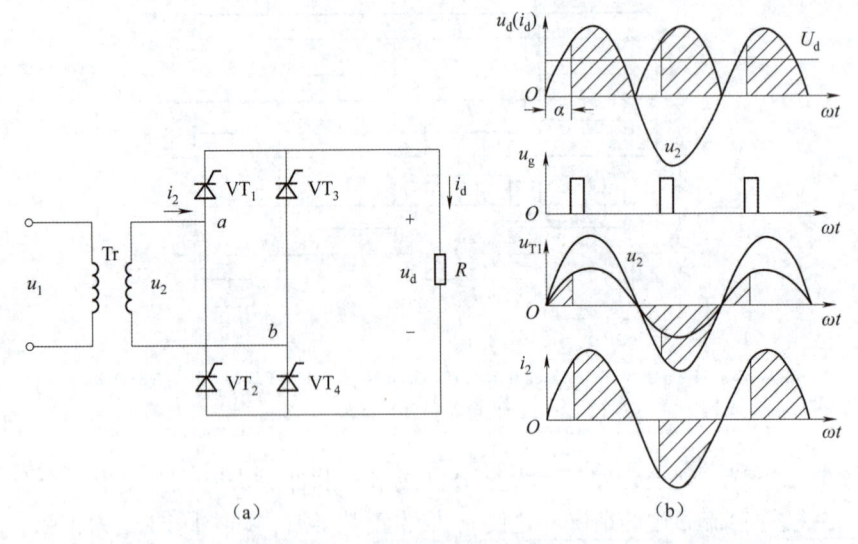

图 1.25　单相桥式全控整流电路带电阻负载时的电路及波形
(a) 电路；(b) 波形

单相桥式全控整流电路带电阻性负载时参数的计算如下。
输出电压平均值的计算公式为

$$U_d = \frac{1}{\pi}\int_\alpha^\pi \sqrt{2}U_2\sin(\omega t)\mathrm{d}(\omega t) = 0.9U_2\frac{1+\cos\alpha}{2} \tag{1-18}$$

负载电流平均值的计算公式为

$$I_d = \frac{U_d}{R_d} = 0.9\frac{U_2}{R_d}\frac{1+\cos\alpha}{2} \tag{1-19}$$

输出电压有效值的计算公式为

$$U = \sqrt{\frac{1}{\pi}\int_\alpha^\pi (\sqrt{2}U_2\sin(\omega t))^2 \mathrm{d}(\omega t)} = U_2\sqrt{\frac{1}{2\pi}\sin(2\alpha) + \frac{\pi-\alpha}{\pi}} \tag{1-20}$$

负载电流有效值的计算公式为

$$I = \frac{U_2}{R}\sqrt{\frac{1}{2\pi}\sin 2\alpha + \frac{\pi-\alpha}{\pi}} \tag{1-21}$$

流过每个晶闸管的电流平均值的计算公式为

$$I_{dVT} = \frac{1}{2}I_d = 0.45\frac{U_2}{R}\frac{1+\cos\alpha}{2} \tag{1-22}$$

流过每个晶闸管的电流有效值的计算公式为

$$I_{VT} = \sqrt{\frac{1}{2\pi}\int_\alpha^\pi \left(\frac{\sqrt{2}U_2}{R}\sin(\omega t)\right)^2 \mathrm{d}(\omega t)} = \frac{U_2}{R}\sqrt{\frac{1}{4\pi}\sin 2\alpha + \frac{\pi-\alpha}{2\pi}} = \frac{1}{\sqrt{2}}I \tag{1-23}$$

晶闸管可能承受的最大电压为

$$U_{VTM} = \sqrt{2}U_2 \tag{1-24}$$

2. 带阻感负载的工作情况

为便于讨论,假设电路已工作于稳态,i_d 的平均值不变。

图 1.26 所示为单相桥式全控整流电路带阻感负载时的电路及波形。假设负载电感很

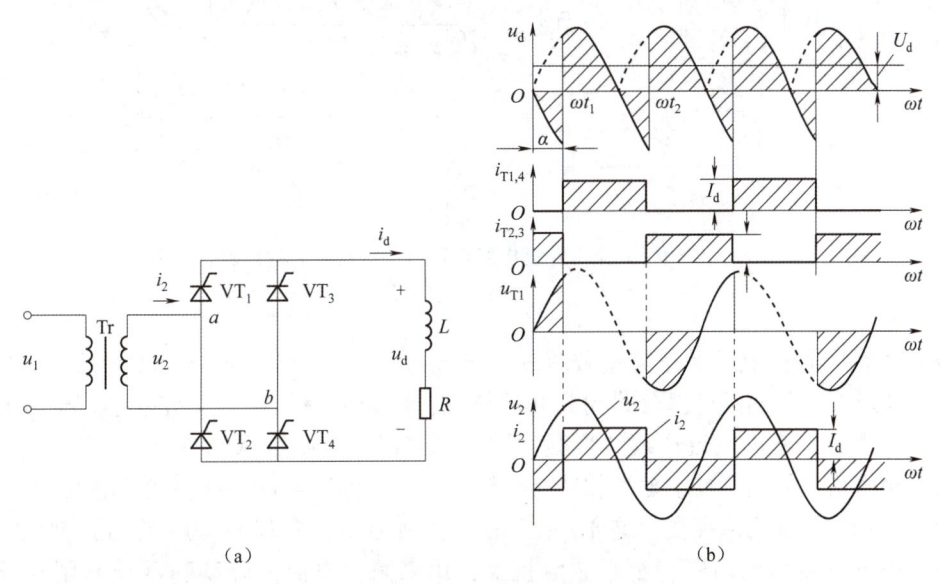

图 1.26 单相桥式全控整流电路带阻感负载时的电路及波形

(a) 电路;(b) 波形

大，负载电流 i_d 连续且波形近似为一水平线。u_2 过零变负时，由于电感的作用，晶闸管 VT$_1$ 和 VT$_4$ 中仍流过电流 i_d，并不关断。至 $\omega t = \pi + \alpha$ 时刻，给 VT$_2$ 和 VT$_3$ 加触发脉冲，因 VT$_2$ 和 VT$_3$ 本已承受正电压，故两管导通。VT$_2$ 和 VT$_3$ 导通后，u_2 通过 VT$_2$ 和 VT$_3$ 分别向 VT$_1$ 和 VT$_4$ 施加反压使 VT$_1$ 和 VT$_4$ 关断，流过 VT$_1$ 和 VT$_4$ 的电流迅速转移到 VT$_2$ 和 VT$_3$ 上，此过程称为换相，也称换流。输出电压平均值为

$$U_d = \frac{1}{\pi}\int_{\alpha}^{\pi+\alpha}\sqrt{2}U_2\sin(\omega t)\mathrm{d}(\omega t) = \frac{2\sqrt{2}}{\pi}U_2\cos\alpha = 0.9U_2\cos\alpha \tag{1-25}$$

晶闸管移相范围为 90°。

晶闸管承受的最大正反向电压均为 $\sqrt{2}U_2$。

晶闸管导通角 θ 与 α 无关，均为 180°。

变压器二次侧电流 i_2 的波形为正负各 180°的矩形波，其相位由 α 角决定，有效值 $I_2 = I_d$。

3. 带反电动势负载时的工作情况

单相桥式全控整流电路带反电动势负载时的电路及波形如图 1.27 所示。在 $|u_2| > E$ 时，才有晶闸管承受正电压，有导通的可能，导通之后，$u_d = u_2$，直至 $|u_2| = E$，i_d 即降至零使晶闸管关断，此后 $u_d = E$。与电阻负载时相比，晶闸管提前了电角度 δ 停止导电，δ 称为停止导电角。

负载电流为

$$i_d = \frac{u_d - E}{R} \tag{1-26}$$

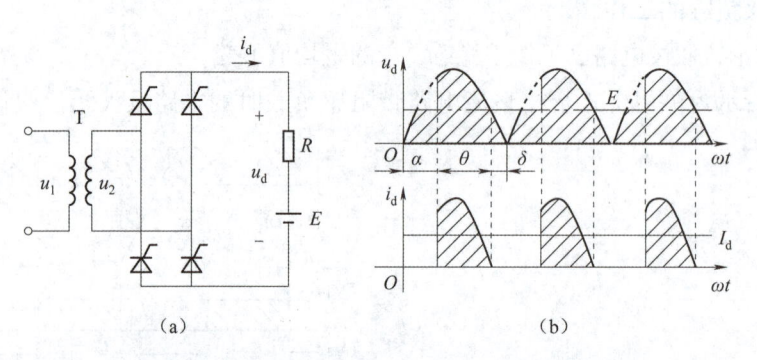

图 1.27 单相桥式全控整流电路带反电动势负载时的电路及波形
(a) 电路；(b) 波形

在 α 角相同时，带反电动势负载时的整流输出电压比电阻负载时大。如图 1.27（b）所示，i_d 波形在一周期内有部分时间为 0 的情况，称为电流断续。与此对应，若 i_d 波形不出现为 0 的情况，称为电流连续。当触发脉冲到来时，晶闸管承受负电压，不可能导通。为了使晶闸管可靠导通，要求触发脉冲有足够的宽度，保证当 $\omega t = \delta$ 时刻有晶闸管开始承受正电压时，触发脉冲仍然存在。这样，相当于触发延迟角被推迟 δ。为了克服此缺点，一般在主电路中直流输出侧串联一个平波电抗器，用来减少电流的脉动和延长晶闸管导通的时间。

这时整流电压 u_d 的波形和负载电流 i_d 的波形与电感负载电流连续时的波形相同，u_d 的

计算公式也一样。

为保证电流连续所需的电感量 L 可由下式求出，即

$$L = \frac{2\sqrt{2}U_2}{\pi\omega I_{dmin}} = 2.87\times10^{-3}\frac{U_2}{I_{dmin}} \tag{1-27}$$

例题 单相桥式全控整流电路 $U_2 = 100$ V，负载中 $R = 2$ Ω，L 值极大，当 $\alpha = 30°$ 时，要求：

（1）作出 u_d、i_d 和 i_2 的波形；

（2）求整流输出平均电压 U_d、电流 I_d，变压器二次电流有效值 I_2；

（3）考虑安全裕量，确定晶闸管的额定电压和额定电流。

解：（1）u_d、i_d 和 i_2 的波形如图 1.28 所示。

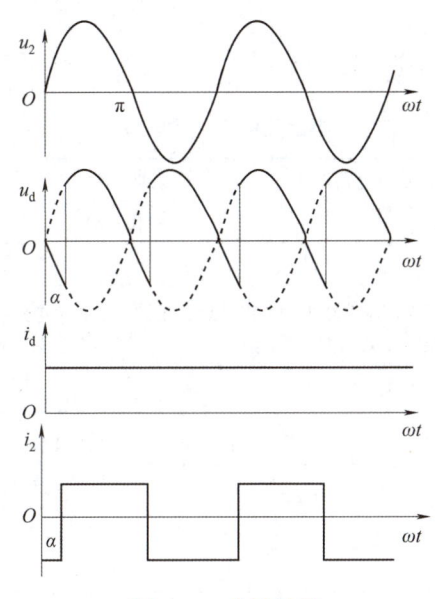

图 1.28 电路波形

（2）输出平均电压 U_d、电流 I_d，变压器二次电流有效值 I_2 分别为

$$U_d = 0.9U_2\cos\alpha = 0.9\times100\times\cos30° = 77.97(\text{V})$$

$$I_d = U_d/R = 77.97/2 = 38.99(\text{A})$$

$$I_2 = I_d = 38.99(\text{A})$$

（3）晶闸管承受的最大反向电压为

$$\sqrt{2}U_2 = 100\sqrt{2} = 141.4(\text{V})$$

考虑安全裕量，晶闸管的额定电压为

$$U_N = (2\sim3)\times141.4 = (283\sim424)\text{V}$$

流过晶闸管的电流有效值为

$$I_{VT} = I_d/\sqrt{2} = 27.57(\text{A})$$

晶闸管的额定电流为

$$I_N = (1.5\sim2)\times27.57/1.57 = 26\sim35(\text{A})$$

具体数值可按晶闸管产品系列参数选取。

任务实施

（1）说明单相半波整流电路的特点。

（2）说明单相桥式半控整流电路的特点。

（3）说明单相桥式全控整流电路带电阻负载的工作情况。

任务评价

1. 小组互评

小组互评任务验收单

任务名称	单相半波可控整流电路设计		验收结论	
验收负责人			验收时间	
验收成员				
任务要求	以晶闸管灯光控制电路为例，设计单相半波可控整流电路的实现方法。请根据任务要求设计测试电路，描述测试方法			
实施方案确认				
文档接收清单	接收本任务完成过程中涉及的所有文档			
	序号	文档名称	接收人	接收时间
验收评分	配分表			
	评价标准		配分	得分
	能够正确列出测试电路中用到的电气元件。每处错误扣5分，扣完为止		20分	
	能够正确画出测试电路中电气元件的电气符号。每处错误扣5分，扣完为止		30分	
	能够正确绘制单相半波可控整流电路的测试电路图。每处错误扣5分，扣完为止		30分	
	能够正确描述单相半波可控整流电路带电阻性负载电路测试的方法。描述模糊不清楚或不达要点不给分		20分	
效果评价				

2. 教师评价

教师评价任务验收单

任务名称	单相半波可控整流电路设计	验收结论	
验收负责人		验收时间	
验收成员			
任务要求	以晶闸管灯光控制电路为例,设计单相半波可控整流电路的实现方法。请根据任务要求设计测试电路,描述测试方法		
实施方案确认			
文档接收清单	接收本任务完成过程中涉及的所有文档		
	序号	文档名称	接收人	接收时间
验收评分	配分表		
	评价标准	配分	得分
	能够正确列出测试电路中用到的电气元件。每处错误扣 5 分,扣完为止	20 分	
	能够正确画出测试电路中电气元件的电气符号。每处错误扣 5 分,扣完为止	30 分	
	能够正确绘制单相半波可控整流电路的测试电路图。每处错误扣 5 分,扣完为止	30 分	
	能够正确描述单相半波可控整流电路带电阻性负载电路测试的方法。描述模糊不清楚或不达要点不给分	20 分	
效果评价			

拓展训练

(1) 电感性负载的特点是,当负载两端的电压发生跃变时,负载电流波形_____。当电感趋近于无穷大时,电流波形_____。

(2) 单相半波整流电路 α 的移相范围为_____。控制角 α 与导通角 θ 之间的关系为_____。

(3) 单相半波可控整流电路采用了可控器件_____,且交流输入为_____,故该电路为单相半波可控整流电路。

(4) 单相桥式全控整流电路带阻感负载时的电路图及输出波形。

任务1.5　晶闸管及单相整流电路的应用

任务目标

[知识目标]
- 掌握过电压自动断电保护电路。

[技能目标]
- 掌握晶闸管调光调温电路及单相可控整流电路的应用。

[素养目标]
- 具有良好的职业道德和职业素养。
- 具有质量意识、环保意识、安全意识、信息素养、工匠精神和创新思维。

知识链接

知识点1　晶闸管调光调温电路

晶闸管调光和调温装置在工业、日常生活中已得到广泛的应用。图1.29所示为晶闸管调光、调温的电源电路。由220 V电网供电，负载电阻 R_d 可以是白炽灯、电熨斗、烘干电炉以及其他电热设备。晶闸管的额定电流选择取决于负载的大小，家庭用的一般选用KP5-7为宜。熔断器的熔体若选用普通锡铅熔丝，其额定电流选2~3 A较合适。

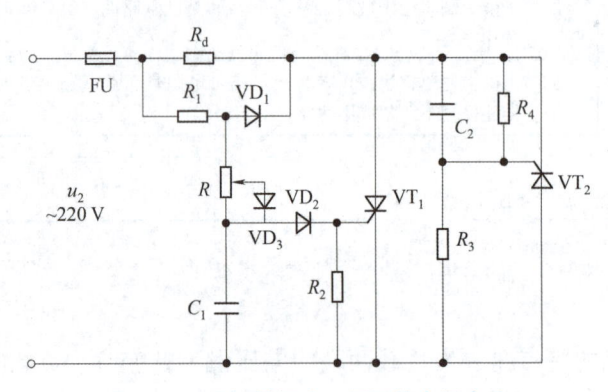

图1.29　晶闸管调光、调温的电源电路

在晶闸管 VT_1、VT_2 处于关断状态时，电源电压 u_2 在正半周对电容 C_1 充电，其充电速度取决于充电回路的时间常数 $\tau=(R_1+R)C_1$。当 C_1 充电到晶闸管 VT_1 所需的触发电压时，VT_1 被触发导通。VT_1 管导通到电源电压 u_2 正半周结束为止。由图可见，调整 R 值，就能改变 C_1 的充电速度，负载两端电压也即发生变化。晶闸管 VT_2 的触发电压是由 C_2 充电所储蓄的电能来提供的，其极性必须是上负下正。但在电源电压 u_2 正半周，VT_1 管尚未导通时，C_2 充电方向是上正下负，与触发 VT_2 管所需的方向相反。当 VT_1 导通时，C_2 虽经

VT$_1$、R$_3$ 放电，但由于 R$_3$ 阻值较大，故一般情况下，当电源电压 u$_2$ 正半周结束，VT$_1$ 管被关断时，C$_2$ 仍有一定上正下负的电荷。这样，在 u$_2$ 进入负半周时，电容 C$_2$ 必须先放电而后反向充电，当 C$_2$ 反向充电到 VT$_2$ 管所需的触发电压时，VT$_2$ 管才被触发导通，从而使两个晶闸管的导通角大致相同。假如 VT$_1$ 管导通角很大时，C$_2$ 不存在先放电后充电现象，而是在 VT$_2$ 管一开始承受正向电压 C$_2$ 就充电，这样，C$_2$ 也很快到达 VT$_2$ 管所需的触发电压使 VT$_2$ 触发导通，VT$_2$ 的导通角同样也很大。反之，R 调大，VT$_1$ 导通角变小，则 C$_2$ 在触发 VT$_2$ 之前必须先放电，然后再反充电到 VT$_2$ 的触发电压，VT$_2$ 管的导通角同样也就变小。可见，本电路只要调节 R，就能同时改变 VT$_1$ 和 VT$_2$ 的导通角，从而调节灯光的强弱或温度的高低。

知识点 2　过电压自动断电保护电路

过电压自动断电保护电路如图 1.30 所示。TR 是抽头式自耦调压器；S$_1$ 是电压选择开关，将电网输入电压选择在 220 V 输出（如果交流电网 220 V 电压比较稳定，那么 TR 与 S$_1$ 可以不用）；TS 是同步过电压保护部分的变压器；二极管 VD$_1$ ~ VD$_4$ 和晶闸管 VT$_1$ 组成主电路电子开关。当 VT$_1$ 导通时，电子开关接通，VT$_1$ 关断时，电子开关关断，主电路无输出。

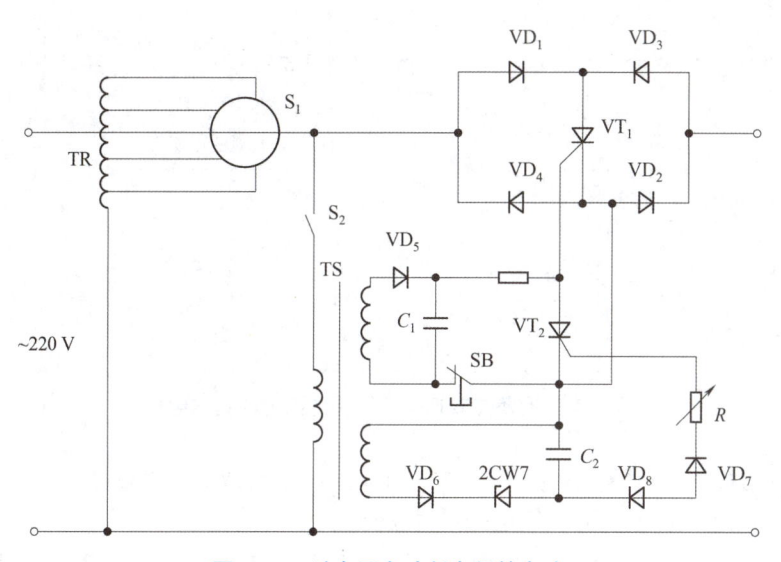

图 1.30　过电压自动断电保护电路

当输入的电源电压值正常时，稳压管 2CW7 截止，VT$_2$ 关断，同步过电压变压器 TS 的 10 V 二次侧绕组电压经 VD$_5$ 对 200 μF 电容 C$_1$ 充电而获得直流电压，它作为 VT$_1$ 的触发电压，使 VT$_1$ 管被触发导通。主电路电子开关接通，允许输出。

VD$_6$ 整流滤波所形成的直流取样电压的变化反映了交流电网电压的变化。当输入的电网电压过高时，稳压管 2CW7 被击穿，晶闸管 VT$_2$ 被触发导通，由于 VT$_2$ 导通后两端管压降不到 1 V，不足以触发导通晶闸管 VT$_1$，故主电路电子开关被关断，自动地切断电源，从而使电器得到保护。待电网电压恢复正常后，要重新启动 VT$_1$，必须先按下动断按钮 SB，VT$_2$ 被关断，当按钮 SB 复位时，VT$_1$ 被触发导通，电子开关重新接通主电路，电路恢复正常供电。VT$_2$ 被触发导通，电压一般调整在当电网电压升高到 240 V 时为宜。可调电阻 R

是晶闸管 VT_2 门极限流电阻，也可用固定电阻代替。

知识点 3　单相可控整流电路在直流电动机调速中的应用

直流电动机调速系统中，因其电路简单、控制灵活、体积小、效率高等优点，目前用得最多的是晶闸管-电动机调速系统，它是指晶闸管可控整流装置带直流电动机负载组成的系统。其采用晶闸管可控整流电路给直流电动机供电，通过移相触发，改变直流电动机电枢电压，实现直流电动机的速度调节。这种晶闸管-直流电动机调速系统是电力驱动中的一种重要方式，更是可控整流电路的主要用途之一。

晶闸管-电动机直流传动控制系统常用的有单闭环直流调速系统、双闭环直流调速系统和可逆系统。下面介绍单闭环直流调速系统中的有静差转速负反馈调速系统。

1. 有静差转速负反馈调速系统的组成

有静差转速负反馈调速系统的基本组成如图 1.31 所示。系统及其各部分作用说明如下。

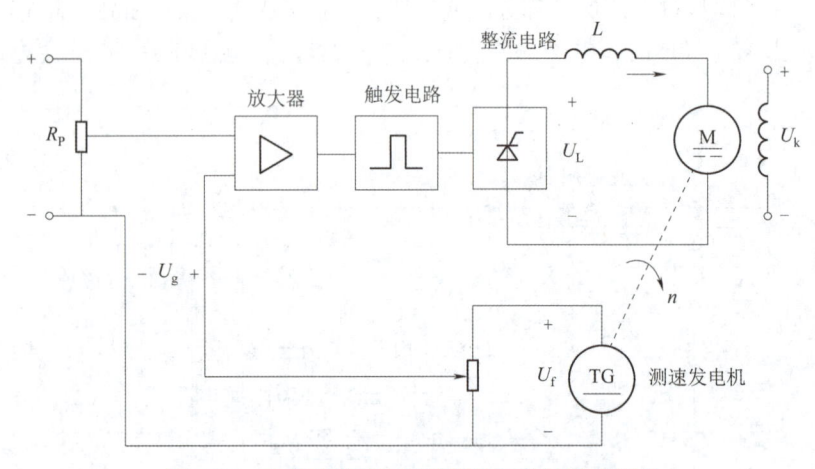

图 1.31　有静差转速负反馈调速系统的基本组成

有静差转速负反馈调速系统：单纯由被调量负反馈组成的按比例控制的单闭环系统属于有静差的自动调节系统，简称有静差调速系统。

整流电路：将交流电压变为直流电压，输出电压的大小由触发电路输出脉冲信号所决定，整流电路的输出为直流电动机电枢的外加电压。

放大器：将外加电压和反馈电压之差进行放大。

触发电路：将放大器输出的电压信号变为脉冲信号去控制整流电路的输出大小。

2. 系统的工作原理

（1）系统的调速方法是改变外加电压调速。

（2）系统的反馈信号是被控制对象 n 本身。

（3）反馈电压和给定电压的极性相反，即 $\Delta U=U_g-U_f$。

由电位器 R_P 输入给定电压 U_g，电动机通过与其同轴相连的测速发电机 TG 产生一个与转速成比例的电压 U_f，转速反馈电压 U_f 与给定电压 U_g 比较，得到偏差电压 $\Delta U=U_g-U_f$，该偏差信号经放大器放大后，输出控制电压 U_k，触发器在 U_k 控制下改变触发角度 α，向整流器发送触发脉冲，从而输出一定的直流电压，使电动机在某一转速下运转。

当负载增加时，电动机转速下降，转速反馈电压减小，从而使偏差增大，U_k 增大，触发角减小，使 U 增大，电动机转速回升，于是速度基本稳定在原来调定的转速上；当负载减小时，系统也自动调整转速，使速度基本维持不变。

直流电动机调速系统中，整流电路是重要组成部分，它将交流电压变为直流电压，为直流电动机电枢的外加电压，通过移相触发，改变电枢电压大小，实现直流电动机的速度调节。单相晶闸管直流电动机调速系统整流电路及波形如图 1.32 所示。

U_L 平均值为

$$U_L = \frac{1}{\pi}\int_0^\pi \sqrt{2}\,U\sin(\omega t)\,\mathrm{d}(\omega t) = \frac{2\sqrt{2}}{\pi}U\frac{1+\cos\alpha}{2} = 0.9U\frac{1+\cos\alpha}{2}$$

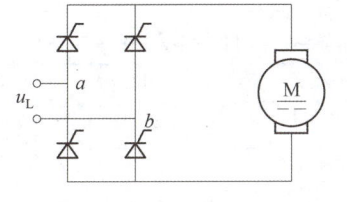

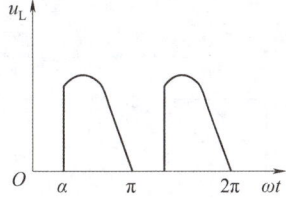

图 1.32　单相晶闸管直流电动机调速系统整流电路及波形
(a) 电路图；(b) 波形

任务实施

（1）说明晶闸管调光、调温电源电路的工作原理。

（2）说明过电压自动断电晶闸管保护电路的工作原理。

（3）说明单相可控整流电路在单闭环直流调速系统中有静差转速负反馈调速系统的工作原理。

任务评价

1. 小组互评

小组互评任务验收单

任务名称	晶闸管调光、调温电源电路设计	验收结论	
验收负责人		验收时间	
验收成员			
任务要求	以晶闸管为主要元件，设计晶闸管调光、调温电源电路。请根据任务要求设计调节电路，描述实现方法		
实施方案确认			
文档接收清单	接收本任务完成过程中涉及的所有文档		
	序号	文档名称	接收人	接收时间
验收评分	配分表		
	评价标准	配分	得分
	能够正确列出测试电路中用到的电气元件。每处错误扣5分，扣完为止	20分	
	能够正确画出测试电路中电气元件的电气符号。每处错误扣5分，扣完为止	30分	
	能够正确绘制晶闸管调光、调温电源电路图。每处错误扣5分，扣完为止	30分	
	能够正确描述晶闸管调光、调温电源电路的调节方法。描述模糊不清楚或不达要点不给分	20分	
效果评价			

2. 教师评价

教师评价任务验收单

任务名称	晶闸管调光、调温电源电路设计	验收结论	
验收负责人		验收时间	
验收成员			
任务要求	以晶闸管为主要元件，设计晶闸管调光、调温电源电路。请根据任务要求设计调节电路，描述实现方法		
实施方案确认			

续表

文档接收清单	接收本任务完成过程中涉及的所有文档			
	序号	文档名称	接收人	接收时间

	配分表		
验收评分	评价标准	配分	得分
	能够正确列出测试电路中用到的电气元件。每处错误扣 5 分，扣完为止	20 分	
	能够正确画出测试电路中电气元件的电气符号。每处错误扣 5 分，扣完为止	30 分	
	能够正确绘制晶闸管调光、调温电源电路图。每处错误扣 5 分，扣完为止	30 分	
	能够正确描述晶闸管调光、调温电源电路的调节方法。描述模糊不清楚或不达要点不给分	20 分	
效果评价			

拓展训练

（1）单相桥式全控整流电路带电阻性负载时 α 的移相范围是_____。

（2）单相桥式半控整流电路带阻感负载时 α 的移相范围是_____。

（3）单相桥式全控整流电路带阻感负载情况下，晶闸管可能承受的最大反向电压为_____。

（4）如图 1.33 所示，阳极电压为交流电压 u_2，门极在 t_1 瞬间合上开关 Q，t_4 时刻开关 Q 断开，求电阻上的电压波形 u_d。

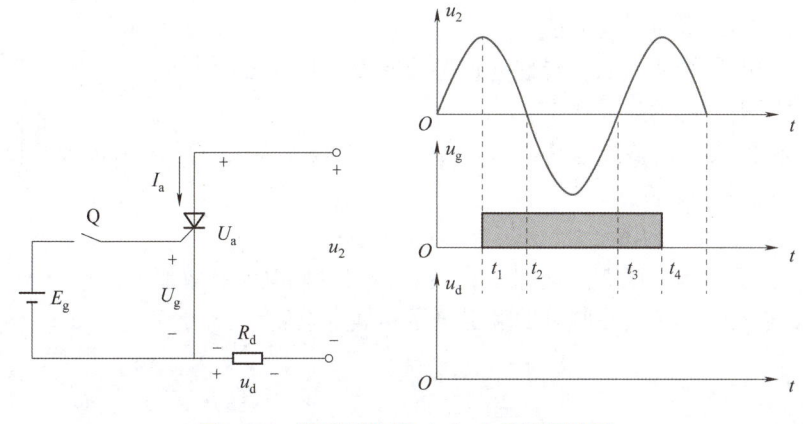

图 1.33 拓展训练题（4）电路图及波形

小贴士

特高压直流输电工程中，电力电子技术的整流电路是关键。通过学习让学生认识到整流电路的重要性，培养学生专业技术应用能力，激发学生精益求精、不断创新的工匠精神。

项目总结

◆ 掌握功率二极管的特性及应用。
◆ 掌握晶闸管的结构、工作原理、特性和主要参数以及其他派生元件。
◆ 掌握晶闸管对触发电路的要求，以及单结晶体管触发电路、自激振荡电路的工作原理。
◆ 掌握单相半波可控整流电路、单相桥式半控整流电路、单相桥式全控整流电路的工作过程。
◆ 掌握晶闸管及单相整流电路的应用。

拓展强化

（1）功率二极管在电力电子电路中有哪些用途？
（2）使晶闸管导通的条件是什么？
（3）什么是晶闸管的额定电流？
（4）为什么要限制晶闸管断电电压上升率 du/dt？
（5）温度升高时，晶闸管的触发电流、正反向漏电流、维持电流以及正向转折电压和反向击穿电压如何变化？
（6）晶闸管有哪些派生元件？
（7）请简述光控晶闸管的有关特征。
（8）某电阻负载要求 0~24 V 直流电压，最大负载电流 I_d = 30 A，采用单相半波可控整流电路。如交流采用 220 V 直接供电与用变压器降至 60 V 供电是否都满足要求？试比较两种方案的晶闸管导通角、额定电压、额定电流、整流电路功率因数以及对电源要求的容量。
（9）某电阻性负载，R_d = 50 Ω，要求 U_d 在 0~60 V 可调，当 α = 30°时，试用单相半波和单相全控桥式两种整流电路来供给，分别计算：
① 晶闸管的额定电压、电流值；
② 连接负载的导线截面积（导线允许电流密度 j = 6 A/mm^2）；
③ 负载电阻上消耗的最大功率。
（10）单相桥式全控整流电路，U_2 = 100 V，负载中 R = 2 Ω，L 值极大，反电动势 E = 60 V，当 α = 30°时，要求：
① 作出 u_d、i_d 和 i_2 的波形；
② 求整流输出平均电压 U_d、电流 I_d，变压器二次侧电流有效值 I_2；
③ 考虑安全裕量，确定晶闸管的额定电压和额定电流。

项目 2

晶闸管整流器运行调试和锯齿波同步移相触发电路的原理分析与调试

引导案例

三相半波可控整流电路，电感极大，电阻 $R_d = 2\ \Omega$，$U_2 = 200\ \text{V}$。当 $\alpha = 60°$ 时，求出接续流二极管和不接续流二极管两种电路结构下的整流电压、整流电流并选择晶闸管。

解：（1）接续流二极管时，有

$$U_d = 0.675 \times U_2 \left[1 + \cos\left(\frac{\pi}{6} + \alpha\right)\right]$$

$$= 0.675 \times 200 \left[1 + \cos\left(\frac{\pi}{6} + \frac{\pi}{3}\right)\right] = 135(\text{V})$$

$$I_d = \frac{U_d}{R_d} = \frac{135}{2} = 67.5(\text{A})$$

$$I_T = \sqrt{\frac{150° - \alpha}{360°}} I_d = \sqrt{\frac{150 - \alpha}{360}} \times 67.5 = 33.75(\text{A})$$

晶闸管参数为

$$I_N = (1.5 \sim 2) \frac{I_T}{1.57} = (31 \sim 42)\text{A}$$

$$U_N = (2 \sim 3)\sqrt{6}\, U_2 = (700 \sim 1\,000)\text{V}$$

（2）不接续流二极管时，有

$$U_d = 1.17 U_2 \cos 60° = 117(\text{V})$$

$$I_d = \frac{U_d}{R_d} = \frac{117}{2} = 58.5(\text{A})$$

$$I_T = \sqrt{\frac{1}{3}} I_d = \sqrt{\frac{1}{3}} \times 58.5 = 33.75(\text{A})$$

晶闸管参数有

$$I_N = (1.5 \sim 2) \frac{I_T}{1.57} = (31 \sim 42)\text{A}$$

$$U_N = (2 \sim 3)\sqrt{6}\, U_2 = (750 \sim 1\,000)\text{V}$$

项目描述

本项目分为 5 个任务模块，分别是晶闸管整流器的运行调试、三相半波可控整流电路、三相桥式全控整流电路、三相桥式半控整流电路、锯齿波同步移相触发电路的原理分析。整个实施过程中涉及晶闸管整流器的工程计算、保护，电阻性负载三相半波可控整流电路，电感性负载三相半波可控整流电路、三相半波共阳极可控整流电路，电阻性负载三相桥式全控整流电路，电感性负载三相桥式全控整流电路、三相桥式半控整流电路，锯齿波同步移相触发电路各部分的作用及原理等方面的内容。通过学习，掌握晶闸管整流器的参数设计及三相整流电路的工作原理，掌握三相整流电路的调试方法及门极触发电路的设计，为晶闸管在三相整流电路中的灵活应用打下坚实基础。

知识准备

晶闸管俗称可控硅，它是一种大功率开关型半导体器件，在电路中用文字符号"V"或"VT"表示。晶闸管具有硅整流器件的特性，能在高电压、大电流条件下工作，且其工作过程可以控制，被广泛应用于可控整流、交流调压、无触点电子开关、逆变及变频等电子电路中。

整流电路广泛应用于工业中。它可按照以下几种方法分类：①按组成的器件可分为不可控、半控、全控 3 种；②按电路结构可分为桥式电路和零式电路；③按交流输入相数分为单相电路和多相电路；④按变压器二次侧电流的方向是单向或双向，又分为单拍电路和双拍电路。一般当整流负载容量较大，或要求直流电压脉动较小时，应采用三相整流电路。三相可控整流电路中，最基本的是三相半波可控整流电路，应用最为广泛的是三相桥式全控整流电路以及双反星形可控整流电路等。

在大功率的场合，广泛采用锯齿波同步触发电路。常见的锯齿波触发电路主要包括脉冲形成和放大、同步和移相、强触发、双脉冲反脉冲封锁等环节。

任务 2.1　晶闸管整流器的运行调试

任务目标

［知识目标］
- 掌握晶闸管整流器的工程计算方法。

［技能目标］
- 掌握晶闸管整流器的保护方法。

［素养目标］
- 具有良好的职业道德和职业素养。
- 具有质量意识、环保意识、安全意识、信息素养、工匠精神和创新思维。

项目 2　晶闸管整流器运行调试和锯齿波同步移相触发电路的原理分析与调试

知识链接

知识点 1　晶闸管整流器的工程计算

1. 晶闸管整流器的设计步骤

（1）掌握原始数据和资料：负载参数、电源参数、环境情况及特殊要求。

负载参数包括额定电流 I_N、额定电压 U_N、额定功率 P_N，负载参数中有时还包括负载电压调节范围、调节精度、调节快速性等要求；电源参数包括电源电压及其波动范围、电源频率及其波动范围；工作环境包括环境温湿度、气压、振动和冲击、电磁干扰、烟雾、设备安装的尺寸限制等。

（2）确定晶闸管整流器的主要参数：直流额定电压、直流额定电流。

确定直流额定电压和直流额定电流的原则如下：

①根据负载的额定值，综合环境参数留出一定裕量，满足负载额定工作要求；

②符合相关标准中有关直流电压、电流额定值等级的规定。

（3）选择晶闸管整流器主电路：性能指标和经济指标选择。

整流器主电路接线方式应根据电源情况、整流设备的容量等要求确定。对于 5 kW 以下的整流器，多采用单相桥式整流电路；对于 5 kW 以上的整流器，多采用三相桥式整流电路。对于低电压大电流的整流器，可采用带平衡电抗器的双反星形整流电路。要求直流侧有较小的电流脉动时，可采用每周期脉动次数 $m \geqslant 12$ 的整流电路，如双三相桥式整流电路带平衡电抗器并联或双三相桥式整流电路串联电路。

（4）计算整流变压器参数。

（5）选择冷却系统：发热计算、冷却系统选择。

晶闸管在工作过程中必然要产生功率损耗，但其损耗的计算比较复杂，为了减少损耗引起的发热，通常需要采用一定的冷却方式。变流设备的冷却方式有自冷、风冷、水冷、油冷及油浸冷式等。

（6）开关器件的计算和选用：额定参数的计算、串并联数的确定。

（7）保护系统设计：过电压保护、过电流保护、du/dt 与 di/dt 的限制。

（8）其他部件的计算：平波电抗器、触发器、电压与电流检测装置等。

（9）操作电路及故障检测电路设计：包括继电器操作电路，故障检测、信号及报警系统设计。

（10）结构设计：稳定可靠，维护方便，布局美观。

2. 整流变压器的参数计算

晶闸管变流设备一般都是通过变压器与电网连接的，因此其工作频率为工频初级电压，即为交流电网电压。经过变压器的耦合，晶闸管主电路可以得到一个合适的输入电压，使晶闸管在较大的功率因数下运行。变流主电路和电网之间用变压器隔离，还可以抑制由变流器进入电网的谐波成分，减小电网污染。在变流电路所需的电压与电网电压相差不多时，有时会采用自耦变压器；当变流电路所需的电压与电网电压一致时，也可以不经变压器而直接与电网连接，不过要在输入端串联"进线电抗器"以减少对电网的污染。

在变压器参数计算之前,应该确定负载要求的直流电压和电流,确定变流设备的主电路接线形式和电网电压。先选择其二次电压有效值 U_2,U_2 数值的选择不可过高和过低,如果 U_2 过高,会使设备运行中为保证输出直流电压符合要求而导致触发延迟角(又称控制角)过大,使功率因数变小;如果 U_2 过低,又会在运行中出现当 $\alpha=\alpha_{\min}$ 时仍然得不到负载要求的直流电压的现象。通常二次电压、一次和二次电流根据设备的容量、主接线结构和工作方式来确定。由于有些主接线形式二次电流中含有直流成分,有的又不存在,所以变压器容量(视在功率)的计算要根据具体情况来确定。

1)变压器二次相电压 U_2 的计算

整流器主电路有多种接线形式,在理想情况下,输出直流电压 U_d 与变压器二次相电压 U_2 有以下关系,即

$$U_d = K_{UV} U_2 K_B \tag{2-1}$$

式中:K_{UV} 为与主电路接线形式有关的常数;K_B 为以触发延迟角为变量的函数。设整流器在触发延迟角 $\alpha=0°$ 和触发延迟角不为 $0°$ 时的输出电压平均值分别为 U_{d0} 和 $U_{d\alpha}$。则 $K_{UV}=U_{d0}/U_2$,$K_B=U_{d\alpha}/U_{d0}$。在实际运行中,整流器输出的平均电压还受其他因素的影响,主要包括以下因素。

(1)电网电压的波动。一般的电力系统,电网电压的波动允许范围在 $-10\%\sim+5\%$,电压波动系数在 $0.9\sim1.05$ 范围变化,这是选择 U_2 的依据之一。考虑电网电压最低的情况,设计中通常取电压波动系数为 $0.9\sim0.95$。

(2)整流元件(晶闸管)的正向压降。整流元件要降掉一部分输出电压,设其为 U_T。由于整流元件与负载是串联的,所以导通回路中串联元件越多,降掉的电压也就越多。令整个回路元件串联个数为 n_s,如半波电路中 $n_s=1$;桥式电路中 $n_s=2$。如果桥臂上有元件串联,n_s 也要做相应的变动。这样由整流元件降掉的电压为 $n_s U_T$。

(3)直流回路的杂散电阻。接线端子、引线、熔断器、电抗器等都具有电阻,统称杂散电阻。设备工作时会产生附加电压降,记为 $\sum U$,在额定工作条件下,一般 $\sum U$ 占额定电压的 $0.2\%\sim0.25\%$。

(4)换相重叠角引起的电压损失。换相重叠角引起的电压降 ΔU_d 由交流回路的电抗引起,可由整流变压器漏抗 X_S 表示。变压器漏抗主要与变压器的短路电压百分比 $U_k\%$ 有关。不同容量的变压器其短路电压百分比也不一样,通常,容量小于 100 kVA 的变压器 $U_k\%$ 取 5;容量在 $100\sim1\,000$ kVA 范围时,$U_k\%$ 在 $5\sim7$ 内选取;容量大于 1 000 kVA 时,$U_k\%$ 的取值范围为 $7\sim10$。设 K_g 为负载系数,ΔU_d 可由以下公式计算,对于 n 相半波电路有

$$\Delta U_d = K_g \frac{n}{2\pi} \frac{U_k\%}{100} U_2 \sqrt{n} \tag{2-2}$$

对 n 相桥式电路有

$$\Delta U_d = K_g \frac{n}{\pi} \frac{U_k\%}{100} U_2 \sqrt{\frac{n}{2}} \tag{2-3}$$

单相桥式整流与单相双半波整流电路相同,取 $n=2$。

(5)整流变压器电阻的影响。交流电压损失受负载系数的影响,假定功率因数为 1,则交流电压的损失(可认为由变压器引起的交流电压降)为

$$\Delta U_{a} = K_{g}\frac{P_{Cu}}{S_{2}}U_{2} \tag{2-4}$$

式中：S_2 为变压器二次容量。由 ΔU_a 引起的整流输出电压的压降为

$$\Delta U_{ad} = K_{UV}K_{g}\frac{P_{Cu}}{S_{2}}U_{2}K_{B} \tag{2-5}$$

考虑上述所有因素，整流电路的直流输出电压应为

$$U_{d} = \varepsilon_{min}K_{UV}U_{2}K_{B} - n_{s}U_{T(AV)} - \Delta U_{d} - \sum \Delta U_{r} - \sum \Delta U_{ad} \tag{2-6}$$

将有关各量代入并整理后，可得二次相电压有效值的计算公式为

$$U_{2} = \frac{U_{d} + n_{s}U_{T(AV)} + \sum \Delta U_{r}}{\varepsilon_{min}K_{UV}K_{B} - K_{g}K_{x}\dfrac{U_{k}\%}{100} - K_{UV}K_{g}\dfrac{P_{Cu}}{S_{2}}K_{B}} \tag{2-7}$$

式中：K_x 为换相电压降系数，对换相电压降有影响，它与电路的接线形式有关，当电路为 n 相半波整流时 $K_x = \dfrac{n}{2\pi}\sqrt{n}$，当为 n 相桥式整流时 $K_x = \dfrac{n}{2\pi}\sqrt{n/2}$。整流变压器各计算系数见表 2.1。

表 2.1 整流变压器计算系数

电路形式	K_x	K_{UV}	K_{I2}	K_{I1}	K_B
单相双半波	0.450	0.9	0.707	1	cosα
单相半控桥	0.637	0.9	1	1	0.5(1+cosα)
单相全控桥	0.637	0.9	1	1	cosα
三相半波	0.827	1.17	0.577	0.471	cosα
三相半控桥	1.170	2.34	0.816	0.816	0.5(1+cosα)
三相全控桥	1.170	2.34	0.816	0.816	cosα

2）变压器二次相电流有效值 I_2 的计算

一般的工业生产用晶闸管设备的负载都为电感性的，负载电流基本上是直流，因而晶闸管电流为方波。变压器的各相绕组与一个（半波）或两个（桥式）晶闸管连接，所以变压器二次电流也为方波，其有效值 I_2 与负载电流 I_d 成正比关系，比例系数取决于电路的接线形式，即有

$$I_{2} = K_{I2}I_{d} \tag{2-8}$$

如果负载为电阻性，则负载电流、晶闸管电流和变压器二次电流都不是方波，不能采用式（2-8）计算，要通过电路分析求取电流的均方根值。如果是电动机负载，式（2-8）中的 I_d 应取电动机的额定电流而不是堵转电流，因为堵转电流仅出现在启动后很短的一段时间，这段时间变压器过载运行是允许的。

3）变压器一次相电流有效值 I_1 的计算

整流变压器的一次、二次电流都是非正弦波，对于不同的主电路接线形式，两者的关系是不一样的。主电路为桥式接线时变压器二次绕组电流中没有直流分量，一次、二次电流的波形相同，其有效值之比就是变压器的变比 K_n。在半波电路中，变压器的二次电流是单方向的，包含直流分量 I_{d2} 和交流分量 i_{a2}，$i_2 = I_{d2} + i_{a2}$，而直流成分是不能影响一次电流 i_1

的，i_1 仅与 i_{a2} 有关，$i_1 = i_{a2}/K_n$。现以三相半波电路为例，说明一次电流的计算方法。设负载为电感性的，电感量足以消除负载电流的波动。二次电流的有效值为 $I_2 = I_d/\sqrt{3}$，二次电流中的直流成分为 $I_{d2} = I_d/3$，根据电路理论，二次电流中的交流成分有效值为

$$I_{a2} = \sqrt{I_2^2 - I_{d2}^2} = \frac{\sqrt{2}}{3} I_d$$

一次电流与二次交流电流之间成正比关系，即

$$I_1 = \frac{I_{a2}}{K_n} = \frac{1}{K_n} \frac{\sqrt{2}}{3} I_d \tag{2-9}$$

当变比为 1 时，I_1 与 I_{a2} 之间的关系称为网侧电流变换系数 K_{I1}，I_1 可表示为

$$I_1 = \frac{K_{I1}}{K_n} I_d \tag{2-10}$$

4）变压器容量的计算

变压器的容量即变压器的视在功率，对于绕组电流中含有直流成分的变压器，由于一次、二次电流的有效值之比不是变压器的变比，而两侧的电压之比却为变比，所以一次和二次的容量是不同的。设变压器一次容量为 S_1、二次容量为 S_2；一次和二次的相数分别为 n_1 和 n_2，一次、二次容量的计算公式分别为

$$S_2 = n_2 U_2 I_2 \tag{2-11}$$
$$S_1 = n_1 U_1 I_1 \tag{2-12}$$

变压器的等效容量为一次、二次容量的平均值，即

$$S_T = \frac{S_1 + S_2}{2} \tag{2-13}$$

知识点 2 晶闸管整流器的保护

1. 过电流保护

如果想得到较安全的过电流保护，建议用户优先使用内部带过电流保护功能的模块。另外，还可采用外接快速熔断器、快速过电流继电器、传感器的方法。使用快速熔断器是最简单、常用的方法，介绍如下。

1）快速熔断器的选择

（1）快速熔断器的额定电压应大于模块输入端电压。

（2）快速熔断器的额定电流应为模块标称输入电流的 0.6 倍，按照计算值选择相同电流或稍大一点的熔断器，也可根据经验和试验自行确定快速熔断器的额定电流。

2）接线方法

快速熔断器接在模块的输入端，负载接输出端。

2. 过压保护

晶闸管承受过电压的能力较差，当元件承受的反向电压超过其反向击穿电压时，即使时间很短，也会造成元件反向击穿损坏。如果正向电压超过晶闸管的正向转折电压，会引起晶闸管硬开通，它不仅使电路工作失常，且多次硬开通后元件正向转折电压要降低，甚至失去正向阻断能力而损坏。因此，必须采用过电压保护措施用以抑制晶闸管上可能出现

的过电压。

模块的过电压保护，推荐采用阻容吸收和压敏电阻吸收过电压两种方式并用的保护措施。

1) 阻容吸收电路

晶闸管从导通到阻断时，和开关电路一样，因线路电感（主要是变压器漏感 L_B）释放能量会产生过电压。由于晶闸管在导通期间，载流子充满元件内部，所以元件在关断过程中，正向电压下降到零时，内部仍残存着载流子。这些积蓄的载流子在反向电压作用下瞬时出现较大的反向电流，使积蓄载流子迅速消失，这时反向电流消失得极快，即 di/dt 极大。因此，即使和元件串联的线路电感 L 很小，电感产生的感应电动势 $L(di/dt)$ 值仍很大，这个电动势与电源电压串联，反向加在已恢复阻断的元件上，可能导致晶闸管的反向击穿。这种由于晶闸管关断引起的过电压，称为关断过电压，其数值可达工作电压峰值的 5~6 倍，所以必须采取抑制措施。

阻容吸收电路中电容器把过电压的电磁能量转变成静电能量存储，电阻防止电容与电感产生谐振、限制晶闸管开通损耗与电流上升率。这种吸收电路能抑制晶闸管由导通到截止时产生的过电压，有效避免晶闸管被击穿。

阻容吸收电路安装位置要尽量靠近模块主端子，即引线要短。最好采用无感电阻，以取得较好的保护效果。

2) 压敏电阻吸收过电压

压敏电阻能够吸收由于雷击等原因产生的能量较大、持续时间较长的过电压。压敏电阻标称电压 U_{1mA}，是指压敏电阻流过 1 mA 电流时它两端的电压。压敏电阻的选择，主要考虑额定电压和通流容量。额定电压 U_{1mA} 的下限是线路工作电压峰值，考虑到电网电压的波动以及多次承受冲击电流以后 U_{1mA} 值可能下降，因此，额定电压的取值应适当提高。目前通常采用 30% 的裕量计算，即

$$U_{1mA} \geqslant 1.3\sqrt{2}U \tag{2-14}$$

式中：U 为压敏电阻两端正常工作电压的有效值。

压敏电阻的数量：三相整流模块和三相交流模块均为 3 只、单相整流模块和单相交流模块均为 1 只，全部接在交流输入端。

3. 过热保护

晶闸管在电流通过时会产生一定的电压降，而电压降的存在则会产生一定的功耗，电流越大则功耗越大，产生的热量也就越大。如果不把这些热量快速散掉，则会烧坏晶闸管芯片。因此，要求使用晶闸管模块时，一定要安装散热器。散热条件的好坏是影响模块能否安全工作的重要因素。良好的散热条件不但能够保证模块可靠工作、防止模块过热烧毁，而且能够提高模块的电流输出能力。在使用大电流规格模块时尽量选择带过热保护功能的模块。当然，即便模块带过热保护功能，而散热器和风机也是不可缺少的。

在使用中，当散热条件不符合规定要求时，如室温超过 40 ℃、强迫风冷的出口风速不足 6 m/s 等，则模块的额定电流应立即降低使用；否则模块会由于芯片结温超过允许值而损坏。譬如，按规定应采用风冷的模块而采用自冷时，则电流的额定值应降低到原有值的 30%~40%；反之，如果改为采用水冷时，则电流的额定值可以增大 30%~40%。

4. 电流上升率、电压上升率的抑制保护

1）电流上升率 di/dt 的抑制

晶闸管初开通时电流集中在靠近门极的阴极表面较小的区域，局部电流密度很大，然后以 $0.1\ mm/\mu s$ 的扩展速度将电流扩展到整个阴极面，若晶闸管开通时电流上升率 di/dt 过大，会导致 PN 结击穿，因此必须限制晶闸管的电流上升率使其在合适的范围内。其有效办法是在晶闸管的阳极回路串联入电感。

2）电压上升率 du/dt 的抑制

加在晶闸管上的正向电压上升率 du/dt 也应有所限制，如果 du/dt 过大，由于晶闸管结电容的存在而产生较大的位移电流，该电流可以实际上起到触发电流的作用，使晶闸管正向阻断能力下降，严重时引起晶闸管误导通。为抑制 du/dt 的作用，可以在晶闸管两端并联 RC 阻容吸收电路。

任务实施

（1）说明晶闸管整流器的设计步骤。

（2）说明整流变压器的参数计算方法。

（3）说明晶闸管整流器的过电流和过电压保护方法。

任务评价

1. 小组互评

小组互评任务验收单

任务名称	整流变压器的参数计算方法	验收结论	
验收负责人		验收时间	
验收成员			
任务要求	牢固掌握整流变压器的参数计算方法。请根据任务要求设计整流变压器的参数计算方法，描述计算步骤			
实施方案确认				

项目 2　晶闸管整流器运行调试和锯齿波同步移相触发电路的原理分析与调试

续表

文档接收清单	接收本任务完成过程中涉及的所有文档			
^	序号	文档名称	接收人	接收时间
^				
^				
^				
^				

验收评分	配分表		
^	评价标准	配分	得分
^	能够正确描述变压器二次相电压 U_2 的计算步骤。每处错误扣 5 分，扣完为止	20 分	
^	能够正确描述变压器二次相电流有效值 I_2 的计算步骤。每处错误扣 5 分，扣完为止	30 分	
^	能够正确描述变压器一次相电流有效值 I_1 的计算步骤。每处错误扣 5 分，扣完为止	30 分	
^	能够正确描述变压器容量的计算方法。描述模糊不清楚或不达要点不给分	20 分	

效果评价	

2. 教师评价

教师评价任务验收单

任务名称	整流变压器的参数计算方法	验收结论	
验收负责人		验收时间	
验收成员			
任务要求	牢固掌握整流变压器的参数计算方法。请根据任务要求设计整流变压器的参数计算方法，描述计算步骤		
实施方案确认			
文档接收清单	接收本任务完成过程中涉及的所有文档			
^	序号	文档名称	接收人	接收时间
^				
^				
^				
^				
^				

续表

配分表		
评价标准	配分	得分
能够正确描述变压器一次相电压 U_2 的计算步骤。每处错误扣 5 分，扣完为止	20 分	
能够正确描述变压器二次相电流有效值 I_2 的计算步骤。每处错误扣 5 分，扣完为止	30 分	
能够正确描述变压器一次相电流有效值 I_1 的计算步骤。每处错误扣 5 分，扣完为止	30 分	
能够正确描述变压器容量的计算方法。描述模糊不清楚或不达要点不给分	20 分	

（验收评分 / 效果评价 行标题见左侧）

拓展训练

（1）整流电路按交流输入相数可分为_____和_____两类。

（2）对于 5 kW 以下的整流器多采用_____整流电路；5 kW 以上的整流器多采用_____整流电路。

（3）一般的工业生产用晶闸管设备的负载都为_____性的，负载电流基本上是直流，因而晶闸管电流为_____。

（4）晶闸管整流器模块的过电压保护，推荐采用_____和_____两种方式并用的保护措施。

任务 2.2　三相半波可控整流电路

任务目标

[知识目标]
- 掌握电阻性负载和电感性负载三相半波可控整流电路的工作原理。

[技能目标]
- 掌握三相半波共阳极可控整流电路的波形分析。

[素养目标]
- 具有良好的职业道德和职业素养。
- 具有质量意识、环保意识、安全意识、信息素养、工匠精神和创新思维。

项目 2　晶闸管整流器运行调试和锯齿波同步移相触发电路的原理分析与调试

知识链接

知识点 1　电阻性负载三相半波可控整流电路

变压器二次侧接成星形得到零线，而一次侧接成三角形避免 3 次谐波流入电网。3 个晶闸管分别接 a、b、c 三相电源，其阴极连接在一起称为共阴极接法。

以下为 $\alpha=0°$ 时的工作原理分析。假设将电路中的晶闸管换作二极管，成为三相半波不可控整流电路。此时，相电压最大的一个所对应的二极管导通，并使另两相的二极管承受反压关断，输出整流电压即为该相的相电压。一周期中，在 $\omega t_1 \sim \omega t_2$ 期间，VT_1 导通，$u_d = u_a$；在 $\omega t_2 \sim \omega t_3$ 期间，VT_2 导通，$u_d = u_b$；在 $\omega t_3 \sim \omega t_4$ 期间，VT_3 导通，$u_d = u_c$。晶闸管换相时刻为自然换相点，是各相晶闸管能触发导通的最早时刻，将其作为计算各晶闸管触发延迟角 α 的起点，即 $\alpha=0°$。

三相半波可控整流电路中，晶闸管触发延迟角 $\alpha=0°$ 的工作过程和波形与不可控整流电路完全相同。三相半波可控整流电路共阴极接法电阻负载时，电路及 $\alpha=0°$ 时的波形如图 2.1 所示，变压器二次侧 a 相绕组和晶闸管 VT_1 的电流波形相同。变压器二次绕组电流有直流分量，晶闸管的电压波形由 3 段组成：第 1 段，VT_1 导通期间，为一管压降，可近似为 $u_{VT_1}=0$；第 2 段，在 VT_1 关断后，VT_2 导通期间，$u_{VT_1}=u_a-u_b=u_{ab}$，为一段线电压；第 3 段，在 VT_3 导通期间，$u_{VT_1}=u_a-u_c=u_{ac}$ 为另一段线电压。增大 α 值，将脉冲后移，整流电路的工作情况相应发生变化，$\alpha=30°$ 时的波形负载电流处于连续和断续之间的临界状态。三相半波可控整流电路带电阻负载，$\alpha=30°$ 时的波形如图 2.2 所示。当 $\alpha>30°$ 时，负载电流断续。各相晶闸管的导通角将小于 $120°$，带电阻负载时，α 角的移相范围为 $0°\sim150°$。

图 2.1　三相半波可控整流电路共阴极接法带电阻负载时的电路图及 $\alpha=0°$ 时的波形

整流电压平均值的计算：

（1）$\alpha\leqslant 30°$ 时，负载电流连续，当 $\alpha=0°$ 时，U_d 最大，为

$$U_d = U_{d0} = 1.17U_2 \qquad (2-15)$$

（2）$\alpha>30°$ 时，负载电流断续，晶闸管导通角减小，此时有

$$U_d = \frac{1}{\frac{2\pi}{3}}\int_{\frac{\pi}{6}+\alpha}^{\pi}\sqrt{2}U_2\sin(\omega t)\,d(\omega t) = \frac{3\sqrt{2}}{2\pi}U_2\left[1+\cos\left(\frac{\pi}{6}+\alpha\right)\right] = 0.675\left[1+\cos\left(\frac{\pi}{6}+\alpha\right)\right] \qquad (2-16)$$

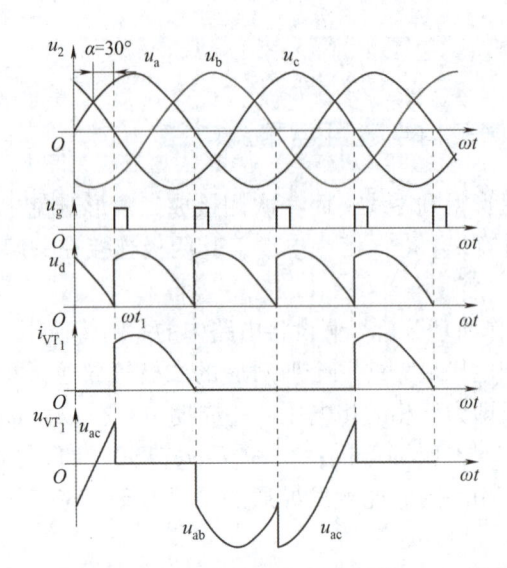

图 2.2　三相半波可控整流电路带电阻负载 $\alpha=30°$ 时的波形

U_d/U_2 随 α 变化的规律如图 2.3 中的曲线 1 所示。

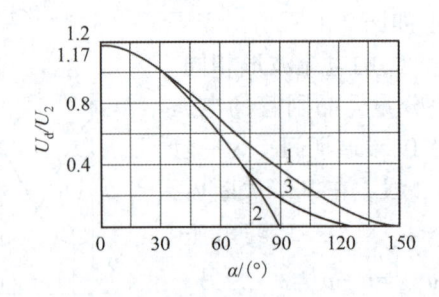

图 2.3　三相半波可控整流电路中 U_d/U_2 与 α 的关系

负载电流平均值为

$$I_d = \frac{U_d}{R} \tag{2-17}$$

由图 2.1 不难看出，晶闸管承受的最大反向电压为变压器二次线电压峰值，即

$$U_{RH} = \sqrt{2} \times \sqrt{3}\, U_2 = \sqrt{6}\, U_2 \approx 2.45 U_2 \tag{2-18}$$

由于晶闸管阴极与零点间的电压即为整流输出电压 u_d，其最小值为零，而晶闸管阳极与零点间的最高电压等于变压器二次相电压的峰值。因此，晶闸管阳极与阴极间的最大电压等于变压器二次相电压的峰值，即 $\sqrt{2}\, U_2$。

知识点 2　电感性负载三相半波可控整流电路

电感性负载三相半波可控整流电路的特点是 L 值很大，i_d 波形基本平直。

（1）$\alpha \leqslant 30°$ 时，整流电压波形与电阻负载时相同。

（2）$\alpha > 30°$ 时，若 $\alpha = 60°$ 时的波形，如图 2.4 所示，u_2 过零时，VT_1 不关断，直到 VT_2

的脉冲到来才换流。由 VT$_2$ 导通向负载供电，同时向 VT$_1$ 施加反压使其关断，即 u_d 波形中出现负的部分。阻感负载时的移相范围为 0°~90°。

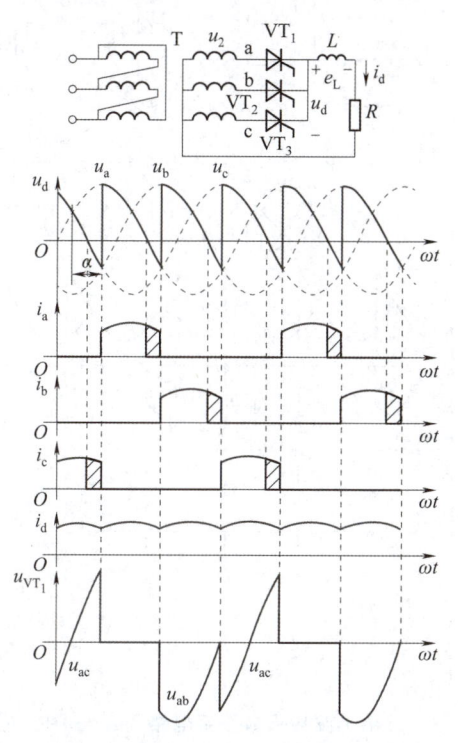

图 2.4　三相半波可控整流电路带阻感负载时的电路及 α=60°时的波形

数量关系：U_d/U_2 与 α 成余弦关系，如图 2.3 中的曲线 2 所示。如果负载中的电感量不是很大，则当 α>30°后，u_d 中负的部分减少，U_d 略微增加，U_d/U_2 与 α 的关系将介于曲线 1 和曲线 2 之间。变压器二次电流即晶闸管电流的有效值为

$$I_2 = I_T = \frac{1}{\sqrt{3}}I_d = 0.577I_d \tag{2-19}$$

晶闸管的额定电流为

$$I_{T(AV)} = \frac{I_d}{1.57} = 0.368I_d \tag{2-20}$$

晶闸管最大正反向电压峰值均为变压器二次线电压峰值，即

$$U_{FH} = U_{RH} = 2.45U_2 \tag{2-21}$$

在图 2.4 中，i_d 波形有一定的脉动，但为简化分析及定量计算，可将 i_d 近似为一条水平线。三相半波的主要缺点在于其变压器二次电流中含有直流分量，为此其应用较少。

知识点 3　三相半波共阳极可控整流电路

三相半波可控整流电路由 3 个晶闸管的阴极接在一起与负载相连，输出电压 u_d 相对于变压器公共点"O"是正输出电压，这种接法称为共阴极接法，又称为共阴极正组整流电路。如果将 3 个晶闸管阳极接在一起，与负载相连，这种接法称为共阳极接法，又称为共

阳极负组整流电路。这种接法的电路及电压波形如图 2.5 所示。

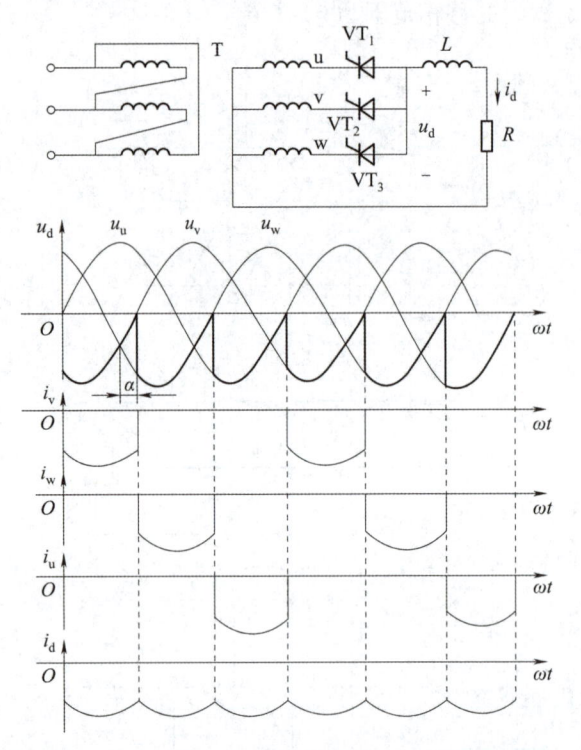

图 2.5　三相半波共阳极整流电路及 $\alpha=30°$ 时的波形

把 3 个晶闸管的阳极接成公共端连在一起，就构成了共阳极接法的三相半波可控整流电路，由于阴极电位不同，要求三相的触发电路必须彼此绝缘。由于晶闸管只有在阳极电位高于阴极电位时才能导通，因此晶闸管只在相电压负半周被触发导通，换相总是换到阴极更负的那一相，图 2.5 给出了共阳极接法的三相半波可控整流和 $\alpha=30°$ 时的工作波形。

任务实施

（1）电阻性负载三相半波可控整流电路的波形分析。

（2）电感性负载三相半波可控整流电路的波形分析。

（3）电感性负载三相半波共阳极可控整流电路的波形分析。

项目 2　晶闸管整流器运行调试和锯齿波同步移相触发电路的原理分析与调试

任务评价

1. 小组互评

小组互评任务验收单

任务名称	三相半波可控整流电路共阴极接法带电阻负载时的电路图及波形分析	验收结论	
验收负责人		验收时间	
验收成员			
任务要求	分析三相半波可控整流电路共阴极接法带电阻负载时的电路图及输出波形。请根据任务要求绘制三相半波可控整流电路共阴极接法带电阻负载时的电路图，分析输出波形			
实施方案确认				
文档接收清单	接收本任务完成过程中涉及的所有文档			
	序号	文档名称	接收人	接收时间
验收评分	配分表			
	评价标准		配分	得分
	能够正确列出三相半波可控整流电路共阴极接法带电阻负载时电路中用到的电气元件。每处错误扣 5 分，扣完为止		20 分	
	能够正确画出三相半波可控整流电路中电气元件的电气符号。每处错误扣 5 分，扣完为止		30 分	
	能够正确画出三相半波可控整流电路共阴极接法带电阻负载时的电路图。每处错误扣 5 分，扣完为止		30 分	
	能够正确画出三相半波可控整流电路共阴极接法带电阻负载时的波形。绘制不完整或错误不给分		20 分	
效果评价				

2. 教师评价

教师评价任务验收单

任务名称	三相半波可控整流电路共阴极接法带电阻负载时的电路图及波形分析	验收结论	
验收负责人		验收时间	
验收成员			

55

续表

任务要求	分析三相半波可控整流电路共阴极接法带电阻负载时的电路图及输出波形。请根据任务要求绘制三相半波可控整流电路共阴极接法带电阻负载时的电路图，分析输出波形				
实施方案确认					
文档接收清单	接收本任务完成过程中涉及的所有文档				
	序号	文档名称	接收人	接收时间	
验收评分	配分表				
	评价标准			配分	得分
	能够正确列出三相半波可控整流电路共阴极接法带电阻负载时电路中用到的电气元件。每处错误扣5分，扣完为止			20分	
	能够正确画出三相半波可控整流电路中电气元件的电气符号。每处错误扣5分，扣完为止			30分	
	能够正确画出三相半波可控整流电路共阴极接法带电阻负载时的电路图。每处错误扣5分，扣完为止			30分	
	能够正确画出三相半波可控整流电路共阴极接法带电阻负载时的波形。绘制不完整或错误不给分			20分	
效果评价					

拓展训练

（1）三相可控整流电路中，最基本的是_____整流电路。应用最为广泛的是_____和双反星形可控整流电路等。

（2）三相半波可控整流电路带电阻性负载时，α 的移相范围是_____。带阻感性负载时，α 的移相范围是_____。

（3）共阳极接法的三相半波可控整流电路，晶闸管只在相电压_____被触发导通，换相总是换到_____的那一相。

（4）简述电感性负载三相半波可控整流电路中电压和电流的波形的各自特点。

任务 2.3　三相桥式全控整流电路

任务目标

[知识目标]
- 掌握三相桥式全控整流电路的结构、特点、参数计算及应用。

[技能目标]
- 掌握三相桥式全控整流电路的波形分析方法。

[素养目标]
- 具有良好的职业道德和职业素养。
- 具有质量意识、环保意识、安全意识、信息素养、工匠精神和创新思维。

知识链接

知识点 1　电阻性负载三相桥式全控整流电路

如果把共阴极正组整流电路与共阳极负组整流电路串联起来，即"O"点连接起来，变压器共用一个二次侧绕组；如果负载电阻相同，则负载电流相等，且流向相反，因此零线上的平均电流为零。这样零线就变得多余而可以取消。取消零线后的两个三相半波电路的串联就形成三相桥式全控电路，如图 2.6 所示。两个三相半波可控整流电路串联形成一个三相桥式全控整流电路，但由于零线的取消，电流回路会发生一些变化，电路工作情况与三相半波情况不同。

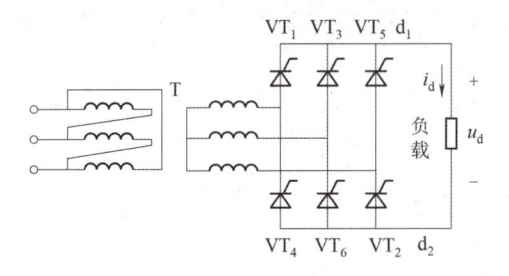

图 2.6　三相桥式全控整流电路

1. $\alpha = 0°$ 时的情况

三相桥式全控整流电路带电阻负载 $\alpha = 0°$ 时的波形如图 2.7 所示。假设将电路中的晶闸管换作二极管进行分析。对于共阴极组的 3 个晶闸管，阳极所接交流电压值最大的一个导通，对于共阳极组的 3 个晶闸管，阴极所接交流电压值最低（或者说负得最多）的导通。任意时刻共阳极组和共阴极组中各有 1 个晶闸管处于导通状态。从相电压波形看，共阴极组晶闸管导通时，u_{d1} 为相电压的正包络线，共阳极组导通时，u_{d2} 为相电压的负包络线，

$u_d=u_{d1}-u_{d2}$ 是两者的差值,为线电压在正半周的包络线。直接从线电压波形看,u_d 为线电压中最大的一个,因此 u_d 波形为线电压的包络线。

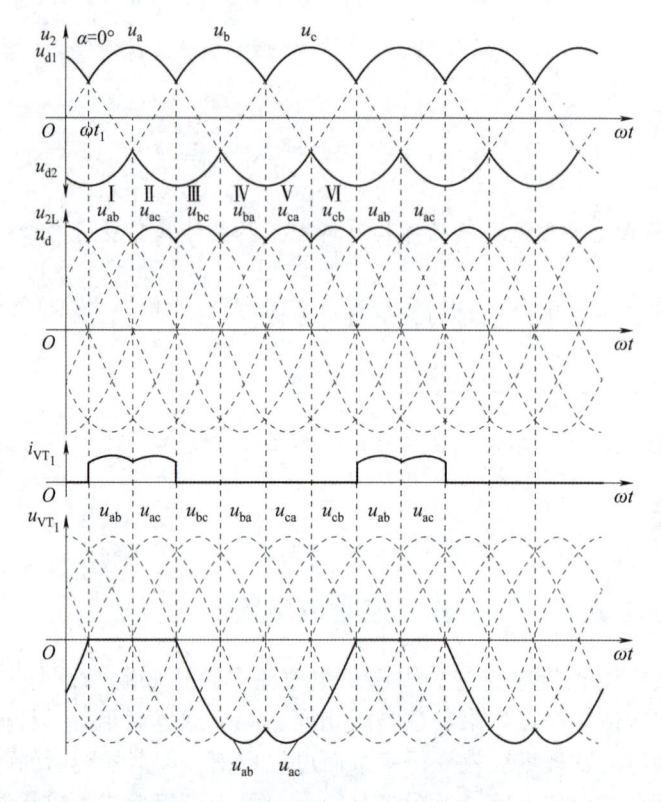

图 2.7 三相桥式全控整流电路带电阻负载 $\alpha=0°$ 时的波形

三相桥式全控整流电路电阻负载 $\alpha=0°$ 时晶闸管工作情况见表 2.2。

表 2.2 三相桥式全控整流电路电阻负载 $\alpha=0°$ 时晶闸管的工作情况

时段	Ⅰ	Ⅱ	Ⅲ	Ⅳ	Ⅴ	Ⅵ
共阴极组中导通的晶闸管	VT_1	VT_1	VT_3	VT_3	VT_5	VT_5
共阳极组中导通的晶闸管	VT_6	VT_2	VT_2	VT_4	VT_4	VT_6
整流输出电压 U_d	$U_a-U_b=U_{ab}$	$U_a-U_c=U_{ac}$	$U_b-U_c=U_{bc}$	$U_b-U_a=U_{ba}$	$U_c-U_a=U_{ca}$	$U_c-U_b=U_{cb}$

2. 其他情况

三相桥式全控整流电路带电阻负载 $\alpha=30°$、$\alpha=60°$、$\alpha=90°$ 时的波形分别如图 2.8 至图 2.10 所示。

三相桥式全控整流电路的特点。

(1) 两管同时导通形成供电回路,其中共阴极组和共阳极组各有一个晶闸管导通,且不能为同一相器件。

(2) 对触发脉冲的要求:按 VT_1-VT_2-VT_3-VT_4-VT_5-VT_6 的顺序,相位依次相差 60°。共阴极组 VT_1、VT_3、VT_5 的脉冲依次相差 120°,共阳极组 VT_4、VT_6、VT_2 也依次相差 120°。同一相的上下两个桥臂,即 VT_1 与 VT_4、VT_3 与 VT_6、VT_5 与 VT_2,脉冲相差 180°。

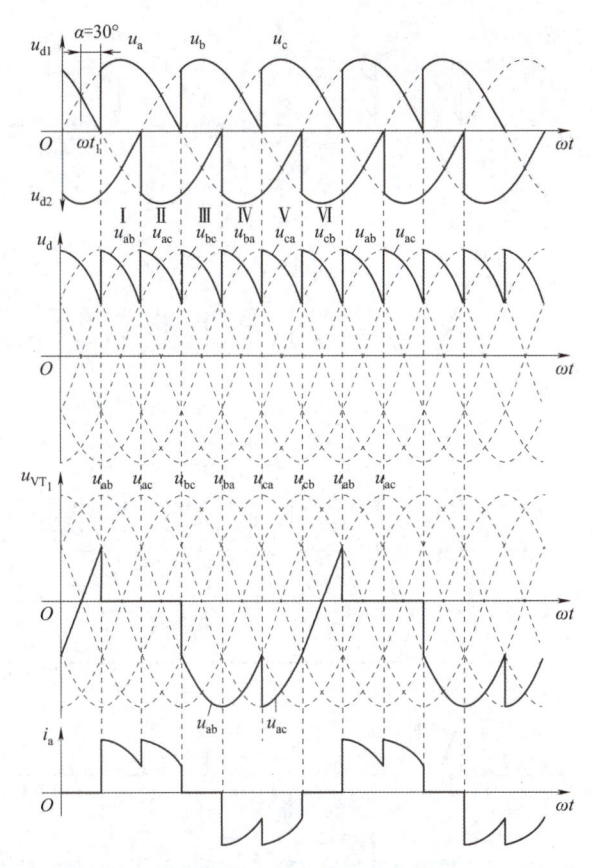

图 2.8　三相桥式全控整流电路带电阻负载 $\alpha=30°$ 时的波形

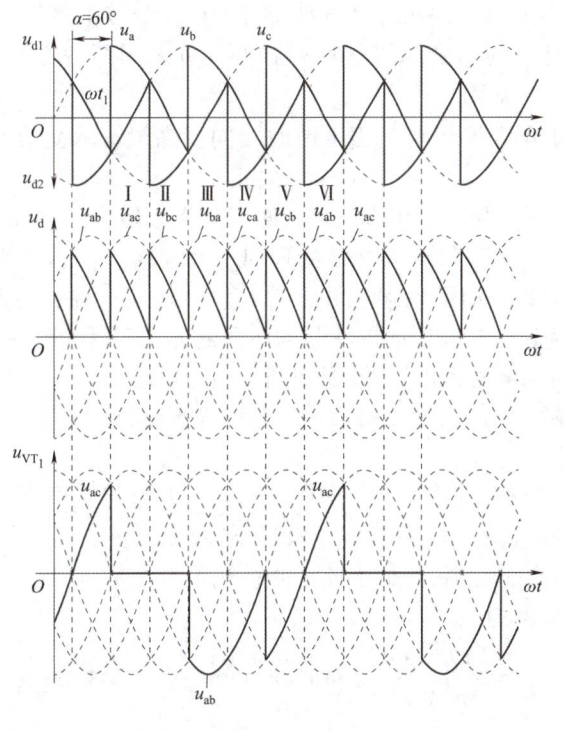

图 2.9　三相桥式全控整流电路带电阻负载 $\alpha=60°$ 时的波形

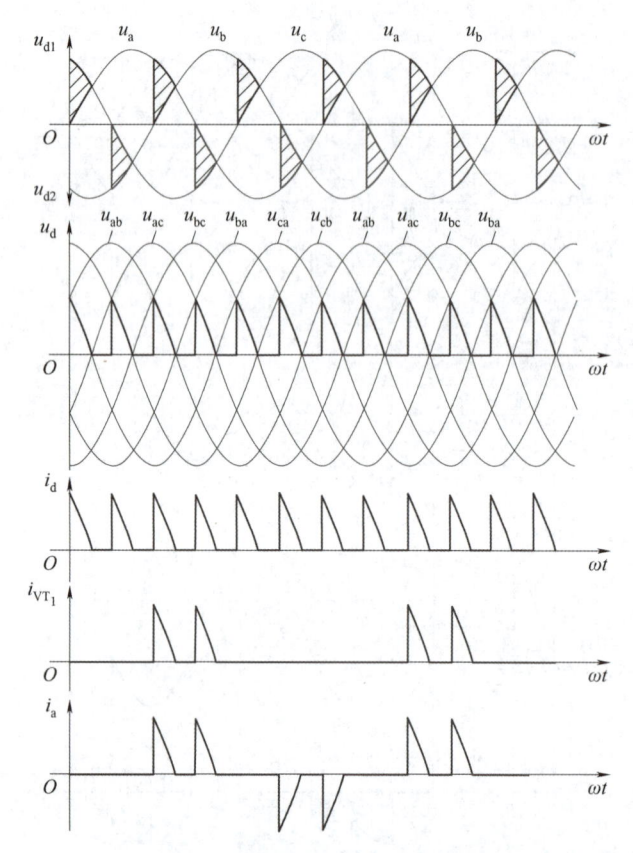

图 2.10 三相桥式全控整流电路带电阻负载 $\alpha=90°$ 时的波形

（3）u_d 一周期脉动 6 次，每次脉动的波形都一样，故该电路为 6 脉波整流电路。

（4）需保证同时导通的两个晶闸管均有脉冲，可采用两种方法：一种是宽脉冲触发，另一种是双窄脉冲触发（常用）。

（5）晶闸管承受的电压波形与三相半波时相同，晶闸管承受最大正、反向电压的关系也相同。

$\alpha=30°$ 时的工作情况：从 ωt_1 开始把一周期等分为 6 段，u_d 波形仍由 6 段线电压构成，每一段导通晶闸管的编号等仍符合表 2.2 的规律。区别在于：晶闸管起始导通时刻推迟了 $30°$，组成 u_d 的每一段线电压因此推迟 $30°$。变压器二次侧电流 i_a 波形的特点：在 VT_1 处于通态的 $120°$ 期间，i_a 为正，i_a 波形的形状与同时段的 u_d 波形相同，在 VT_4 处于通态的 $120°$ 期间，i_a 波形的形状也与同时段的 u_d 波形相同，但为负值。

$\alpha=60°$ 时的工作情况：u_d 波形中每段线电压的波形继续后移，u_d 平均值继续降低。$\alpha=60°$ 时 u_d 出现为零的点。

当 $\alpha\leqslant60°$ 时，u_d 波形均连续，对于电阻负载，i_d 波形与 u_d 波形形状一样，也连续；当 $\alpha>60°$ 时，u_d 波形每 $60°$ 中有一段为零，u_d 波形不能出现负值。

带电阻负载时三相桥式全控整流电路 α 的移相范围是 $0°\sim120°$。当整流输出电压连续时（$\alpha\leqslant60°$）的平均值为

$$U_d = \frac{1}{\frac{\pi}{3}}\int_{\frac{\pi}{3}+\alpha}^{\frac{2\pi}{3}+\alpha}\sqrt{6}\,U_2\sin(\omega t)\,\mathrm{d}(\omega t) = 2.34U_2\cos\alpha \tag{2-22}$$

当 α>60°时，整流电压平均值为

$$U_d = \frac{3}{\pi}\int_{\frac{\pi}{3}+\alpha}^{\pi}\sqrt{6}\,U_2\sin(\omega t)\,d(\omega t) = 2.34U_2\left[1+\cos\left(\frac{\pi}{3}+\alpha\right)\right] \qquad (2\text{-}23)$$

输出电流平均值为

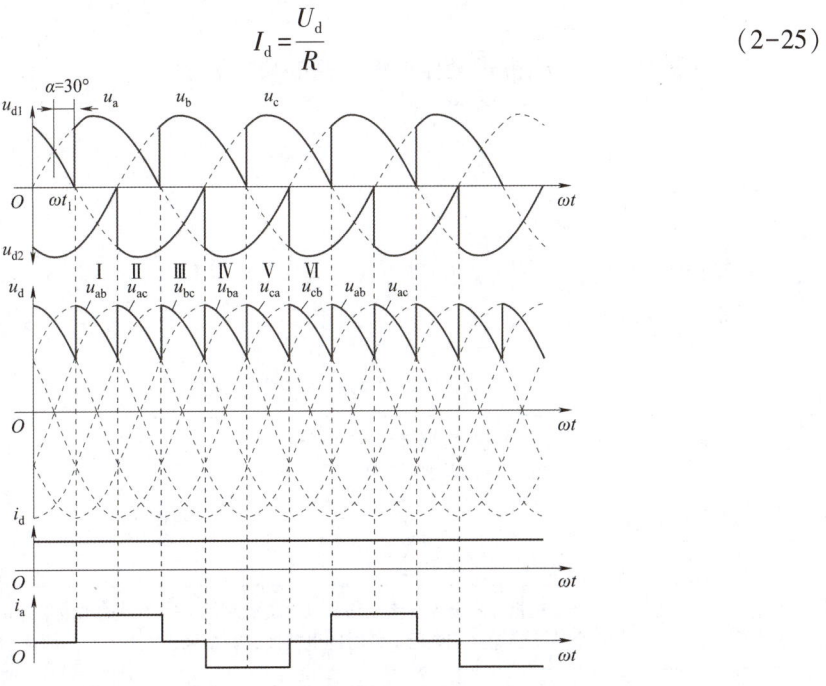

$$I_d = \frac{U_d}{R}$$

知识点 2　电感性负载三相桥式全控整流电路

三相桥式全控整流电路带阻感负载 α = 30°、α = 90°时的波形分别如图 2.11 和图 2.12 所示。

α≤60°时，u_d 波形连续，工作情况与带电阻负载时十分相似，各晶闸管的通断情况、输出整流电压 u_d 波形、晶闸管承受的电压波形等都一样。区别在于：由于负载不同，同样的整流输出电压加到负载上，得到的负载电流 i_d 波形不同。阻感负载时，由于电感的作用，使负载电流波形变得平直，当电感足够大时，负载电流的波形可近似为一条水平线。

α>60°时，阻感负载时的工作情况与电阻负载时不同，电阻负载时 u_d 波形不会出现负的部分，而阻感负载时，由于电感 L 的作用，u_d 波形会出现负的部分。带阻感负载时，三相桥式全控整流电路的 α 角移相范围为 0°～90°。

因此，带阻感负载时，输出电压平均值为

$$U_d = \frac{1}{\frac{\pi}{3}}\int_{\frac{\pi}{3}+\alpha}^{\frac{2\pi}{3}}\sqrt{6}\,U_2\sin(\omega t)\,d(\omega t) = 2.34U_2\cos\alpha \qquad (2\text{-}24)$$

输出电流平均值为

$$I_d = \frac{U_d}{R} \qquad (2\text{-}25)$$

图 2.11　三相桥式全控整流电路带阻感负载 *α*=30°时的波形

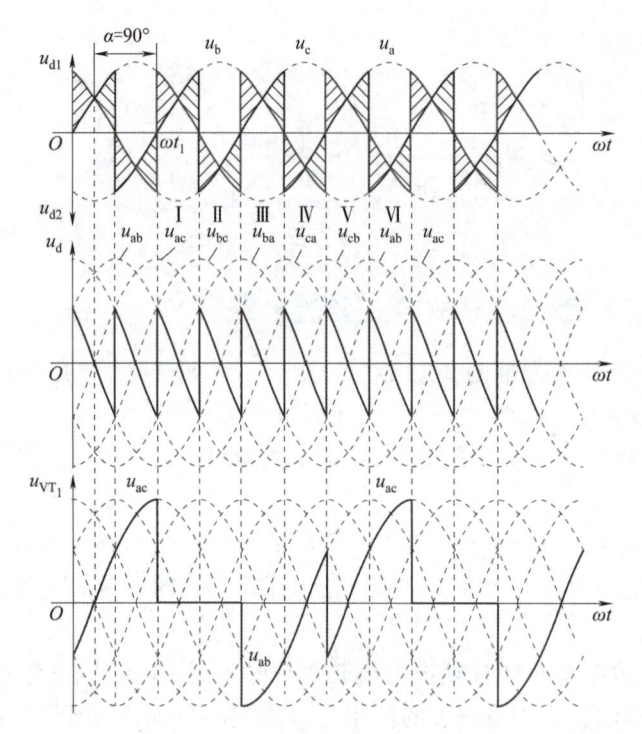

图 2.12　三相桥式全控整流电路带阻感负载 $\alpha=90°$ 时的波形

任务实施

（1）电阻性负载三相桥式全控整流电路的波形分析。

（2）电感性负载三相桥式全控整流电路的波形分析。

任务评价

1. 小组互评

小组互评任务验收单

任务名称	三相桥式全控整流电路带电阻负载时的电路图及波形分析	验收结论	
验收负责人		验收时间	
验收成员			
任务要求	分析三相桥式全控整流电路带电阻负载时的电路图及输出波形。请根据任务要求绘制三相桥式全控整流电路带电阻负载时的电路图，分析输出波形		

续表

实施方案确认	
文档接收清单	接收本任务完成过程中涉及的所有文档
	序号 | 文档名称 | 接收人 | 接收时间

验收评分	配分表		
	评价标准	配分	得分
	能够正确列出三相桥式全控整流电路带电阻负载时电路中用到的电气元件。每处错误扣5分,扣完为止	20分	
	能够正确画出三相桥式全控整流电路带电阻负载时电路中电气元件的电气符号。每处错误扣5分,扣完为止	30分	
	能够正确画出三相桥式全控整流电路带电阻负载时的电路图。每处错误扣5分,扣完为止	30分	
	能够正确画出三相桥式全控整流电路带电阻负载时的波形。绘制不完整或错误不给分	20分	

效果评价	

2. 教师评价

教师评价任务验收单

任务名称	三相桥式全控整流电路带电阻负载时的电路图及波形分析	验收结论	
验收负责人		验收时间	
验收成员			
任务要求	分析三相桥式全控整流电路带电阻负载时的电路图及输出波形。请根据任务要求绘制三相桥式全控整流电路带电阻负载时的电路图,分析输出波形		
实施方案确认			
文档接收清单	接收本任务完成过程中涉及的所有文档		
	序号 | 文档名称 | 接收人 | 接收时间		

63

续表

验收评分	配分表		
	评价标准	配分	得分
	能够正确列出三相桥式全控整流电路带电阻负载时电路中用到的电气元件。每处错误扣5分，扣完为止	20分	
	能够正确画出三相桥式全控整流电路带电阻负载时电路中电气元件的电气符号。每处错误扣5分，扣完为止	30分	
	能够正确画出三相桥式全控整流电路带电阻负载时的电路图。每处错误扣5分，扣完为止	30分	
	能够正确画出三相桥式全控整流电路带电阻负载时的波形。绘制不完整或错误不给分	20分	
效果评价			

拓展训练

（1）三相桥式全控整流电路带电阻性负载时，α的移相范围是_____。带阻感性负载时，α的移相范围是_____。

（2）三相桥式全控整流电路带电阻性负载时，晶闸管可能承受的最大正向电压为_____。三相桥式全控整流电路，同一相的上、下两个桥臂，脉冲相差_____。

（3）三相桥式全控整流电路，任意时刻有_____个晶闸管同时导通。三相桥式全控整流电路中晶闸管导通的顺序是_____。

（4）将三相桥式全控整流电路电阻负载 α=0°时晶闸管的工作情况填入下表中。

时段	Ⅰ	Ⅱ	Ⅲ	Ⅳ	Ⅴ	Ⅵ
共阴极组中导通的晶闸管						
共阳极组中导通的晶闸管						
整流输出电压 U_d						

任务2.4　三相桥式半控整流电路

任务目标

[知识目标]
- 掌握三相桥式半控整流电路的结构、特点、参数计算及应用。

[技能目标]
- 掌握三相桥式半控整流电路的波形分析方法。

[素养目标]
- 具有良好的职业道德和职业素养。
- 具有质量意识、环保意识、安全意识、信息素养、工匠精神和创新思维。

知识链接

知识点 1　三相桥式半控整流电路的结构和特点

将三相桥式全控整流电路中一组晶闸管用 3 个整流二极管取代，就构成三相桥式半控整流电路。三相桥式半控整流电路的输出电压只要控制三相桥式一组晶闸管（3 个）即可，因此，它的控制要比全控简单，三相桥式半控整流电路在直流电源设备中用得较多。与单相半控桥式整流电路一样，一组整流用的二极管在电感负载时兼有续流二极管的作用。

三相桥式半控整流电路

电阻负载三相桥式半控整流电路如图 2.13 所示。图 2.13（a）中 3 个晶闸管的阴极连在一起是共阴极正组，3 个二极管的阳极连在一起是共阳极负组，整个电路是一个可控的共阴极组与一个不可控的共阳极组相串联的组合。

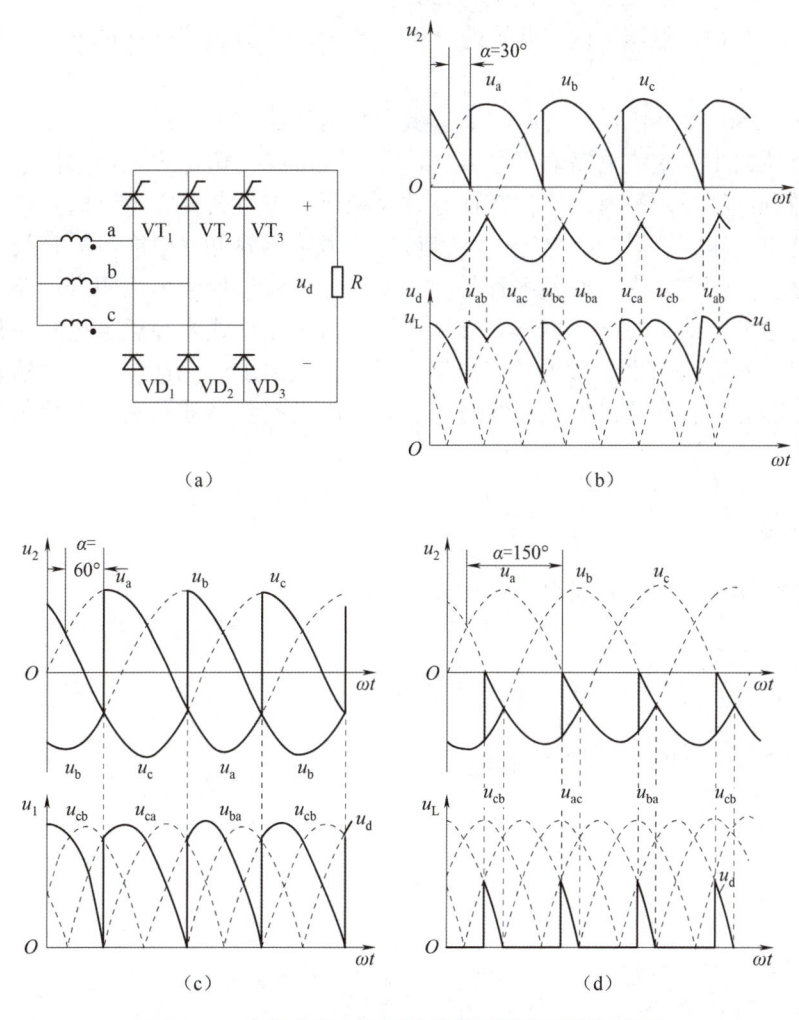

图 2.13　电阻负载三相桥式半控整流电路及其波形

（a）电路；（b）$\alpha=30°$ 时波形；（c）$\alpha=60°$ 时波形；（d）$\alpha=150°$ 时波形

知识点 2　三相桥式半控整流电路的波形分析

关于三相桥式半控整流电路波形分析，可利用相电压分析可控组的换流。另一组（二极管组成的共阳极负组）不可控，它总是在自然换流点换流，这样就可从相电压对应的线电压上得到输出整流电压的波形。如图 2.13（b）中实线所示：上方为相电压的波形，下方为对应的线电压波形，共阳极组不可控，它总是在自然换流点换流，如相电压负包络线（实线画出）所示；共阳极组在相应晶闸管承受正偏压、门极脉冲到来时换流。图示实线为 $\alpha = 30°$ 时的换流波形，a 相晶闸管 VT_1 在 $\alpha = 30°$ 时导通，在其后的 30°导电角范围内，VT_1 和 VD_2 导通，负载得到 u_{ab} 电压；当 $\omega t = 60°$ 时，由于在自然换流点处二极管 VD_2 换流给 VD_3，而晶闸管 VT_1 继续导通，故在其后区间负载电压为 $u_d = u_{ac}$，直至晶闸管 VT_1 换流。其后续过程分析类似，于是在线电压波形上得到 u_d 输出波形。

从图 2.13 所示的波形分析可以看出以下几点：

（1）3 个晶闸管的触发脉冲相位各差 120°。

（2）$\alpha = 60°$ 是输出电压连续和断续的分界，当 $\alpha \geq 60°$ 时整流电压的脉动一周期内只有 3 次。

（3）当 $\alpha = 180°$ 时，输出电压 $u_d = 0$，因此移相范围为 0°～180°。

对于三相桥式半控整流电路输出电压的计算，可仿照三相桥式全控整流电路的计算方法，分连续波和断续波两种情况，但其计算结果相同，当负载接有电感时，就会有电感的存储和释放能量问题，这时当线电压由零变负后，由于负载电感中能量的释放使导通的晶闸管不能关断，负载电流由导通晶闸管与同一相上的整流二极管形成闭合回路，而不像全控桥那样经过电源，即半控电路本身有续流作用，与单相桥式半控整流电路一样，电感储能的释放通过自身电路而不经过电源变压器。因此，在输出电流连续时，电感负载与电阻负载时输出电压相同；在输出电压断续时，负载电压没有负半波出现，电感负载与电阻负载时的输出电压也相同。

任务实施

（1）三相桥式半控整流电路的电路图及特点。

（2）三相桥式半控整流电路的波形分析。

项目 2　晶闸管整流器运行调试和锯齿波同步移相触发电路的原理分析与调试

任务评价

1. 小组互评

小组互评任务验收单

任务名称	三相桥式半控整流电路带电阻负载时的电路图及波形分析	验收结论	
验收负责人		验收时间	
验收成员			
任务要求	分析三相桥式半控整流电路带电阻负载时的电路图及输出波形。请根据任务要求绘制三相桥式半控整流电路带电阻负载时的电路图,分析输出波形		
实施方案确认			
文档接收清单	接收本任务完成过程中涉及的所有文档		
	序号	文档名称	接收人	接收时间
验收评分	配分表			
	评价标准		配分	得分
	能够正确列出三相桥式半控整流电路带电阻负载时电路中用到的电气元件。每处错误扣 5 分,扣完为止		20 分	
	能够正确画出三相桥式半控整流电路带电阻负载时电路中电气元件的电气符号。每处错误扣 5 分,扣完为止		30 分	
	能够正确画出三相桥式半控整流电路带电阻负载时的电路图。每处错误扣 5 分,扣完为止		30 分	
	能够正确画出三相桥式半控整流电路带电阻负载时的输出波形。绘制不完整或错误不给分		20 分	
效果评价				

2. 教师评价

教师评价任务验收单

任务名称	三相桥式半控整流电路带电阻负载时的电路图及波形分析	验收结论	
验收负责人		验收时间	
验收成员			
任务要求	分析三相桥式半控整流电路带电阻负载时的电路图及输出波形。请根据任务要求绘制三相桥式半控整流电路带电阻负载时的电路图,分析输出波形		

67

续表

实施方案确认				
文档接收清单	接收本任务完成过程中涉及的所有文档			
	序号	文档名称	接收人	接收时间
验收评分	配分表			
	评价标准		配分	得分
	能够正确列出三相桥式半控整流电路带电阻负载时电路中用到的电气元件。每处错误扣5分，扣完为止		20分	
	能够正确画出三相桥式半控整流电路带电阻负载时电路中电气元件的电气符号。每处错误扣5分，扣完为止		30分	
	能够正确画出三相桥式半控整流电路带电阻负载时的电路图。每处错误扣5分，扣完为止		30分	
	能够正确画出三相桥式半控整流电路带电阻负载时的输出波形。绘制不完整或错误不给分		20分	
效果评价				

拓展训练

（1）三相桥式半控整流电路，整个电路是一个_____共阴极组与一个_____共阳极组相串联的组合。

（2）三相桥式半控整流电路，3个晶闸管的触发脉冲相位各相差_____。三相桥式半控整流电路，共阳极负组总是在_____换流。

（3）三相桥式半控整流电路带电阻性负载时，α的移相范围是_____。三相桥式半控整流电路中 VT_1、VT_3、VT_5 这3个晶闸管的触发脉冲相位各相差_____。

（4）画出三相桥式半控整流电路的电路图，并叙述三相桥式半控整流电路的特点。

任务 2.5　锯齿波同步移相触发电路的原理分析

任务目标

[知识目标]

- 掌握防止误触发的措施。

[技能目标]
- 掌握锯齿波同步移相触发电路的原理和应用。

[素养目标]
- 具有良好的职业道德和职业素养。
- 具有质量意识、环保意识、安全意识、信息素养、工匠精神和创新思维。

知识链接

知识点 1　脉冲形成和放大环节

在大功率场合广泛采用锯齿波同步触发电路。图 2.14 所示为锯齿波触发电路，此电路主要包括脉冲形成和放大、同步和移相、强触发、双脉冲形成、脉冲封锁等环节。

锯齿波同步移相触发电路

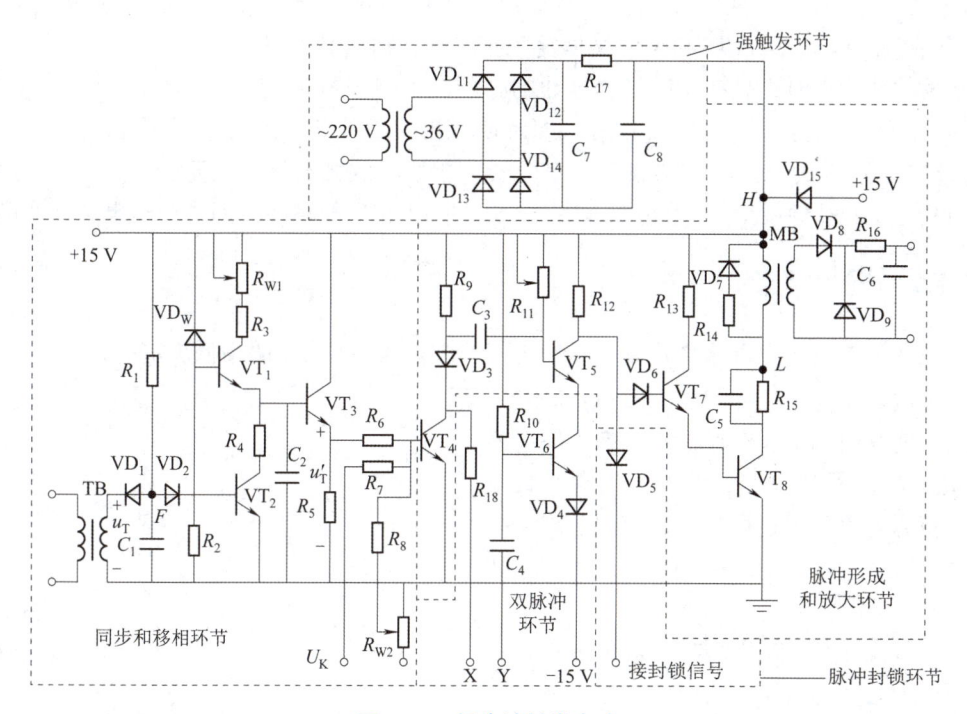

图 2.14　锯齿波触发电路

脉冲形成和放大环节如图 2.15 所示。当 $u_{B4}<0.7$ V 时，VT_4 截止，VT_5 由于 15 V 电源经 R_{11} 提供足够的基极电流而饱和导通。$u_{C5}=-15$ V$+0.3$ V$=-14.7$ V，故 VT_7 和 VT_8 处于截止状态，无触发脉冲输出。此时 C_3 经 R_9 和 VT_5 的发射结充电至约 29.3 V，极性为左正右负。

当 u_{B4} 升到 0.7 V 时，VT_4 由截止转为导通。由于电容 C_3 两端电压不能突变，故 u_{B5} 由 -14.3 V 降为 -28.3 V。VT_5 基射结反偏而立即截止，VT_7 和 VT_8 转为饱和导通。u_{C8} 降为约 0.3 V，于是脉冲变压器次级立即输出触发脉冲。

在 VT_4 导通 VT_5 截止的同时，C_3 立即经 R_{11}、VD_3 和 VT_4 放电和反向充电，u_{B5} 随之逐

69

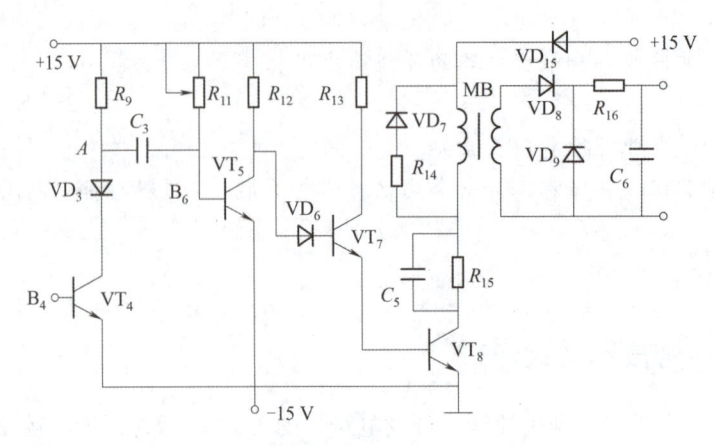

图 2.15 脉冲形成和放大环节

渐上升，当 u_{B5} 升至 -14.3 V 时，VT_5 基射结正偏而恢复导通。VT_5 集电极电位 u_{C5} 从 2.1 V 又降为 -14.7 V，VT_7 和 VT_8 又恢复截止状态，输出脉冲终止。

触发脉冲输出时刻是在 VT_4 转为导通的瞬间，而触发脉冲终止时刻是在 VT_5 恢复导通的瞬间。因此，触发脉冲的持续时间（即脉冲宽度）等于 VT_5 处于截止状态的持续时间。当 C_3 反向充电到 u_{B5} 等于 -14.3 V 时，VT_5 转为导通，故触发脉冲宽度由 C_3 的反向充电时间常数决定。只要改变 R_{11}，就可以改变 u_{B5} 升到 -14.3 V 的时间，即改变输出脉冲宽度。

知识点 2　同步环节

由以上分析可知，电路是否输出脉冲是由 VT_4 基极电位 u_{B4} 的高低决定的。而 $u_{B4}=u_{E3}$，即为锯齿波同步电压，如图 2.16 的同步环节所示。

为了使锯齿波电压线性得到提高，使电容 C_2 的充电电流保持恒定，可以采用自举式电路和恒流源电路等。这里是用恒流源电路来改善锯齿波的线性。图中的 VD_W、R_{W1}、R_3 和 VT_1 构成了恒流源电路。

当同步变压器 TB 次级电压 u_T 的波形在负半周下降段时，电容 C_1 经 VD_1 充电，极性为下正上负。忽略二极管 VD_1 的正向压降时，VT_2 因基射结反偏而截止。恒流源电流 I_{C1} 对 C_2 进行充电，u_{B3} 与时间 t 呈线性关系。u_{B3} 为一锯齿波，而 u_{E3} 也为一锯齿波，它就是该电路的锯齿波同步电压。

图 2.16 同步环节

当 u_T 的波形在负半周上升段时，C_1 经 R_1 放电后反向充电，VD_1 反偏截止。当 F 点电位上升到 1.4 V 时，VT_2 导通，u_{B3} 降为约 0.3 V，使 VT_3 基射结反偏而截止，锯齿波终止。调节 R_{W1} 可调节锯齿波 u_{B3} 的斜率和宽度，锯齿波宽度应大于 180°，一般定为 240°。

知识点 3　移相环节

如图 2.17 所示，当 $u_{B4}<0.7$ V 时 VT$_4$ 截止。当 u_{B4} 上升到 0.7 V 时，VT$_4$ 转为导通，输出脉冲。由于锯齿波波形两端非线性，而中间段线性要好些，因此应调节 U_P 使输出脉冲移相范围（由主电路来定）的中点调节在锯齿波的中点。

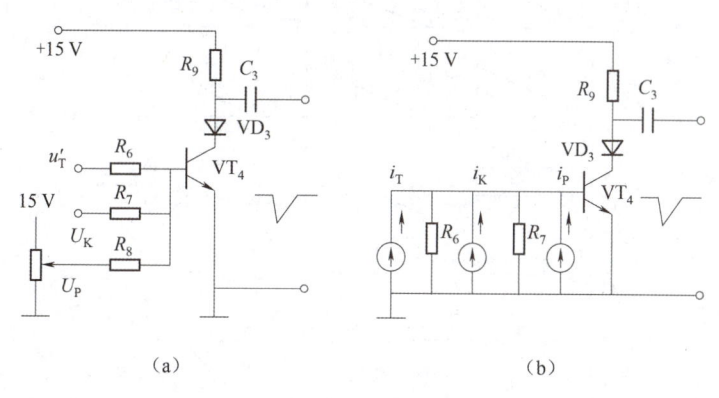

图 2.17　移相环节

知识点 4　强触发环节

强触发环节由 36 V 交流电经单相桥式整流再经 200 μF 的大电容滤波后，得到约 50 V 的直流电压，如图 2.18 所示。

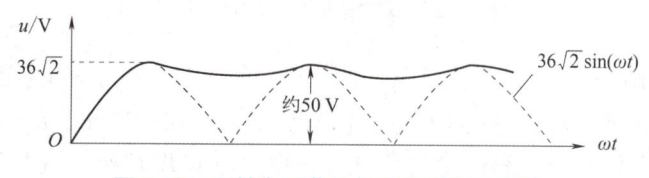

图 2.18　强触发环节的整流电源电压波形

如图 2.14 所示，当 VT$_8$ 未导通时，R_{17} 上因无电流而没有压降，故 C_8 上充有约 50 V 的电压。当 VT$_8$ 导通时，C_8 立即经 50 V 直流电源、R_{17}、MB 的初级、R_{15} 和 VT$_8$ 迅速放电。由于放电回路阻值较小，故当 u_H 下降到 15 V 以下时，二极管 VD$_{15}$ 正偏导通。因此时 C_8 放电电流很大，故 50 V 电源在电阻 R_{17} 上的分压很大，故不会使 H 点电位高于 15 V。是否有脉冲输出只取决于 VT$_8$ 是否导通。C_5 的作用是加速 L 点电位的下降，以提高强触发脉冲的前沿陡度。锯齿波同步触发电路各点电压波形如图 2.19 所示。

知识点 5　双脉冲形成环节

为适应三相全控桥式电路的需要，要求触发电路应具有双脉冲形成环节。产生双脉冲的方法有两种：一种是每块触发器在一周期内仍输出一个脉冲，而其输出端同时去触发两个桥臂的晶闸管，这种双脉冲称为外双脉冲，只要设两个输出端即可；另一种方法是每块触发器在一周期内输出两个间隔 60° 的窄脉冲，去触发一个桥臂的晶闸管，这种双脉冲称为

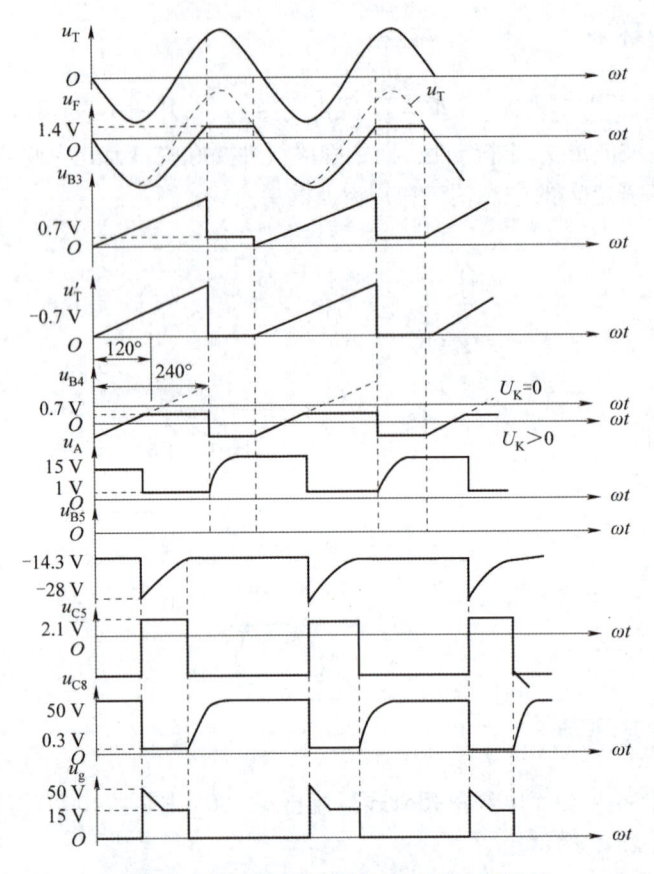

图 2.19　锯齿波同步触发电路各点电压波形

内双脉冲，目前应用较多。

图 2.20 所示电路具有内双脉冲形成环节，它由 X 端、Y 端、R_{18}、R_{10}、C_4、VT_6 和 VD_4 构成。VT_5 和 VT_6 中只要有一个管子截止，电路就输出脉冲。当 VT_5 截止，输出一个脉冲后，再过 60°，Y 端从同步电压滞后于该触发器 60°的后相触发器的 X 端得到滞后 60°的负脉冲信号，而使 VT_6 转入截止，输出第二个滞后 60°的脉冲，从而形成双脉冲。

每相触发器的 X 端与本相触发器的双脉冲形成无关，其作用是给前一相的 Y 端提供负脉冲信号，使前相触发器输出双脉冲。

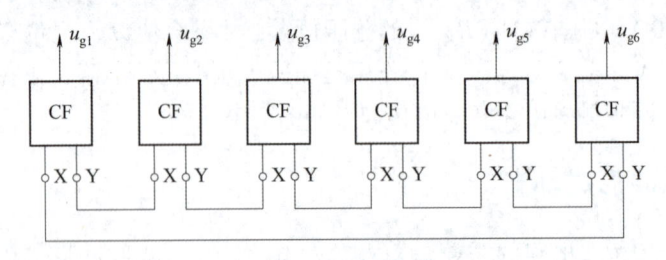

图 2.20　X 端和 Y 端连接

知识点 6　同步电压

同步电压 u_T 的频率等于晶闸管主电路交流电源的频率，且两者相位差固定，即 u_T 与主电路电源电压同步，故称同步电压。同步电压一般取自主电路交流电源电压，但因其取值较小，一般都配接一个同步变压器。例如，三相可逆系统有 6 个晶闸管依次导通，触发脉冲依次间隔 60°，这就需要 6 块完全相同的触发电路板分别对 6 个晶闸管进行触发，而这 6 块触发板的同步电压相位依次相差 60°。

知识点 7　防止误触发的措施

晶闸管装置在调试和使用过程中常会遇到各种电磁干扰，由于触发脉冲幅值较小，其他外来干扰信号容易混在触发电路输出信号中，造成晶闸管误触发，使电路不能正常工作。

干扰信号的来源一般有以下两种：一是电力、无线电、通信和微波等造成的影响；二是触发电路本身受到周围磁场的干扰，使其输出信号中夹杂有干扰信号进入晶闸管的门极。

为防止误触发，一般采取以下几种措施：将门极回路导线采用屏蔽线，并将金属屏蔽层可靠接地；门极回路导线应与大电流导线以及易产生干扰的引线（如接触器、继电器的操作线路）分开走线，并保证足够的距离；布线时，门极回路导线应单独敷线，走线径直，并避免电感元件靠近门极回路；在多相和大功率晶闸管装置中选用触发电流较大的晶闸管；未触发期间，在门极与阴极间加上一定的反偏电压（一般为 3 V 左右），触发器的电源应采用同步变压器隔离，并将同步变压器静电屏蔽，以防变压器产生的强磁场向周围发射；在晶闸管门极和阴极间并上电阻和电容。采取以上措施后，进入门极输入端的干扰信号幅值已比触发脉冲幅值小得多了，用阻容吸收回路可进一步削平干扰信号。但并上电阻和电容同时也会影响触发脉冲的波形和功率，尤其是并联电容会严重影响脉冲前沿，故电容量不宜选得较大。

任务实施

（1）分析锯齿波同步移相触发电路的主要环节。

（2）简述防止误触发采取的措施。

任务评价

1. 小组互评

小组互评任务验收单

任务名称	锯齿波同步移相触发电路主要工作点电压的波形分析	验收结论	
验收负责人		验收时间	
验收成员			
任务要求	分析锯齿波同步移相触发电路的电路图及主要工作点电压的输出波形。请根据任务要求绘制锯齿波同步移相触发电路的电路图,分析主要工作点电压的输出波形		
实施方案确认			
文档接收清单	接收本任务完成过程中涉及的所有文档		
	序号	文档名称	接收人	接收时间
验收评分	配分表		
	评价标准	配分	得分
	能够正确列出锯齿波同步移相触发电路中用到的电气元件。每处错误扣5分,扣完为止	20分	
	能够正确画出锯齿波同步移相触发电路中电气元件的电气符号。每处错误扣5分,扣完为止	30分	
	能够正确画出锯齿波同步移相触发电路的电路图。每处错误扣5分,扣完为止	30分	
	能够正确画出锯齿波同步移相触发电路主要工作点电压的输出波形。绘制不完整或错误不给分	20分	
效果评价			

2. 教师评价

教师评价任务验收单

任务名称	锯齿波同步移相触发电路主要工作点电压的波形分析	验收结论	
验收负责人		验收时间	
验收成员			
任务要求	分析锯齿波同步移相触发电路的电路图及主要工作点电压的输出波形。请根据任务要求绘制锯齿波同步移相触发电路的电路图,分析主要工作点电压的输出波形		

续表

实施方案确认	
文档接收清单	接收本任务完成过程中涉及的所有文档 | 序号	文档名称	接收人	接收时间 | |---|---|---|---| | | | | | | | | | | | | | | | | | | | |
验收评分	配分表 | 评价标准	配分	得分 | |---|---|---| | 能够正确列出锯齿波同步移相触发电路中用到的电气元件。每处错误扣 5 分，扣完为止 | 20 分 | | | 能够正确画出锯齿波同步移相触发电路中电气元件的电气符号。每处错误扣 5 分，扣完为止 | 30 分 | | | 能够正确画出锯齿波同步移相触发电路的电路图。每处错误扣 5 分，扣完为止 | 30 分 | | | 能够正确画出锯齿波同步移相触发电路主要工作点电压的输出波形。绘制不完整或错误不给分 | 20 分 | |
效果评价	

拓展训练

（1）在大功率的场合，广泛采用_____触发电路。为了使锯齿波电压线性得到提高，可以采用自举式电路和_____电路等。

（2）每块触发器在一周期内仍输出一个脉冲，而其输出端同时去触发两个桥臂的晶闸管，这种双脉冲称为_____。

（3）每块触发器在一周期内输出两个间隔 60°的窄脉冲，去触发一个桥臂的晶闸管，这种双脉冲称为_____。

（4）干扰信号的来源一般有哪几种？

小贴士

目前我国在电力电子技术方面的研究水平已达世界领先水平，但是在半导体芯片行业与发达国家相比还有差距。通过学习调动起学生内心的危机意识，激发爱国、强国、奋发向上的家国情怀和不断努力拼搏的责任担当意识。

项目总结

◆ 晶闸管整流器的工程计算重点掌握：晶闸管整流器的设计步骤，整流变压器的主要参数及其计算方法，晶闸管整流器的过电流保护、过电压保护、电流及电压上升率的抑制保护等。

◆ 三相半波可控整流电路重点掌握：电阻性负载三相半波可控整流电路波形及计算，电感性负载三相半波可控整流电路波形及计算，共阳极整流电路的特点。

◆ 三相桥式全控整流电路重点掌握：三相桥式全控整流电路的特点，电阻性负载三相桥式可控整流电路波形及计算，电感性负载三相桥式可控整流电路波形及计算。

◆ 锯齿波同步移相触发电路重点掌握：脉冲形成和放大、同步和移相、强触发、双脉冲形成和脉冲封锁等环节的工作原理及作用。

拓展强化

（1）请简述晶闸管整流器的设计步骤。

（2）为什么要限制晶闸管断电电压上升率 $\mathrm{d}u/\mathrm{d}t$？

（3）为什么要限制晶闸管导通电流上升率 $\mathrm{d}i/\mathrm{d}t$？

（4）在三相半波可控整流电路中，如果 a 相的触发脉冲消失，试绘出在电阻性负载和电感性负载下整流电压 u_d 的波形。

（5）请叙述三相桥式半控整流电路的特点。

（6）常见的锯齿波同步移相触发电路主要包括哪些环节？

（7）锯齿波同步移相触发电路防止误触发的措施有哪些？

（8）有两组三相半波可控整流电路：一组是共阴极接法；另一组是共阳极接法。如果它们的触发角都是 α，那么共阴极组的触发脉冲与共阳极组的触发脉冲对同一相来说，如都是 b 相，在相位上相差多少度？

（9）三相桥式全控整流电路中，$U_2 = 100$ V，带阻感负载 $R = 50$ Ω，L 值极大，当 $\alpha = 60°$ 时，要求：

①画出 u_d、i_d 和 i_VT1 的波形；

②计算 U_d、I_d、I_dT 和 I_VT 的值。

（10）电路形式为三相半波整流电路，负载为电阻，当 $\alpha = 0°$ 时，请画出电气原理图、整流电压波形图、脉冲序列、晶闸管 VT_1 在一个周期内承受的电压波形图。

项目 3

全控型电力电子器件的应用

引导案例

开关电源的设计

1. 技术指标

带有 6 组输出的 75 W 反激式变换器，具体技术要求为：①输入电压 $U_{ac} = 220(1\pm15)$ V；②工作频率为 30 kHz，工作频率对电源的体积、质量及电路特性影响很大，若工作频率高，则输出滤波电感和电容体积减小，但开关损耗增高，热量增大，散热器体积加大；③6 组输出为 5 V/4 A、12 V/2 A、-12 V/0.5 A、-9 V/0.5 A 以及两组-15 V/0.5 A；④输出纹波和噪声：最大值 1%；⑤一次、二次绕组之间采取可靠的屏蔽措施；⑥电源效率为 80%；⑦工作温度范围为 $T_a = 0 \sim 50$ ℃。

2. 开关电源主回路

主回路开关管选用电压驱动型 MOS 管 2SK1317，与传统的反激式开关电源中的晶体管相比，具有频率大、驱动控制简单、驱动功率小等优点。

3. 变压器的设计

与传统线性变压器相比，高频变压器具有体积小、质量轻的优点。对于高频变压器而言，磁芯的选择尤为重要，通常要求是高磁通密度、低磁通损耗。高的居里温度和高渗透性是衡量磁芯好坏的主要技术指标。通常选用 R2KB 铁氧体材料制成的 EE 型铁氧体磁芯，其具有品种多、引线空间大、接线操作方便、价格便宜等优点。考虑到高频变压器一次侧的高电压，在高频变压器的一次侧必须采用绝缘性能优良的导线。由于二次绕组中将流过较大的电流，可考虑采用铜盘提高通流能量。一次、二次绕组的变比由输入电压、输出电压、功率和开关频率决定。

变比的选择要适中，选得过大将导致导通时间达到最大时，输出电压可能还达不到设计值；选得过小则会增大一次侧损耗。

由以上分析可知，首先根据实际要求计算出磁芯面积和磁芯数量，然后计算一次、二次侧的线径，同时可以通过计算或仿真确定漏感、线损、导线电容。如果磁芯损耗过大，需要反复调整线径或变比直到满足设计要求为止。

输出电源经过 LC 滤波以及后级三端固定式线性稳压器 7815 稳压后，电源在额定功率输出时，输出电压的纹波峰值约为 100 mV。

项目描述

本项目分为5个任务模块，分别是门极可关断晶闸管的原理及应用、电力晶体管的原理及应用、功率场效应晶体管的原理及应用、绝缘栅双极型晶体管的原理及应用、其他新型电力电子器件的原理及应用。整个实施过程中涉及：门极可关断晶闸管的结构和原理、主要参数及应用，电力晶体管的结构和原理、特性、主要参数及应用，功率场效应晶体管的结构和原理、特性、主要参数及应用，绝缘栅双极型晶体管的结构和原理、特性、主要参数及应用，MOS控制晶闸管的原理及应用，集成门极换流晶闸管的原理及应用，静电感应晶体管，静电感应晶闸管等方面的内容。通过学习掌握包括GTO、GTR、MOSFET、IGBT等全控型电力电子器件的原理、结构、特点及应用，掌握全控型电路的设计方法，为这些器件的灵活应用打下坚实基础。

知识准备

晶闸管因其工作可靠、寿命长、体积小、开关速度快，所以在电力电子电路中得到广泛应用。在此基础上，为适应电力电子技术发展的需要，又开发出门极可关断晶闸管、双向晶闸管、光控晶闸管、逆导晶闸管等一系列派生器件，以及单极型MOS功率场效应晶体管、双极型功率晶体管、静电感应晶闸管、功能组合模块和功率集成电路等新型电力电子器件。

各种电力电子器件均具有导通和阻断两种工作特性。功率二极管是二端（阴极和阳极）器件，其器件电流由伏安特性决定，除了改变加在二端间的电压外，无法控制其阳极电流，故称为不可控器件。普通晶闸管是三端器件，其门极信号能控制元件的导通，但不能控制其关断，称为半控型器件。可关断晶闸管、功率晶体管等器件，其门极信号既能控制器件的导通，又能控制其关断，称为全控型器件。全控型器件控制灵活，电路简单，开关速度快，广泛应用于整流、逆变、斩波电路中，是电动机调速、发电机励磁、感应加热、电镀、电解电源、直接输电等电力电子装置中的核心部件。这些器件构成装置不仅体积小、工作可靠，而且节能效果十分明显（一般可节电10%～40%）。全控型器件可以分为电压驱动型器件和电流驱动型器件，其中门极可关断晶闸管、电力晶体管为电流驱动型器件，绝缘栅双极型晶体管、电力场效应管为电压驱动型器件。

20世纪70年代后期，门极可关断晶闸管（GTO）、电力晶体管（GTR）、电力场效应管（Power-MOSFET）相继进入实用化。这些通过门极既可控制其开通，又可控制其关断的全控型器件在逆变、斩波、整流、变频电路中得到广泛应用。这些器件的开关速度普遍高于晶闸管，可用于开关频率比较高的电路，尤其是采用PWM控制技术的电力晶体管变频调速装置研制成功，实现了交流大电机的大范围无级变速控制，为电力电子技术的应用开辟了广阔的前景。

20世纪80年代后期，以绝缘栅双极型晶体管（IGBT）、静电感应晶体管（SIT）、静电感应晶闸管（SITH）、MOS控制晶闸管（MCT）和集成门极换流晶体管（IGCT）为代表的全控型高频电力器件相继问世。它们集电力场效应管驱动功率小、开关速度快和电力晶体管（或门极可关断晶闸管）载流能力大的优点于一身，在大容量、高频率的电力电子电路中表现出十分优越的性能。

近年来，为了提高电力电子装置的功率密度并减小体积，把功率等级不同的大功率器件与驱动、保护、检测电路集成一体，构成了功率集成电路。功率集成电路的应用更方便、更可靠，代表着电力电子器件的发展方向。

任务 3.1　门极可关断晶闸管的原理及应用

任务目标

[知识目标]
- 掌握门极可关断晶闸管的原理及应用。

[技能目标]
- 熟悉门极可关断晶闸管的主要参数，掌握门极可关断晶闸管的应用。

[素养目标]
- 具有良好的职业道德和职业素养。
- 具有质量意识、环保意识、安全意识、信息素养、工匠精神和创新思维。

知识链接

知识点 1　门极可关断晶闸管的结构和原理

可关断晶闸管也称为门极可关断晶闸管、门极可控开关等，通常称为GTO，即根据门极端子上加有适当极性的控制信号，可从通态向断态或从断态向通态转换的晶闸管。

GTO 作为晶闸管的一种，由 PNPN 共 4 层构成，如图 3.1 所示，用门极触发信号就能使 GTO 开通及关断。利用正门极信号触发 GTO 导通，利用很大的负门极脉冲去关断 GTO，GTO 的导通机理与普通晶闸管相同。当门极上加正电流信号时，由 N_2 发射极供给电子，由 P_2 发射极供给空穴，中央的 P 基区和 N 基区被剩余电子-空穴对淹没，从而进入通态。当门极加上负电流信号时，P 基区的剩余空穴通过门极流出，而电子通过 N 基区被排出，这种现象首先发生在最靠近门极的 P 基区，而后逐渐向远离门极的区域扩展。由于门极-阴极结受到反偏压，发射极不供给电子，所以在中央基区中充满的电子-空穴对消失，从而过渡到断态。当从 GTO 外部观察这个现象时，门极-阴极结受到反偏电压后，在门极电路的电压高于结击穿电压的时间内，流过门极电路的电流有两部分，即流过阴极-门极-门极电路环路的电流和流过阳极-门极-门极电路的电流。当门极电路的电压低于结的击穿电压时，流过阴极-门极的电流几乎为零，阳极电流即只有拖尾电流经过

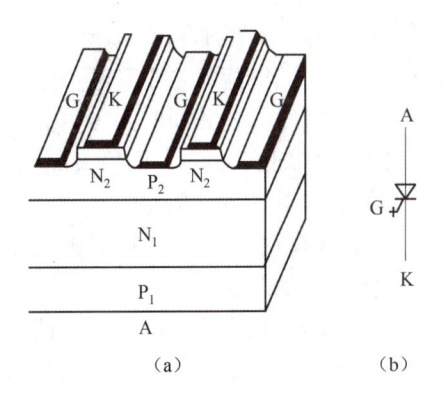

图 3.1　GTO 内部结构和符号
(a) 并联单元结构断面示意图；(b) 图形符号

门极流入门极电路。

在短时间内均匀地使空穴从门极排出是关断 GTO 的关键。为此，目前采用金扩散法和阳极短路法。金扩散法是为了促进 N 基区电子-空穴对的复合而扩散短寿命的杂质金或铂的方法。阳极短路型结构如图 3.2 所示，P 发射极和 N 基区的一部分被短路，在关断过程中，N 基区的过剩载流子能够通过短路部分排出。在此情况下，拖尾电流变小，关断特性优越，但反向耐压能力很低。

尽管 GTO 是 PNPN 4 层器件，但在设计和制造工艺上应考虑负门极关断的要求，结构上有以下特点：在保证导通条件下，应将阴极的宽度做窄并使其中心部位至门极的距离保持在一定限度内；提高阴极发射结的反向击穿电压；减少 P 基区的横向电阻；采用分布式门极结构及减少横向扩展距离；加厚门极金属层的厚度；阳极 P 发射区采用短路结构等。这样，可使 GTO 获得门极关断能力。

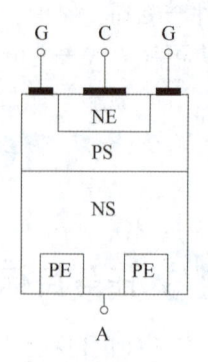

图 3.2 阳极短路型结构

有关 GTO 基本特性的术语有以下几个。

（1）可关断电流（I_{TGQ}）：用门极控制可以关断的阳极电流。

（2）可关断峰值电流（I_{TGQM}）：在规定条件下，用门极控制可关断的最大阳极电流值，也称可控制阳极电流。

（3）开通门极电流（I_{FC}）：由断态向通态转变以及在通态时流过门极的正向电流。

（4）关断门极电流（I_{RC}）：由通态向断态转变时流过门极的反向电流。

（5）门极关断电流（I_{GQ}）：由通态转入断态时，需要的门极反向瞬时峰值电流的最小值。

（6）门极反向峰值电压（U_{RGM}）：门极反向电压的最大瞬时值。

（7）门极反向击穿电压（U_{RG}）：门极-阴极间出现击穿现象时的门极反向电压。

（8）关断时间（t_{GQ}）（门极控制）：在规定的电路条件下，为使 GTO 从通态转入断态，从将规定的脉冲波形加到门极端子上的瞬间开始，到电流减少到某规定值为止的时间。通常是以门极关断电流相当于其峰值电流 10% 的瞬间开始，到阳极电流为其峰值 10% 的瞬间为止作为关断时间。关断时间为存储时间和下降时间之和。

（9）存储时间（t_S）：门极关断电流从相当于其峰值 10% 的瞬间开始，到阳极电流下降到其峰值 90% 为止的时间。

（10）下降时间（t_f）：从阳极电流下降到其峰值 90% 的瞬间开始，到阳极电流从减少转入增加为止的时间。

（11）拖尾时间（t_{TL}）：由于门极关断电流的作用，阳极电流从减小转变到增加时起，直到再次减到维持电流的时刻为止的时间。

知识点 2　门极可关断晶闸管的主要参数

1. 额定电压

断态电压与普通晶闸管相同，但要在门极-阴极间加电阻或负偏压的条件下确定其额定值；额定重复峰值断态电压是在接入门极电阻状态或加有门极负偏压状态下，在额定结温范围内，根据能连续加上的峰值电压规定的。

关于额定反向电压,由于 GTO 主要用在斩波电路或逆变电路中,因此在关断时不需要施加反向电压,与断态电压特性相比,只要有较低的反向电压特性即可。有些器件的额定反向电压与额定断态电压相等,有些器件规定额定反向电压为额定断态电压的 1/2。有些器件没有规定,有些器件只有十几伏。

2. 断态电压临界上升率

断态电压上升率分为只在断态时加在 GTO 上的静的断态电压上升率和与门极关断时有关的动的断态电压上升率。断态电压临界上升率就是指还没有开通的最大断态电压上升率。断态电压临界上升率与最后达到的断态电压及结温有关,随着结温升高,或者最后达到的断态电压越高,则断态电压上升率越低。通常将断态电压临界上升率用额定最高结温和最后达到的断态电压为 2/3 的额定断态电压的条件来确定。另外,断态电压临界上升率还受门极条件的影响,在门极和阴极间串联电阻时,断态电压临界上升率有时会升高。

关于静的断态电压上升率,在 GTO 的阳极和阴极之间加上上升率高的断态电压时,即使它比原来的击穿电压低,GTO 也会成为通态。因为通过中间结的结电容有位移电流流通,与外部有门极电流流过的状态相似,由于电流放大系数的增加,即使比击穿电压低的电压也能使 GTO 变为通态。

关于动的断态电压上升率,在流过足够的关断门极电流的过程中,du/dt 没有临界值(因为不考虑 du/dt 引起的误触发),但应当限制电压值。这样做的好处是:由关断时的器件损坏试验,能求得电压值的大小与器件损坏之间的对应关系,因而由测定的限制电压值能判断所制 GTO 装置的实际关断电流的极限。另外,du/dt 增加时,有的 GTO 关断电流的极限值会下降。无论哪种情况,吸收电路的设计和安装配线均很重要。

3. 开通特性

GTO 开通时间的定义与一般晶闸管完全相同。开通时间随着门极触发电流的增加有减少的倾向,但随着门极触发电流的增加就不再明显减少。同时,延迟时间也有同样的倾向。

4. 关断特性

GTO 的关断时间是存储时间与下降时间的和。存储时间是从 GTO 的门极和阴极间加上负门极关断电压时开始,到导通面积收缩到阴极发射极的中心部位为止的时间。下降时间是从存储时间结束时开始,到门极和阳极间的结恢复为止的时间。这两个时间都与关断电流及门极关断电流上升率有关。

GTO 的开通时间与 GTO 本身的特性有关。GTO 为门极包围许多阴极的结构,每一个阴极为一个 GTO 单元,为使各 GTO 单元都开通,至少必须通以大约 3 倍于门极触发电流的开通门极电流。当开通门极电流减小时,只有少数的 GTO 单元进入通态。可以预料,当大电流流入这些单元时,GTO 就会损坏。

GTO 的开通时间也随着 GTO 采用的电路而变化。开通时间不仅与门极触发电流的大小有关,而且与通态电流上升率的关系很大。

知识点 3　门极可关断晶闸管的应用

1. 驱动电路

GTO 是以门极正脉冲和负脉冲来开通和关断阳极电流的晶闸管,它的门极电路由开通

GTO 的门极开通电路、关断 GTO 的门极关断电路和必要的反偏电路所组成，如图 3.3 所示。

GTO 门极触发方式通常有下面 3 种。

（1）直流触发。在 GTO 被触发导通期间，门极一直加有直流触发信号。

（2）连续脉冲触发。在 GTO 被触发导通期间，门极上仍加有连续触发脉冲，所以也称脉冲列触发。

（3）单脉冲触发。即常用的脉冲触发，GTO 导通后，门极触发脉冲即结束。

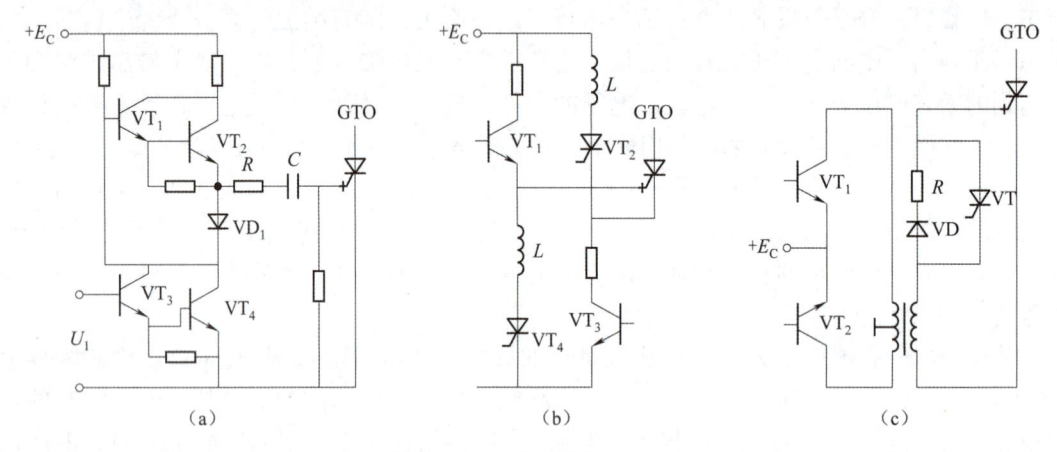

图 3.3 GTO 门极驱动电路

（a）适用于小容量的电路；（b）（c）适用于较大容量的电路

GTO 的门极触发特性与普通晶闸管的门极触发特性几乎相同，设计门极开通电路时，应注意以下几点。

（1）门极开通脉冲电压和电流值。门极开通脉冲电压从原则上讲比 GTO 的门极和阴极之间的正向电压降大些就行了，但在实际应用中，由于门极开通脉冲电压与门极电流上升时间有关，电源电压多取为十几伏。另外，由于门极开通脉冲电流对开通时间的影响很大，所以希望尽量增大门极开通脉冲电流值。

（2）门极开通电流上升率。门极开通电流的增大对开通时间有很大影响，为缩短开通时间，希望取大一些的门极开通电流值。门极开通电流上升率通常可取为 1 A/μs。

（3）门极开通脉冲的宽度。门极开通脉冲的宽度从原则上讲比开通时间宽度大一些即可。但由于主电路负荷 GTO 的通态电流是断续的，在导通期间整个范围内必须使门极开通电流流通。

（4）门极强脉冲开通电压和电流。在 GTO 开通瞬间，为加快 GTO 的开通，应对 GTO 门极施加一个高幅值短脉冲宽度的门极开通脉冲，这称为门极强脉冲开通电压和电流。它与低幅值长脉冲宽度信号相叠加，组成 GTO 的门极开通脉冲。

门极关断电路是 GTO 固有的电路，设计门极关断电路时，应注意以下几个方面。

（1）门极关断脉冲的电压和电流值。门极关断电路的电压值一般以 20~40 V 为宜，此值保持到尾部时间的初期为止，应比门极反向击穿电压高些为好。

（2）门极关断电流上升率。中小容量的 GTO，由于电感作用，不论门极与阴极间阻抗的变化如何，为了在阴极与门极间流过定值电流，在门极关断电路中，需接入小的电抗器。

在大容量的 GTO 中，可把阻抗尽量取小。

（3）门极关断脉冲的宽度。门极关断脉冲的宽度比关断时间与尾部时间的和还要长些。这个时间宽度应大于从门极关断电流开始流通，到通态电流低于维持电流时为止的时间，但也要根据有无反偏置电路而有些变化，一般为 120 μs 左右。

门极电流的大小、上升率、电路阻抗等对 GTO 的工作有很大影响，不适当的信号或干扰可能造成 GTO 的损坏。从要求的 GTO 特性或 GTO 应用装置的容量、电路电压、工作频率、可靠性要求、价格等方面考虑，可以设计各种各样的门极电路方式。根据开通脉冲和关断脉冲的电源方式，或有无脉冲变压器等，可对门极电路进行分类。

GTO 的门极电路阻抗对 GTO 的工作特性有较大影响。门极电路的串联阻抗必须足够小，以适应 GTO 对其电流大小和上升率的要求；另外，由于关断时下降期间产生的门极反向电压，关断门极电流并不衰减，门极电路的串联电感可恒流式地强制通入关断门极电流。一般在门极上施加反偏电压，以保证 GTO 的临界关断门极电压上升率。

2. 缓冲电路

电力电子器件开通时流过很大的电流，阻断时承受很高的电压；尤其在开关转换瞬间，电路中各种储能元件的能量释放会导致器件经受很大的冲击，有可能超过器件的安全工作区而导致损坏。附加各种缓冲电路，目的不仅是降低浪涌电压、du/dt 和 di/dt，还希望能减少器件的开关损耗、避免器件损坏和抑制电磁干扰，提高电路的可靠性。

吸收过电压的有效方法是在器件两端并联一个吸收过电压的阻容电路。如果吸收电路元器件的参数选择不当，或连线过长造成分布电感过大等，也可能产生严重的过电压。

GTO 兼有晶闸管和晶体管的功能，因而应用前景十分广阔。通常能用晶闸管的地方都可应用 GTO。目前 GTO 晶闸管主要应用在工业电动机控制、不间断电源、车辆用电源、公共电网衔接用光电逆变器、有源滤波器、直流断路器、电能存储系统用逆变器、无功功率控制以及高压直流输电等领域。

任务实施

（1）门极可关断晶闸管的结构和工作原理分析。

（2）门极可关断晶闸管的驱动电路分析。

（3）门极可关断晶闸管的缓冲电路分析。

任务评价

1. 小组互评

小组互评任务验收单

任务名称	门极可关断晶闸管驱动电路的设计	验收结论	
验收负责人		验收时间	
验收成员			
任务要求	设计门极可关断晶闸管门极驱动电路的电路图。请根据任务要求绘制门极可关断晶闸管驱动电路的电路图,分析 GTO 门极触发方式		
实施方案确认			
文档接收清单	接收本任务完成过程中涉及的所有文档		

接收本任务完成过程中涉及的所有文档

序号	文档名称	接收人	接收时间

配分表

评价标准	配分	得分
能够正确列出门极可关断晶闸管驱动电路中用到的电气元件。每处错误扣 5 分,扣完为止	20 分	
能够正确画出门极可关断晶闸管驱动电路中电气元件的电气符号。每处错误扣 5 分,扣完为止	30 分	
能够正确画出门极可关断晶闸管驱动电路的电路图。每处错误扣 5 分,扣完为止	30 分	
能够正确分析 GTO 门极触发方式。描述不完整或错误不给分	20 分	

效果评价

2. 教师评价

教师评价任务验收单

任务名称	门极可关断晶闸管驱动电路的设计	验收结论	
验收负责人		验收时间	
验收成员			
任务要求	设计门极可关断晶闸管门极驱动电路的电路图。请根据任务要求绘制门极可关断晶闸管驱动电路的电路图,分析 GTO 门极触发方式		
实施方案确认			

续表

文档接收清单	接收本任务完成过程中涉及的所有文档			
	序号	文档名称	接收人	接收时间

验收评分	配分表		
	评价标准	配分	得分
	能够正确列出门极可关断晶闸管驱动电路中用到的电气元件。每处错误扣5分，扣完为止	20分	
	能够正确画出门极可关断晶闸管驱动电路中电气元件的电气符号。每处错误扣5分，扣完为止	30分	
	能够正确画出门极可关断晶闸管驱动电路的电路图。每处错误扣5分，扣完为止	30分	
	能够正确分析GTO门极触发方式。描述不完整或错误不给分	20分	
效果评价			

拓展训练

（1）门极可关断晶闸管简称为_____，它由_____层构成。

（2）门极可关断晶闸管的关断时间是_____与_____的和。

（3）对于门极可关断晶闸管，由通态转入断态时，需要的门极反向瞬时峰值电流的最小值称为_____。GTO的开通时间不仅与门极触发电流的大小有关，而且与_____的关系很大。

（4）简述门极可关断晶闸管的门极触发方式。

任务3.2　电力晶体管的原理及应用

任务目标

[知识目标]
- 掌握电力晶体管的结构和原理。

[技能目标]
- 掌握电力晶体管的特性和驱动、保护电路的设计方法及其应用。

[素养目标]
- 具有良好的职业道德和职业素养。
- 具有质量意识、环保意识、安全意识、信息素养、工匠精神和创新思维。

知识链接

知识点 1 电力晶体管的结构和原理

电力双极型晶体管（GTR）是一种耐高压、能承受大电流的双极晶体管，也称为 BJT，简称为电力晶体管。它与晶闸管不同，具有线性放大特性，但在电力电子应用中却工作在开关状态，从而减小功耗。GTR 可通过基极控制其开通和关断，是典型的自关断器件。

电力晶体管有与一般双极型晶体管相似的结构、工作原理和特性。它们都是 3 层半导体、2 个 PN 结的三端器件，有 PNP 和 NPN 两种类型，但 GTR 多采用 NPN 型。GTR 的结构、电气符号和基本工作原理如图 3.4 所示。

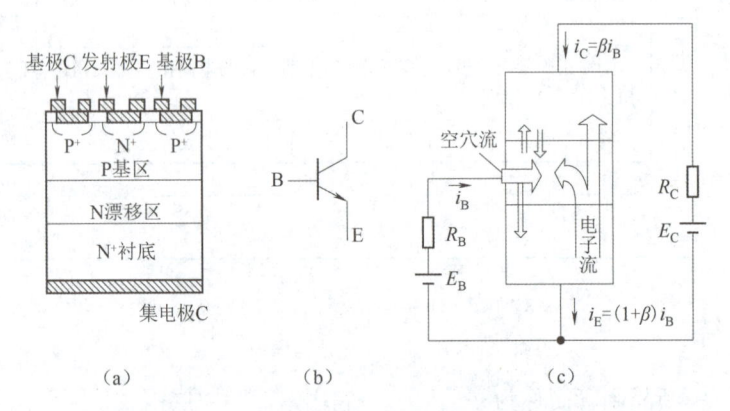

图 3.4 GTR 的结构、电气符号和基本工作原理
(a) 结构剖面示意图；(b) 电气符号；(c) 正向导通电路

在应用中，GTR 一般采用共发射极接法，如图 3.4（c）所示。集电极电流 i_C 与基极电流 i_B 的比值为 $\beta = i_C / i_B$，β 为 GTR 的电流放大系数，它反映出基极电流对集电极电流的控制能力。单管 GTR 的电流放大系数很小，通常为 10 左右。目前常用的 GTR 有单管、达林顿管和模块这 3 种类型。

（1）单管 GTR。NPN 三重扩散台面型结构是单管 GTR 的典型结构，这种结构可靠性高，能改善器件的二次击穿特性，易于提高耐压能力，并易于散出内部热量。

（2）达林顿 GTR。达林顿结构的 GTR 是由两个或多个晶体管复合而成的，可以是 PNP 型也可以是 NPN 型，其性质取决于驱动管，它与普通复合三极管相似。达林顿结构的 GTR 电流放大系数很大，可以达到几十至几千倍。虽然达林顿结构大大提高了电流放大倍数，但其饱和管压降却增加了，增大了导通损耗，同时降低了管子的工作速度。

（3）GTR 模块。目前作为大功率的开关应用还是多用 GTR 模块，它是将 GTR 管芯及为了改善性能的一个元件组装成一个单元，然后根据不同的用途将几个单元电路构成模块，集成在同一硅片上。这样，大大提高了器件的集成度、工作可靠性和性价比，同时也实现了小型轻量化。目前生产的 GTR 模块，可将多达 6 个相互绝缘的单元电路制在同一个模块内，便于组成三相桥式电路。

知识点 2　电力晶体管的特性和主要参数

1. 静态特性

静态特性可分为输入特性和输出特性。输入特性与二极管的伏安特性相似，在此仅介绍其共发射极电路的输出特性。GTR 共发射极电路的输出特性曲线如图 3.5 所示。由图可明显看出，静态特性分为 3 个区域，即人们所熟悉的截止区、放大区及饱和区。当集电结和发射结处于反偏状态，或集电结处于反偏状态，发射结处于零偏状态时，管子工作在截止区；当发射结处于正偏、集电结处于反偏状态时，管子工作在放大区；当发射结和集电结都处于正偏状态时，管子工作在饱和区。GTR 在电力电子电路中，需要工作在开关状态，因此它是在饱和区和截止区之间交替工作的。

2. 动态特性

GTR 是用基极电流控制集电极电流的，器件开关过程的瞬态变化，就反映出其动态特性。GTR 的动态特性曲线如图 3.6 所示。

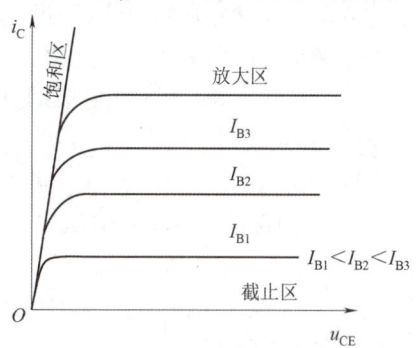

图 3.5　GTR 共发射极电路输出特性曲线

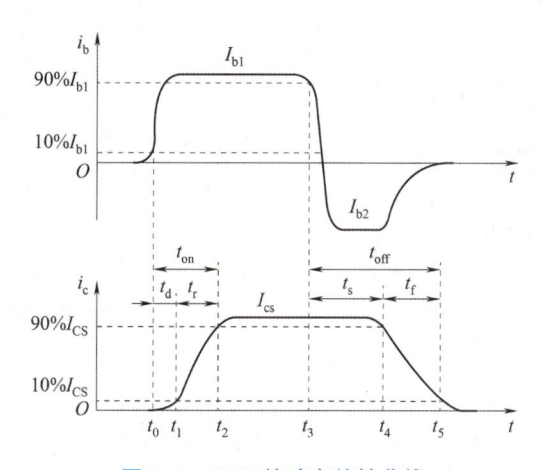

图 3.6　GTR 的动态特性曲线

由于管子结电容和存储电荷的存在，开关过程不是瞬时完成的。GTR 开通时需要经过延迟时间 t_d 和上升时间 t_r，两者之和为开通时间 t_{on}；关断时需要经过存储时间 t_s 和下降时间 t_f，两者之和为关断时间 t_{off}。

实际应用中，在开通 GTR 时，加大驱动电流 i_b 及其上升率，可减小 t_d 和 t_r，但电流也不能太大，否则会由于过饱和而增大 t_s。在关断 GTR 时，加反向基极电压可加速存储电荷的消散，减少 t_s，但反向电压不能太大，以免使发射结击穿。

为了提高 GTR 的开关速度，可选用结电容比较小的快速开关管，还可用加速电容来改善 GTR 的开关特性。在 GTR 的基极电阻两端并联一个电容，利用换流瞬间其上电压不能突变的特性，也可改善管子的开关特性。

3. 电压参数

1）最高电压额定值

最高集电极电压额定值是指集电极的击穿电压值，它不仅因器件不同而不同，而且会因外电路接法不同而不同。击穿电压有以下几种。

（1）BU_{CEO}：为基极开路时，集电极-发射极的击穿电压。

（2）BU_{CBO}：为发射极开路时，集电极-基极的击穿电压。

（3）BU_{CES}：为基极-发射极间短路时，集电极-发射极的击穿电压。

（4）BU_{CER}：为基极-发射极间并联电阻时，集电极-发射极的击穿电压。并联电阻越小，其值越高。

（5）BU_{CEX}：为基极-发射极施加反偏电压时，集电极-发射极的击穿电压。

各种不同接法时的击穿电压关系为

$$BU_{CBO} > BU_{CEX} > BU_{CES} > BU_{CER} > BU_{CEO}$$

为了保证器件工作安全，GTR 的最高工作电压 U_{CEM} 应比最小击穿电压 BU_{CEO} 低。

2）饱和压降 U_{CES}

处于深饱和区的集电极电压称为饱和压降，在大功率应用中它是一项重要指标，因为它关系到器件导通的功率损耗。单个 GTR 的饱和压降一般不超过 1.5 V，它随集电极电流 I_{CM} 的增加而增大。

4. 电流参数

1）集电极连续直流电流额定值 I_C

集电极连续直流电流额定值是指只要保证结温不超过允许的最高结温时，晶体管允许连续通过的直流电流值。

2）集电极最大电流额定值 I_{CM}

集电极最大电流额定值是指在最高允许结温下，不造成器件损坏的最大电流。超过该额定值必将导致晶体管内部结构的烧毁。在实际使用中，可以利用热容量效应，根据占空比来增大连续电流，但不能超过峰值额定电流。

3）基极电流最大允许值 I_{BM}

基极电流最大允许值比集电极最大电流额定值要小得多，通常 $I_{BM} = (0.1 \sim 0.5)I_{CM}$，而基极-发射极间的最大电压额定值通常只有几伏。

5. 二次击穿与安全工作区

1）二次击穿现象

二次击穿是 GTR 突然损坏的主要原因之一，成为影响其是否安全可靠使用的一个重要因素。前述的集电极-发射极击穿电压值 BU_{CEO} 是一次击穿电压值，一次击穿时集电极电流急剧增加，如果有外加电阻限制电流的增长，则一般不会引起 GTR 特性变坏。但不加以限制，就会导致破坏性的二次击穿。二次击穿是指器件发生一次击穿后，集电极电流急剧增加，在某电压、电流点将产生向低阻抗高速移动的负阻现象。一旦发生二次击穿就会使器件受到永久性损坏。

2）安全工作区

GTR 在运行中受电压、电流、功率损耗和二次击穿等额定值的限制。为了使 GTR 安全可靠地运行，必须使其工作在安全工作区范围内。安全工作区（Safe Operating Area，SOA）是由 GTR 的二次击穿功率 P_{SB}、集射极最高电压 U_{CEM}、集电极最大电流 I_{CM} 和集电极最大额定功耗 P_{CM} 等参数限制的区域，如图 3.7 所示。

安全工作区是在一定温度下得出的，如环境温度 25 ℃ 或管子壳温 75 ℃ 等。使用时，如果超出上述指定的温度值，则允许功耗和二次击穿功率都必须降低额度使用。

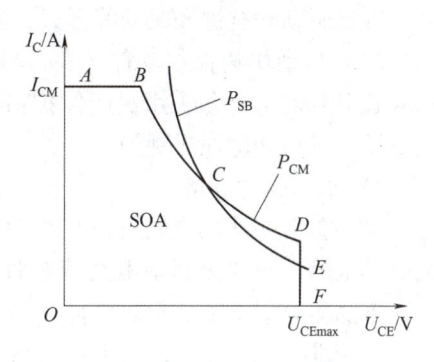

图 3.7 GTR 的安全工作区

6. 其他参数

1）最高结温 T_{JM}

最高结温是指正常工作时不损坏器件所允许的最高温度。它由器件所用的半导体材料、制造工艺、封装方式及可靠性要求来决定。塑封器件一般为 120~150 ℃，金属封装为 150~170 ℃。为了充分利用器件功率而又不超过允许结温，使用 GTR 时必须选配合适的散热器。

2）最大额定功耗 P_{CM}

最大额定功耗是指 GTR 在最高允许结温时所对应的耗散功率。它受结温限制，其大小主要由集电结工作电压和集电极电流的乘积决定。一般是在环境温度为 25 ℃ 时测定，如果环境温度高于 25 ℃，允许的 P_{CM} 值应当减小。由于这部分功耗全部变成热量使器件结温升高，因此散热条件对 GTR 的安全可靠性十分重要，如果散热条件不好，器件就会因温度过高而烧毁；相反，如果散热条件越好，在给定的范围内允许的功耗也越高。

知识点 3　电力晶体管的应用

1. GTR 驱动电路的设计要求

GTR 基极驱动方式直接影响其工作状态，可使某些特性参数得到改善或变坏，如过驱动加速开通，减少开通损耗，但对关断不利，增加了关断损耗。驱动电路有无快速保护功能，则是 GTR 在过电压、过电流后是否损坏的重要条件。GTR 的热容量小，过载能力差，采用快速熔断器和过电流继电器是根本无法保护 GTR 的。因此，不再用切断主电路的方法，而是采用快速切断基极控制信号的方法进行保护。这就涉及将保护措施转化成如何及时准确地检测到故障状态和如何快速可靠地封锁基极驱动信号这两个方面的问题。

1）设计基极驱动电路考虑的因素

设计基极驱动电路必须考虑 3 个方面，即优化驱动特性、驱动方式和自动快速保护功能。

（1）优化驱动特性。优化驱动特性就是以理想的基极驱动电流波形去控制器件的开关过程，保证较高的开关速度，减少开关损耗。优化的基极驱动电流波形与 GTO 门极驱动电流波形相似。

（2）驱动方式。驱动方式按不同情况有不同的分类方法。在此处，驱动方式是指驱动电路与主电路之间的连接方式，它有直接和隔离两种驱动方式。直接驱动方式分为简单驱动、推挽驱动和抗饱和驱动等形式，隔离驱动方式分为光电隔离和电磁隔离形式。

（3）自动快速保护功能。在故障情况下，为了实现快速自动切断基极驱动信号以免GTR遭到损坏，必须采用快速保护措施。保护的类型一般有抗饱和、退抗饱和、过电流、过电压、过热和脉冲限制等。

2）基极驱动电路

GTR的基极驱动电路有恒流驱动电路、抗饱和驱动电路、固定反偏互补驱动电路、比例驱动电路、集成化驱动电路等多种形式。恒流驱动电路是指使GTR的基极电流保持恒定，不随集电极电流变化而变化。抗饱和驱动电路也称贝克钳位电路，其作用是让GTR开通时处于准饱和状态，使其不进入放大区和深饱和区，关断时，施加一定的负基极电流有利于减小关断时间和关断损耗。固定反偏互补驱动电路是由具有正、负双电源供电的互补输出电路构成的，当电路输出为正时，GTR导通；当电路输出为负时，发射结反偏，基区中的过剩载流子被迅速抽出，管子迅速关断。比例驱动电路是使GTR的基极电流正比于集电极电流的变化，保证在不同负载情况下，器件的饱和深度基本相同。集成化驱动电路克服了上述电路元件多、电路复杂、稳定性差、使用不方便等缺点。

下面介绍一种分立元件GTR的驱动电路，如图3.8所示。电路由电气隔离电路和晶体管放大电路两部分构成。驱动电路中的二极管VD_2和电位补偿二极管VD_3组成贝克钳位抗饱和电路，可使GTR导通时处于临界饱和状态。当负载轻时，如果VT_5的发射极电流全部注入VT_7，会使VT_7过饱和，关断时退饱和时间延长。有了贝克钳位电路后，当VT_7过饱和使集电极电位低于基极电位时，VD_2就会自动导通，使多余的驱动电流流入集电极，维持$U_{bc} \approx 0$。这样，就使得VT导通时始终处于临界饱和。图中的C_2为加速开通过程的电容，开通时，R_5被C_2短路，这样就可以实现驱动电流的过冲，同时增加前沿的陡度，加快开通。另外，在VT_5导通时C_2充电，充电的极性为左正右负，为GTR的关断做准备。当VT_5截止、VT_6导通时，C_2上的充电电压为VT_7管的发射结施加反偏电压，从而使GTR迅速关断。

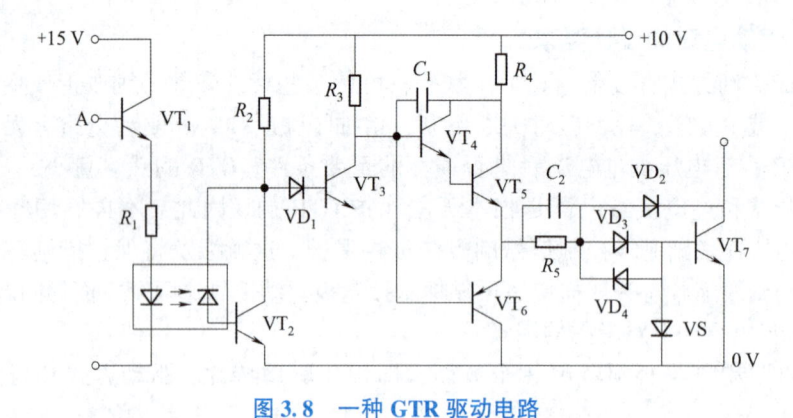

图3.8 一种GTR驱动电路

2. GTR的保护电路

GTR的保护电路应包括对器件的过电压保护、过电流保护、过热保护、安全区外运行状态保护以及过大的di/dt和du/dt的保护。为防止GTR的损坏，这些保护必须快速动作，而且这些保护都是在准确检测的基础上完成的。过电压保护、过电热保护相对简单,可以利用压敏电阻、热敏电阻来实现保护。而对 du/dt 和 di/dt 的限制保护,可通过缓冲电路来实现;过电流保护可根据基极或集电极电压特性来实现。下面介绍这两种保护电路的监测及工作原理。

过电流的出现是由于 GTR 处于过载或短路故障引起的,此时随着集电极电流的急剧增加,其基极电压 U_{BE} 和集电极电压 U_{CE} 均发生相应变化。在基极电流和结温一定时,U_{BE} 随 I_C 正比变化,监测 U_{BE} 再与给定的基准值进行比较,就可发出切除驱动基极信号的命令,实现过载和过电流保护。与此类似,利用 U_{CE} 也可达到过电流保护的目的。但 U_{CE} 的变化比 U_{BE} 缓慢,且受温度影响较大。

由于 U_{BE} 随 I_C 的变化比 U_{CE} 的变化快,因此监测 U_{BE} 适用于短路过电流保护,而监测 U_{CE} 适用于过载保护。过电流保护的基极电压特性和电压监测电路如图 3.9 所示。

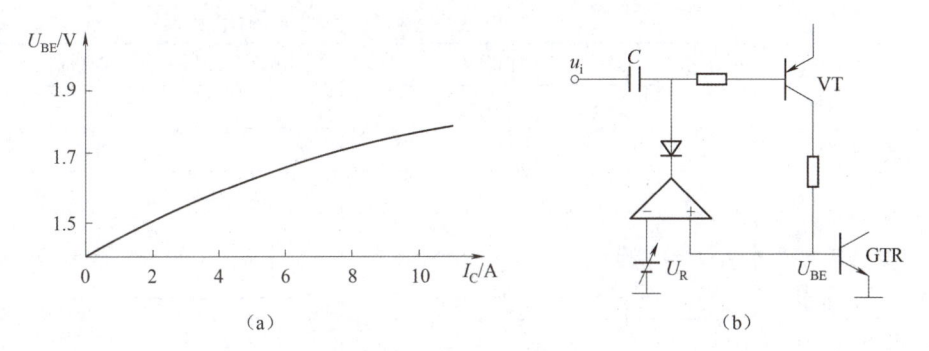

图 3.9 过电流保护的基级电压特性和电压检测电路
(a)基极电压特性;(b)电压监测电路

由图 3.9(a)可明显看出,GTR 的电压 U_{BE} 随着 I_C 近乎成正比例变化。图 3.9(b)所示电路随时监测 U_{BE} 的变化,同时与基准电压值 U_R 进行比较。在正常情况下,比较器输出低电平保证驱动管 VT 和 GTR 导通。当主电路发生短路时,U_{BE} 线性上升,一旦 $U_{BE}>U_R$,比较器立即输出高电平使驱动管截止,迅速关断已经短路过电流的 GTR,实现过电流保护。

任务实施

(1)电力晶体管的结构和工作原理分析。

(2)理解电力晶体管的特性。

(3)电力晶体管的保护电路分析。

任务评价

1. 小组互评

小组互评任务验收单

任务名称	电力晶体管驱动电路的设计	验收结论	
验收负责人		验收时间	
验收成员			
任务要求	设计电力晶体管驱动电路的电路图。请根据任务要求绘制电力晶体管基极驱动电路的电路图,分析其工作原理		
实施方案确认			
文档接收清单	接收本任务完成过程中涉及的所有文档			
	序号	文档名称	接收人	接收时间
验收评分	配分表			
	评价标准		配分	得分
	能够正确列出电力晶体管基极驱动电路中用到的电气元件。每处错误扣5分,扣完为止		20分	
	能够正确画出电力晶体管基极驱动电路中电气元件的电气符号。每处错误扣5分,扣完为止		30分	
	能够正确画出电力晶体管基极驱动电路的电路图。每处错误扣5分,扣完为止		30分	
	能够正确分析电力晶体管基极驱动电路的工作原理。描述不完整或错误不给分		20分	
效果评价				

2. 教师评价

教师评价任务验收单

任务名称	电力晶体管驱动电路的设计	验收结论	
验收负责人		验收时间	
验收成员			
任务要求	设计电力晶体管驱动电路的电路图。请根据任务要求绘制电力晶体管基极驱动电路的电路图,分析其工作原理		
实施方案确认			

续表

文档接收清单	接收本任务完成过程中涉及的所有文档			
^	序号	文档名称	接收人	接收时间
^				
^				
^				
^				
验收评分	配分表			
^	评价标准		配分	得分
^	能够正确列出电力晶体管基极驱动电路中用到的电气元件。每处错误扣 5 分，扣完为止		20 分	
^	能够正确画出电力晶体管基极驱动电路中电气元件的电气符号。每处错误扣 5 分，扣完为止		30 分	
^	能够正确画出电力晶体管基极驱动电路的电路图。每处错误扣 5 分，扣完为止		30 分	
^	能够正确分析电力晶体管基极驱动电路的工作原理。描述不完整或错误不给分		20 分	
效果评价				

拓展训练

（1）电力晶体管的静态特性分为 3 个区域，即截止区、_____及_____。

（2）电力双极型晶体管是一种耐高压、能承受大电流的双极晶体管，也称为_____。它与晶闸管不同，具有_____特性。

（3）目前常用的电力晶体管有_____、_____和模块这 3 种类型。

（4）简述电力晶体管的二次击穿现象。

任务 3.3　功率场效应晶体管的原理及应用

任务目标

［知识目标］
- 掌握功率场效应晶体管的结构和原理。

［技能目标］
- 掌握功率场效应晶体管的特性和驱动电路、保护电路的设计。

［素养目标］
- 具有良好的职业道德和职业素养。
- 具有质量意识、环保意识、安全意识、信息素养、工匠精神和创新思维。

知识链接

知识点 1　功率场效应晶体管的结构和原理

场效应晶体管（FET）是利用改变电场通过沟道来控制半导体导电能力的器件，其通过的电流随电场信号而改变，它有结型和表面型两大类，前者是以 PN 结上的电场来控制所夹沟道中的电流，后者是以表面电场来控制沟道中的电流，用外加电压控制绝缘层的电场来改变半导体中沟道电导的表面场效应，因而又称其为绝缘栅场效应晶体管。根据绝缘层所用材料不同，绝缘栅场效应晶体管有各种类型。目前应用最广泛的是金属-氧化物-半导体场效应晶体管（MOSFET）。

1. 结构

MOSFET 有 N 沟道和 P 沟道两种。N 沟道载流子是电子，P 沟道载流子是空穴，都是多数载流子。其中每类又可分为增强型和耗尽型两种。耗尽型就是当栅源间电压 $U_{GS} = 0$ V 时存在导电沟道，漏极电流 $I_D \neq 0$ A；增强型就是当 $U_{GS} = 0$ V 时没有导电沟道，$I_D = 0$ A，只有当 $U_{GS} > 0$ V（N 沟道）或 $U_{GS} < 0$ V（P 沟道）时才开始有 I_D。

电力（或功率）MOSFET 绝大多数做成 N 沟道增强型的。这是因为电子导电作用比空穴大得多，而 P 沟道器件在相同硅片面积下，由于空穴迁移率低，其通态电阻 R_m 是 N 型器件的 2~3 倍。

电力 MOSFET 和小功率 MOSFET 导电机理相同，但结构有很大差别，且每一个电力 MOSFET 都是由许多（$10^4 \sim 10^5$）个小 MOSFET 并联而成。图 3.10 所示为垂直沟道双扩散管一个 MOSFET 的结构。在重掺杂、电阻率很低的 N^+ 衬底上，外延生长 N^- 型高阻层，N^+ 型区和 N^- 型区共同组成功率 MOSFET 的漏区。在 N^- 型区有选择地扩散 P 型沟道体区，漏区与沟道体区的交界面形成漏区 PN 结。在 P 型体区内，再有选择性地扩散 N^+ 型源极区，且沟道体区与源极区被源极 S 短路，所以源极区 PN 结处于零偏置状态。在 P 和 N^- 上层与栅极 G 之间用二氧化硅作为栅极金属与导电沟道的隔离层。

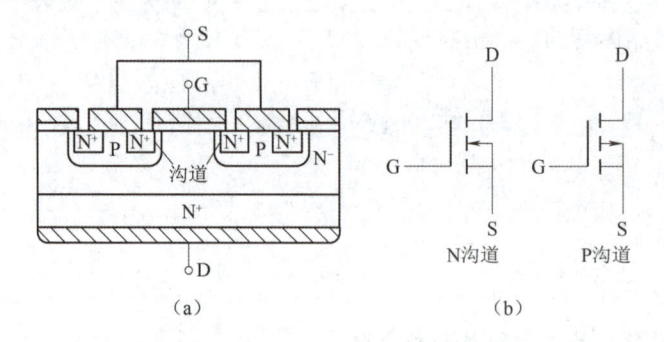

图 3.10　MOSFET 结构及电气符号
（a）内部结构断面示意图；（b）电气符号

2. 工作原理

当 D、S 加正电压（漏极为正，源极为负），$U_{GS} = 0$ V 时，P 体区和 N 漏区的 PN 结反偏，D、S 之间无电流通过；如果在 G、S 之间加一正电压 U_{GS}，由于栅极是绝缘的，所以不会有栅极电流流过，但栅极的正电压却会将其下面 P 体区中的空穴推开，而将少数载流子电子吸引到 P 体区表面；当 U_{GS} 大于某一电压 U_T 时，栅极下 P 体区表面的电子浓度将超过空穴浓度，从而使 P 型半导体反型成 N 型半导体（称为反型层）；这个反型层形成了源极和漏极间的 N 型沟道，使 PN 结消失，源极和漏极导电，流过漏极电流 I_D，其前状态称为夹断。U_T 称为开启电压或阈值电压，U_{GS} 超过 U_T 越多，导电能力越强，I_D 越大。

当 D、S 间施加负电压（源极为正，漏极为负）时，PN 结为正偏置，相当于一个内部反向二极管（不具有快速恢复特性），即 MOSFET 无反向阻断能力，可视为一个逆导元件。

由 MOSFET 的工作原理可以看出，它导通时只有一种极性的载流子参与导电，所以也称为单极型晶体管。按垂直导电结构的差异，当采用垂直 V 形沟道的 MOS 时称为 VMOS，而对于垂直沟道双扩散 MOS 管（称为 VDMOS），由于各国生产厂家的工艺和芯片图形不同，也有着不同的名称，如 HEXFET（IR）、TMOS（Molorola）、SIPMOS（Siemens）等。

知识点 2　功率场效应晶体管的特性和主要参数

1. 静态特性和参数

静态特性主要指 P-MOSFET 的输出特性和转移特性，与静态特性相关的参数有最大漏极电压、最大漏极电流、通态压降和跨导等。

功率场效应晶体管

1）输出特性

由于漏极电流 I_D 受栅源电压 U_{GS} 的控制，以 U_{GS} 为参量，反映漏极电流 I_D 与漏源电压间关系的曲线称为 MOSFET 的输出特性。图 3.11（a）所示为 N 沟道增强型 P-MOSFFT 的电路符号和共源电路，符号中箭头表示电子载流子移动的方向，与漏极电流 I_D 方向相反；图 3.11（b）所示为输出特性，它除截止区（$U_{GS}<U_T$ 沟道被夹断、$I_D=0$ A）外，分为 3 个区域，即可调电阻区 Ⅰ、饱和区 Ⅱ 和雪崩区 Ⅲ。

在可调电阻区 Ⅰ，器件电阻值的大小由 U_{GS} 决定，U_{GS} 越高，沟道电阻越小，I_D 随 U_{GS} 增大而增大，是变化的。饱和区 Ⅱ 内 I_D 趋于稳定不变，所以也称为恒流区。不过要注意，这里的"饱和"与双极型晶体管的"饱和"不同，而是对应于双极型晶体管的放大区。$U_{DS}=U_{GS}-U_T$ 是可变电阻区与饱和区的分界线，如图 3.11（b）中左边虚线所示，它与输出特性的交点称为预夹断点。饱和后，如继续增大漏源电压，当漏极 PN 结发生雪崩击穿时，I_D 突然剧增，曲线转折进入雪崩区 Ⅲ，直至器件损坏。

与输出特性密切相关的参数有以下几项。

（1）漏源击穿电压 BU_{DS}。这是为了避免器件进入雪崩区而设的极限参数，它决定了 MOSFET 的最高工作电压。

（2）漏极直流电流 I_{DM} 和漏极脉冲电流幅值 I_{DMP}。这是 MOSFET 的标称电流定额参数，确定 I_{DM} 的方法与 GTR 不同，后者 I_C 过大时，放大系数迅速下降，因此放大系数的下降程度限制了 I_C 的最大允许值 I_{CM}，而 MOSFET 的漏极载流能力主要受温升的限制。

（3）通态电阻 R_{ON}。通常规定，在确定的 U_{GS}，P-MOSFET 由可调电阻区进入饱和区时的直流电阻为通态电阻，这是影响最大输出功率的重要参数。在开关电路中，它决定了信号输出幅度和自身损耗。R_{ON} 还直接影响着器件的通态压降；击穿电压越高，通态电阻也越大。

（4）栅源击穿电压BU_{GS}。为了防止很薄的绝缘栅层因栅源电压过高而发生电击穿，规定了最大栅源电压BU_{GS}，其极限值一般定为±20 V。

2）转移特性

输出漏极电流I_D与输入栅源电压U_{GS}之间的关系称为转移特性，N型沟道增强型P-MOSFET的转移特性如图3.11（c）所示。它表示P-MOSFET在一定U_{DS}下，U_{GS}对I_D的控制作用和放大能力。MOS管是电压控制器件，与电流控制器件GTR中的电流增益相仿，可用跨导这一参数来表示电压控制作用和能力。转移特性曲线与横坐标线的交点即为开启电压U_T，U_T随结温T_j而变化，并且具有负的温度系数。

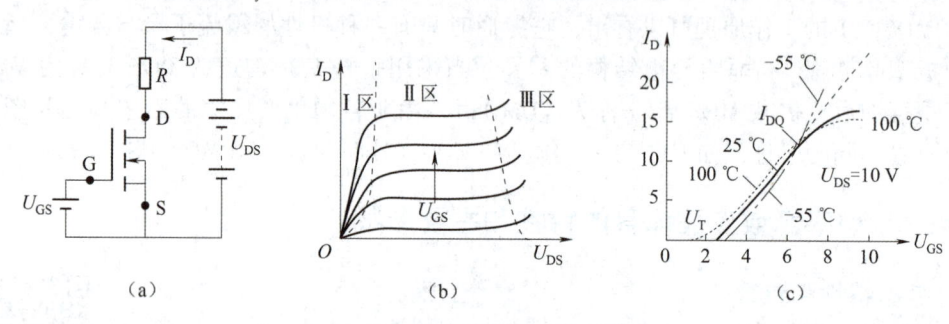

图 3.11 N 沟道增强型 P-MOSFET

(a) 共源电路；(b) 输出特性；(c) 转移特性

2. 动态特性和参数

1）等效电路

N沟道增强型P-MOSFET的基本结构相当于一个NPN型晶体管（源极、栅极、漏极分别对应于发射极、基极、集电极）。由于制造时芯片上三极管的基极、发射极被源极金属电极短路，而发射区与基区电阻R_{BE}又特别小，因此一般MOSFET内部可看成为一个寄生二极管与MOSFET并联。功率MOSFET的电路模型如图3.12所示。

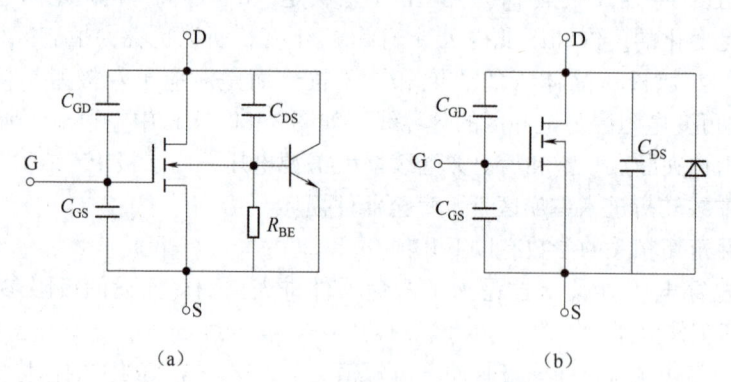

图 3.12 功率 MOSFET 电路模型

(a) 电路模型；(b) 等效电路

2）开关特性

P-MOSFET典型的开关波形如图3.13所示。由于MOSFET存在输入电容C_i，所以当加上栅极控制电压时，输入电容有充电过程，栅极电压u_{GS}呈指数曲线上升，当u_{GS}上升到开启电压U_T时，开始出现漏极电流i_D；从u_C前沿到$u_{GS}=U_T$这段时间主要取决于输入电容的充电时间，称为开通延迟时间 $t_{D(ON)}$；此后，i_D 随 u_{GS} 上升而增大；u_{GS} 从 U_T 上升到 MOSFET 进入可变电阻区的栅压 U_{GSP}（即预夹断电压），这段时间称为上升时间 t_r，此时 i_D 达到稳态；u_{GS} 的值到达 U_{GSP} 后，在控制电压的作用下继续升高，直至到达稳态值 U_1，此时 i_D 已不再变化。

当控制电压 u_C 下降到零或反向时，输出电容 C 通过栅极信号源内阻 R_S 和外接栅极电阻 R_G（远远大于 R_S）开始放电，u_{GS} 呈指数曲线下降；当下降到 U_{GSP} 时，i_D 才开始减小，这段时间与输出电容有关，称为关断延迟时间 $t_{D(OFF)}$；此后，C 继续放电，u_{GS} 从 U_{GSP} 继续下降，i_D 减小，到 $u_{GS}<U_T$ 时沟道消失，i_D 下降到零，这段时间与输出电容有关，称为下降时间 t_f。

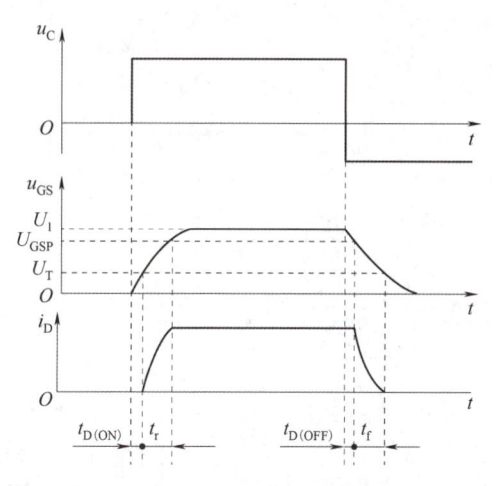

图 3.13 功率 MOSFET 的开关波形

3）du/dt 限制

P-MOSFET 的动态性能还受到漏源电压变化率即 du/dt 耐量的限制，过高的 du/dt 可能导致电路性能变差或引起器件损坏。例如，在关断状态或即将关断的情况下，过高的 du/dt 经过漏栅寄生电容耦合到栅极，如驱动电路内阻抗较大，u_{GS} 可能升高到 U_T 而引起误开通（鉴于此，特别应防止 P-MOSFET 在使用过程中栅极开路）。另外，在 du/dt 快速变化的情况下，将使 C_{DS} 充电，此充电电流在内部基射电阻上的压降超过寄生晶体管基射之间的阈值电压，可能导致寄生二极管导通，破坏 P-MOSFET 的工作；在具有电感负载的电路中，高速开关情况下，器件同时受到高的漏极电流、漏极电压和寄生电容中位移电流的作用，将导致器件损坏；P-MOSFET 内部的二极管若在反向恢复期间存储电荷迅速消失，将增大电流密度和电场峰值，对器件安全也有很大威胁。

为防止上述现象，可在栅源之间并接阻尼电阻或并接约 20 V 的稳压管，以适当降低栅极驱动电路的输出阻抗；漏源间应采取稳压器钳位、RC 抑制电路等保护措施。

知识点 3　功率场效应晶体管的应用

1. 功率 MOSFET 的驱动电路

驱动电路除需提供足够的栅压、对输入电容 C 充放电所需一定数值的电压，以保证 MOSFET 可靠导通和关断外，对驱动电路还要求具有小的输出电阻，以加速对栅极充放电速度，减小开关时间。此外，由于 MOS 电路工作频率较高，易被干扰，所以驱动电路和前置电路应具有较强的抗干扰能力。

功率 MOSFET 的应用场合不同，其栅极电路不尽相同，相应的驱动电路也有差别。图 3.14 所示为共源电路的几种驱动电路结构，其中图 3.14（a）和图 3.14（b）结构相同，只是组成电路的器件不同，两者均为互补形式，所以极性改变时，输出电流方向可逆，由于采用射极输出，输出阻抗很低。图 3.14（c）是推挽式电路。图 3.14（d）为一实际电路，VT_1 起电平转换作用，VT_2、VT_3 构成推挽电路，VT_2 导通时，VD 上的压降使 VT_3 截止。VM_1、VM_2 为互补输出。

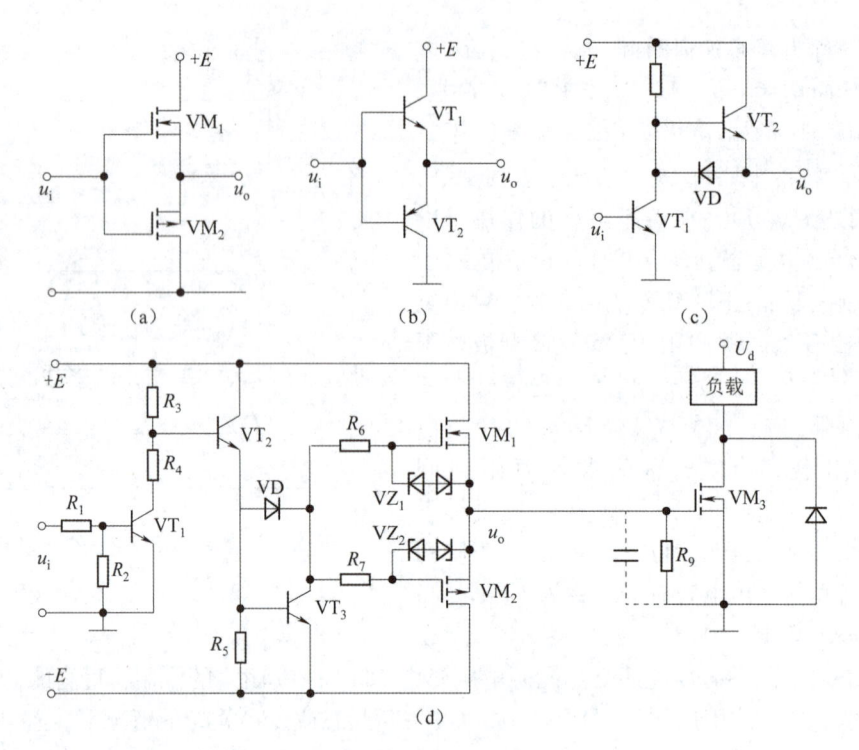

图 3.14 共源电路的几种驱动电路结构

2. 功率场效应晶体管的缓冲电路

功率场效应晶体管的缓冲电路甚至可以不加。另外，如果电路中需要流过一个较大的反向续流，可以在 VDMOS 管外侧反并联一个高速恢复二极管，使电流由此旁路而不流入内部，为吸收反并联二极管的换向过电压，在 VDMOS 源极与漏极之间也并联 RC 吸收电路，其连接线应尽量短。

3. 功率 MOSFET 的保护

1) 静电保护

在静电较强的场合，功率 MOSFET 容易静电击穿，造成栅源短路。

(1) 功率 MOSFET 应存放在防静电包装袋、导电材料包装袋或金属容器中。取用器件时，应拿器件管壳，而不要拿引线。

(2) 工作台和烙铁都必须良好接地，焊接时电烙铁功率应不超过 25 W，最好使用 12～24 V 的低电压烙铁，且前端作为接地点，先焊栅极，后焊漏极与源极。

(3) 在测试 MOSFET 时，测量仪器和工作台都必须良好接地，MOSFET 的 3 个电极未全部接入测试仪器或电路前，不要施加电压。改换测试范围时，电压和电流都必须先恢复到零。

2) 栅源间的过电压保护

适当降低驱动电路的阻抗，在栅源间并接阻尼电阻。

3) 短路和过电流保护

功率 MOSFET 的过电流和短路保护与 GTR 基本类似，仅是快速性要求更高，在故障信号取样和布线上要考虑抗干扰，并尽可能减小分布参数的影响。

4) 漏源间的过电压保护

在感性负载两端并接钳位二极管，在器件漏源两端采用二极管 VD 及 RC 钳位电路，或采用 RC 缓冲电路。

任务实施

（1）分析功率场效应晶体管的结构和工作原理。

（2）掌握功率场效应晶体管的特性。

（3）掌握功率场效应晶体管的保护措施。

任务评价

1. 小组互评

小组互评任务验收单

任务名称	功率场效应晶体管驱动电路的设计	验收结论	
验收负责人		验收时间	
验收成员			
任务要求	设计功率场效应晶体管驱动电路的电路图。请根据任务要求绘制功率场效应晶体管驱动电路的电路图，分析其工作原理		
实施方案确认			
文档接收清单	接收本任务完成过程中涉及的所有文档			
	序号	文档名称	接收人	接收时间
验收评分	配分表			
	评价标准		配分	得分
	能够正确列出功率场效应晶体管驱动电路中用到的电气元件。每处错误扣5分，扣完为止		20分	
	能够正确画出功率场效应晶体管驱动电路中电气元件的电气符号。每处错误扣5分，扣完为止		30分	
	能够正确画出功率场效应晶体管驱动电路的电路图。每处错误扣5分，扣完为止		30分	
	能够正确分析功率场效应晶体管驱动电路的工作原理。描述不完整或错误不给分		20分	
效果评价				

2. 教师评价

教师评价任务验收单

任务名称	功率场效应晶体管驱动电路的设计	验收结论	
验收负责人		验收时间	
验收成员			
任务要求	设计功率场效应晶体管驱动电路的电路图。请根据任务要求绘制功率场效应晶体管驱动电路的电路图，分析其工作原理			
实施方案确认				
文档接收清单	接收本任务完成过程中涉及的所有文档			
	序号	文档名称	接收人	接收时间
验收评分	配分表			
	评价标准		配分	得分
	能够正确列出功率场效应晶体管驱动电路中用到的电气元件。每处错误扣5分，扣完为止		20分	
	能够正确画出功率场效应晶体管驱动电路中电气元件的电气符号。每处错误扣5分，扣完为止		30分	
	能够正确画出功率场效应晶体管驱动电路的电路图。每处错误扣5分，扣完为止		30分	
	能够正确分析功率场效应晶体管驱动电路的工作原理。描述不完整或错误不给分		20分	
效果评价				

💡 拓展训练

（1）功率场效应晶体管简称为_____，电气符号为_____。

（2）功率场效应晶体管的输出特性除截止区（$U_{GS}<U_T$ 沟道被夹断，$I_D=0$ A）外，分为3个区域，即_____、饱和区Ⅱ和_____。

（3）功率场效应晶体管的静态特性主要指_____特性和_____特性。

（4）简述功率场效应晶体管的静电保护措施。

任务 3.4　绝缘栅双极型晶体管的原理及应用

任务目标

[知识目标]
- 掌握绝缘栅双极型晶体管的结构和原理。

[技能目标]
- 掌握绝缘栅双极型晶体管的特性和驱动电路、保护电路的设计。

[素养目标]
- 具有良好的职业道德和职业素养。
- 具有质量意识、环保意识、安全意识、信息素养、工匠精神和创新思维。

知识链接

知识点 1　绝缘栅双极型晶体管的原理及应用

绝缘栅双极型晶体管（Insulated-Gate Bipolar Transistor，IGBT）是一种 PNPN 共 4 层结构的器件，其结构和纵向场效应晶体管（VDMOSFET）十分相似，不同之处仅在于衬底的类型。以 N 沟道器件为例，IGBT 比普通 VDMOSFET 多一个 P 层漏注入区，即 P 衬底，它可形成 PN 结 J_1，如图 3.15 所示，并由此引出集电极（也称漏极）C，该区与漏区和 P⁺ 层一起形成 PNP 型双极型晶体管，起发射极的作用，栅极和射极（也称源极）E 与 VDMOSFET 相似，靠近表面的 N 区称为源区，附于其上的电极称为射极（或源极）E，N 区称为漏区漂移区（或 N 基区），背面的 N 区称为缓冲区，器件的控制区为栅区，附于其上的电极称为栅极 G，沟道在紧靠栅区边界形成。在漏、源之间的 P 型区，称为 P 阱。导通时，P 层漏注入区可向 N 外延层注入大量空穴，引起基区电导调制，从而降低器件的导通电阻。图 3.15 所示为 N 沟道穿通型绝缘栅双极型晶体管（PT-IGBT）的基本结构。

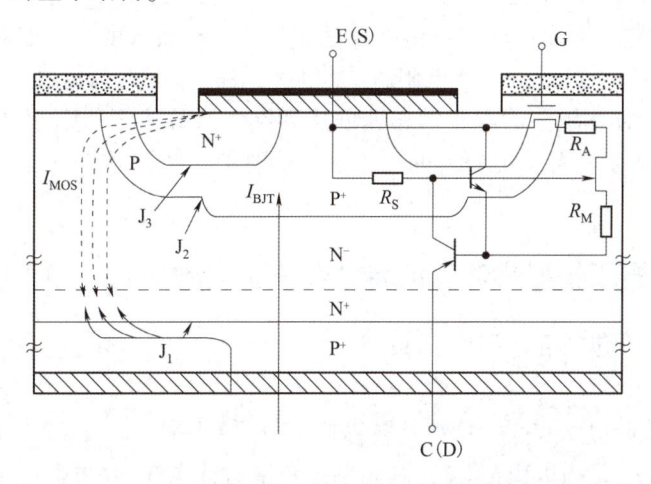

图 3.15　N 沟道穿通型绝缘栅双极型晶体管的基本结构

所谓穿通型绝缘栅双极型晶体管,是针对 N 缓冲区而言的,反向应用时,在发生雪崩击穿之前,N 耗尽层不断向 P 阱延伸,直至发生穿通,所以称为 PT-IGBT。而有的 IGBT 则是没有 N 缓冲层的,不会发生穿通击穿,因而称为非穿通型绝缘栅双极型晶体管。

从 IGBT 的基本结构可以看出,IGBT 相当于一个由 MOSFET 驱动的厚基区 GTR,其简化等效电路如图 3.16 所示。图中 R_{br} 是厚基区 PNP-GTR 的扩展电阻。虚线部分表示寄生 NPN 晶体管和寄生电阻。IGBT 是以 GTR 为主导件、MOSFET 为驱动件的复合结构,类似于达林顿管。在实际应用时,多采用图 3.17 所示的电气符号。

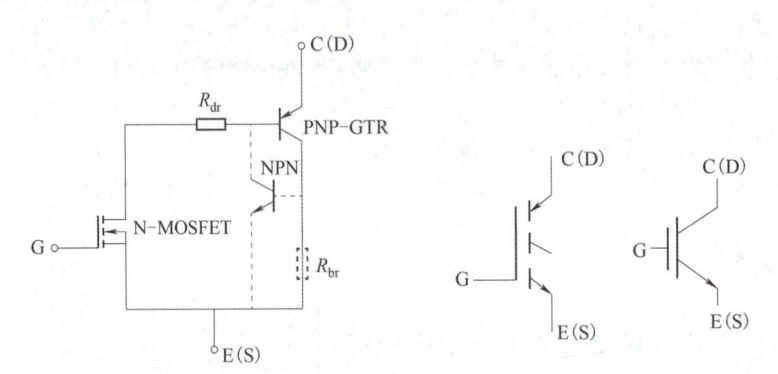

图 3.16　IGBT 等效电路　　　图 3.17　N 型 IGBT 的电气符号

在图 3.15 中,当阳极相对于阴极加负偏压时,由于阳极结 J_1 反偏,使阳极电流通道被阻塞,J_1 结上只有很小的泄漏电流流过,IGBT 处于反向阻断状态。对于非穿通型 IGBT,J_1 结的耗尽区主要向 N 基区扩展,因而使其具有相当的正反向阻断能力,对于穿通型 IGBT,由于 N 缓冲层阻止了 J_1 结的耗尽区向 N 基区的扩展程度,使其反向击穿电压比非穿通型 IGBT 大为降低,即穿通型 IGBT 具有较低的反向阻断能力。

当阳极相对于阴极加正向偏压时,阴极结 J_2 反偏。当栅-射极电压 u_{GE} 小于阈值电压 u_T 时,因为表面 MOSFET 的沟道区没有形成,器件处于断态,J_2 结上只有很小的泄漏电流流过,使器件具有正向阻断能力。当 $u_{GE} > u_T$ 时,表面 MOSFET 的沟道区形成,电子流由 N 阴极通过该沟道区流入 N 基区,使 J_1 结正偏,J_1 结开始向 N 基区注入空穴,其中一部分在 N 基区与 MOS 沟道区来的电子复合,另一部分通过 J_2 结流入 P 阱。随着 J_1 结正向偏压的增加,注入 N 基区的空穴浓度可增加到超过 N 基区的背景掺杂浓度,从而对 N 基区产生显著的电导调制效应,使 N 基区的导通电阻大大降低,电流密度大为提高。对一定的 u_{GE},当 u_{AK} 达到一定值时,使沟道中的电子漂移速度达到饱和漂移速度,则阳极电流 I_A 就出现饱和。随着 u_{GE} 的增加,表面 MOSFET 的沟道区反型加剧,通过沟道的电子电流增加,使器件的 I_A 增加。

知识点 2　绝缘栅双极型晶体管的特性和主要参数

IGBT 的工作特性包括静态和动态两类。

1. 静态特性

IGBT 的静态特性主要有伏安特性、转移特性和开关特性。

IGBT 的伏安特性是指以栅射电压 U_{GE} 为参变量时,电流 I_C 与电压 U_{CE} 之间的关系曲线。输出漏极电流受栅源电压 U_{GS} 的控制，U_{GS} 越高，I_C 越大。它与 GTR 的输出特性相似，也可分为饱和区、放大区和截止区 3 部分。在截止状态下的 IGBT，正向电压由 J_2 结承担，反向电压由 J_1 结承担。如果无 N^+ 缓冲区，则正反向阻断电压可以做到同样水平，加入 N^+ 缓冲区后，反向关断电压只能达到几十伏水平，因此限制了 IGBT 的某些应用范围。

IGBT 的转移特性是指输出电流 I_C 与栅射电压 U_{GE} 之间的关系曲线。它与 MOSFET 的转移特性相同，当栅源电压小于开启电压 $U_{GS(th)}$ 时，IGBT 处于关断状态。在 IGBT 导通后的大部分漏极电流范围内，I_C 与 U_{GE} 呈线性关系。最高栅源电压受最大漏极电流限制，其最佳值一般取 15 V 左右。

IGBT 的开关特性是指 I_C 与电压 U_{CE} 之间的关系。IGBT 处于导通状态时，由于它的 PNP 型晶体管为宽基区晶体管，所以其 β 值极低。尽管等效电路为达林顿结构，但流过 MOSFET 的电流成为 IGBT 总电流的主要部分。此时，通态电压 $U_{DS(on)}$ 可用下式表示，即

$$U_{DS(on)} = U_{J1} + U_{dr} + I_D R_{oh} \tag{3-1}$$

式中：U_{J1} 为 J_1 结的正向电压，其值为 0.7~1 V；U_{dr} 为扩展电阻 R_{dr} 上的压降；R_{oh} 为沟道电阻。

通态电流 I_{DS} 可用下式表示，即

$$I_{DS} = (1 + \beta_{PNP}) I_{MOS} \tag{3-2}$$

式中：I_{MOS} 为流过 MOSFET 的电流。

由于 N^+ 区存在电导调制效应，所以 IGBT 的通态压降小，耐压 1 000 V 的 IGBT 通态压降为 2~3 V。IGBT 处于断态时，只有很小的泄漏电流存在。

2. 动态特性

IGBT 在开通过程中，大部分时间是作为 MOSFET 来运行的，只是在集射电压 u_{CE} 下降过程后期，PNP 晶体管由放大区至饱和区，又增加了一段延迟时间。$t_{D(ON)}$ 为开通延迟时间，t_{ri} 为电流上升时间。实际应用中常给出的集电极电流开通时间 t_{ON} 即为 $t_{D(ON)}$ 和 t_{ri} 之和。集射极电压的下降时间由 t_{fu1} 和 t_{fu2} 组成，如图 3.18 所示。IGBT 在关断过程中，漏极电流的波形变为两段。因为 MOSFET 关断后，PNP 型晶体管的存储电荷难以迅速消除，造成集电极电流较长的尾部时间。$t_{D(OFF)}$ 为关断延迟时间，t_{rv} 为电压 u_{CE} 的上升时间。实际应用中常常给出的集电极电流的下降时间 t_f 由图 3.19 中的 t_{fi1} 和 t_{fi2} 两段组成，而集电极电流的关断时间为

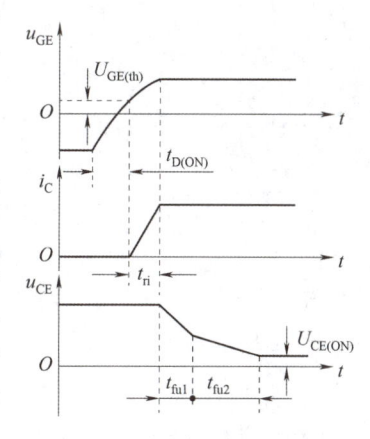

图 3.18 IGBT 开通过程

$$t_{OFF} = t_{D(OFF)} + t_{rv} + t_f \tag{3-3}$$

式中：$t_{D(OFF)}$ 与 t_{rv} 之和又称为存储时间。

绝缘栅双极型晶体管的主要参数有以下几项。

（1）集射极额定电压 U_{CES}：栅射极短路时的 IGBT 最大耐压值。

（2）栅射极额定电压 U_{GES}：栅极的电压控制信号额定值。只有栅射极电压小于其额定电压值时，才能使

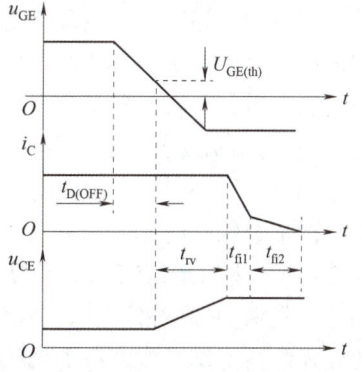

图 3.19 IGBT 关断过程

IGBT 导通而不致损坏。

（3）栅射极开启电压 $U_{GE(th)}$：使 IGBT 导通所需的最小栅射极电压，通常 IGBT 的开启电压 $U_{GE(th)}$ 在 3~5.5 V 范围。

（4）集电极额定电流 I_C：在额定的测试温度（壳温为 25 ℃）条件下，IGBT 所允许的集电极最大直流电流。

（5）集射极饱和电压 U_{CEO}：IGBT 在饱和导通时，通过额定电流的集射极电压。通常 IGBT 的集射极饱和电压在 1.5~3 V 范围。

知识点 3　绝缘栅双极型晶体管的应用

1. 驱动电路

图 3.20 所示为由分立元件构成的 IGBT 驱动电路。光耦采用小延时高速型光耦，VT$_1$ 和 VT$_2$ 组成对管（VT$_1$、VT$_2$ 选用三极管的放大倍数 β>80 的开关管），VD$_{Z1}$ 选用 5 V/2 W 的稳压管。当输入信号到来时，VT$_2$ 截止，VT$_1$ 导通，对 IGBT 施加+12 V 栅极电压；当输入信号消失时，VT$_1$ 截止，VT$_2$ 导通，5 V 稳压管为 IGBT 提供反向关断电压；稳压二极管 VD$_{Z2}$、VD$_{Z3}$ 的作用是限制加在 IGBT 栅射间的电压，避免过高的栅射极电压击穿栅极。

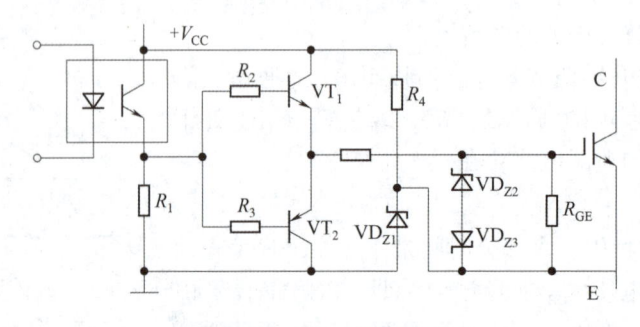

图 3.20　IGBT 驱动电路

2. 保护电路

1）过电压保护

IGBT 关断时的换相过电压，主要取决于主电路的杂散电感及关断时的 di/dt。在正常工作时 di/dt 较低，通常不会造成 IGBT 损坏，但在过电流状态时，di/dt 会迅速增大，产生较高的过电压，所以应尽量减小主电路布线杂散电感，以减小因 di/dt 过大而产生的过电压。可以采取的措施有：直流环节滤波电容应靠近 IGBT 模块，滤波电容至 IGBT 模块的正负极连线尽量靠近，采用 RC 加二极管电路吸收过电压尖峰，而且电容和电阻均应采用无感电容和无感电阻，吸收二极管应为快速恢复器件，吸收电容直接连接到 IGBT 的相应端子上。

2）过电流保护

当过电流小于工作电流的 2 倍时，可采用瞬时封锁栅极脉冲的方法来实现保护。当过电流的倍数较高时，尤其是发生负载短路故障时，加瞬时封锁栅极脉冲会使 di/dt 很大，在回路杂散电感上感应出较高的尖峰电压，RC 加二极管吸收电路很难彻底吸收此尖峰电压。为此，在保护中应采取软关断措施使栅极电压在 2~5 μs 内降至零电压。目前常用的 IGBT 驱动模块内部均具有此过电流软关断功能。

任务实施

(1) 分析绝缘栅双极型晶体管的结构和工作原理。

(2) 掌握绝缘栅双极型晶体管的特性。

(3) 掌握绝缘栅双极型晶体管的保护措施。

任务评价

1. 小组互评

小组互评任务验收单

任务名称	绝缘栅双极型晶体管驱动电路的设计	验收结论	
验收负责人		验收时间	
验收成员			
任务要求	设计绝缘栅双极型晶体管驱动电路的电路图。请根据任务要求绘制绝缘栅双极型晶体管驱动电路的电路图,分析其工作原理		
实施方案确认			
文档接收清单	接收本任务完成过程中涉及的所有文档		
	序号	文档名称	接收人	接收时间
验收评分	配分表		
	评价标准	配分	得分
	能够正确列出绝缘栅双极型晶体管驱动电路中用到的电气元件。每处错误扣5分,扣完为止	20分	
	能够正确画出绝缘栅双极型晶体管驱动电路中电气元件的电气符号。每处错误扣5分,扣完为止	30分	
	能够正确画出绝缘栅双极型晶体管驱动电路的电路图。每处错误扣5分,扣完为止	30分	
	能够正确分析绝缘栅双极型晶体管驱动电路的工作原理。描述不完整或错误不给分	20分	
效果评价			

2. 教师评价

教师评价任务验收单

任务名称	绝缘栅双极型晶体管驱动电路的设计		验收结论	
验收负责人			验收时间	
验收成员				
任务要求	设计绝缘栅双极型晶体管驱动电路的电路图。请根据任务要求绘制绝缘栅双极型晶体管驱动电路的电路图，分析其工作原理			
实施方案确认				
文档接收清单	接收本任务完成过程中涉及的所有文档			
	序号	文档名称	接收人	接收时间
验收评分	配分表			
	评价标准		配分	得分
	能够正确列出绝缘栅双极型晶体管驱动电路中用到的电气元件。每处错误扣5分，扣完为止		20分	
	能够正确画出绝缘栅双极型晶体管驱动电路中电气元件的电气符号。每处错误扣5分，扣完为止		30分	
	能够正确画出绝缘栅双极型晶体管驱动电路的电路图。每处错误扣5分，扣完为止		30分	
	能够正确分析绝缘栅双极型晶体管驱动电路的工作原理。描述不完整或错误不给分		20分	
效果评价				

💡 拓展训练

（1）绝缘栅双极型晶体管是一种_____共_____层的器件结构。

（2）IGBT 的静态特性主要有_____、转移特性和_____。

（3）当过电流小于工作电流的_____倍时，可采用_____方法来实现 IGBT 保护。

（4）简述 IGBT 的过电压保护措施。

任务 3.5　其他新型电力电子器件的原理及应用

任务目标

[知识目标]
- 掌握 MOS 控制晶闸管、集成门极换流晶闸管的原理及应用。

[技能目标]
- 掌握静电感应晶体管、静电感应晶闸管的结构和特点。

[素养目标]
- 具有良好的职业道德和职业素养。
- 具有质量意识、环保意识、安全意识、信息素养、工匠精神和创新思维。

知识链接

知识点 1　MOS 控制晶闸管的原理及应用

MOS 控制晶闸管（MOSFET Controlled Thyristor，MCT）的等效电路如图 3.21 所示。MCT 的 3 个电极分别为阳极 A、阴极 K 和栅极 G。可以看出，MCT 的内部有一个 PNP 型晶体管 VT_1 和一个 NPN 型晶体管 VT_2，两个晶体管的相互连接与普通晶闸管的等效电路相同，其中任何一个出现导通电流，则在两管之间形成正反馈，使两个晶体管均迅速进入饱和状态。在 MCT 中还有一个 P 沟道场效应晶体管 ON-FET 和一个 N 沟道场效应晶体管 OFF-FET，它们的作用是控制等效晶闸管的通断。

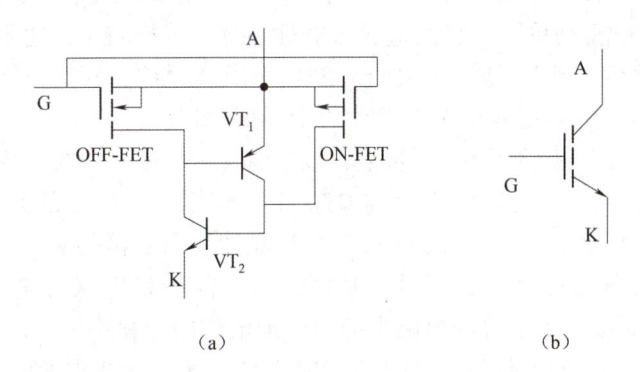

图 3.21　MCT 的等效电路和电气符号
（a）等效电路；（b）电气符号

如果 MCT 的阳极 A 加正压、阴极 K 加负压，并且栅极 G 的电位低于阳极电位（即 $u_{GA}<0$ V），则 P 沟道场效应晶体管 ON-FET 导通，电流从其源极流向漏极，从 ON-FET 流出的电流为 NPN 型晶体管 VT_2 提供基极电流使其导通，VT_2 集电极电流又为 PNP 型晶体管 VT_1 提供基极电流，而 VT_1 的集电极电流又流向 VT_2 的基极，由此形成正反馈，

VT$_1$、VT$_2$迅速进入饱和状态，整个 MCT 开通。

若要使 MCT 关断，可以通过在栅极和阳极之间加正电压来实现，即 $u_{GA}>0$，这样 N 沟道场效应晶体管 OFF-FET 的栅极电位高于源极电位，OFF-FET 导通，由图 3.21 可看出，OFF-FET 与 VT$_1$ 的发射结是并联的，它的导通对 VT$_1$ 的发射结电流有旁路作用，使 VT$_1$ 的电流减小，进而又会引起 VT$_2$ 电流的减小，最终使 VT$_1$、VT$_2$ 的电流为零，器件关断。

由上述分析可见，MCT 属电压控制型器件，由于工作电流流过 PN 结，因此应为双极型器件，它只有导通和关断两种状态，没有线性放大状态。

知识点 2 集成门极换流晶闸管的原理及应用

集成门极换流晶闸管（Intergrated Gate Commutated Thyristors，IGCT）是 1996 年问世的用于巨型电力电子成套装置中的新型电力半导体器件。IGCT 是一种基于 GTO 结构、利用集成栅极结构进行栅极硬驱动、采用缓冲层结构及阳极透明发射极技术的新型大功率半导体开关器件，具有晶闸管的通态特性及晶体管的开关特性。由于采用了缓冲结构以及浅层发射极技术，因而使动态损耗降低了约 50%。另外，此类器件还在一个芯片上集成了具有良好动态特性的续流二极管，从而以其独特的方式实现了晶闸管的低通态压降、高阻断电压和晶体管稳定的开关特性的有机结合。

IGCT 使变流装置在功率、可靠性、开关速度、效率、成本、质量和体积等方面都取得了巨大进展，给电力电子成套装置带来了新的飞跃。IGCT 是将 GTO 芯片与反并联二极管和栅极驱动电路集成在一起，再与其栅极驱动器在外围以低电感方式连接，结合了晶体管的稳定关断能力和晶闸管低通态损耗的优点，在导通阶段发挥晶闸管的性能，在关断阶段呈现晶体管的特性。IGCT 具有电流大、电压高、开关频率高、可靠性高、结构紧凑、损耗低等特点，而且制造成本低、成品率高，有很好的应用前景。采用晶闸管技术的 GTO 是常用的大功率开关器件，它相对于采用晶体管技术的 IGBT 在截止电压上有更高的性能，但广泛应用的标准 GTO 驱动技术造成不均匀开通和关断过程，需要高成本的 du/dt 和 di/dt 吸收电路和较大功率的栅极驱动单元，因而造成可靠性下降、价格较高，也不利于串联。但是，在大功率 MCT 技术尚未成熟以前，IGCT 已经成为高压大功率低频交流器的优选方案。

IGCT 与 GTO 相似，也是 4 层 3 端器件，阳极和门极共用，而阴极并联在一起。与 GTO 有重要差别的是 IGCT 阳极内侧多了缓冲层，以透明（可穿透）阳极代替 GTO 的短路阳极。导通机理与 GTO 完全一样，但关断机理与 GTO 完全不同，在 IGCT 的关断过程中，IGCT 能瞬间从导通状态转到阻断状态，变成一个 PNP 型晶体管以后再关断，所以它无外加 du/dt 限制；而 GTO 必须经过一个既非导通又非关断的中间不稳定状态进行转换（即 "GTO 区"），所以 GTO 需要很大的吸收电路来抑制外加电压的变化率 du/dt。阻断状态下 IGCT 的等效电路可认为是一个基极开路、低增益 PNP 型晶体管与栅极电源的串联。

IGCT 触发功率小，可以把触发与状态监视电路和 IGCT 管芯做成一个整体，通过两根光纤输入触发信号、输出工作状态信号。IGCT 将 GTO 技术与现代功率晶体管 IGBT 的优点集于一身，利用大功率关断器件可简单可靠地串联这一关键技术，使 IGCT 在中高压领域以及功率在 0.5~100 MW 的大功率应用领域尚无真正的对手。

IGCT 损耗低、开关快速等优点保证了它能可靠、高效率地用于 300 kW~10 MW 变流器，而不需要串联或并联。在串联时，逆变器功率可扩展到 100 MW。虽然高功率的 IGBT

模块具有一些优良的特性，如能实现 di/dt 和 du/dt 的有源控制、有源钳位、易于实现短路电流保护和有源保护等。但因存在着导通高损耗、损坏后造成开路以及无长期可靠运行数据等缺点，限制了高功率 IGBT 模块在高功率低频变流器中的实际应用。因此，IGCT 将成为高功率高电压变频器的首选功率器件。

知识点 3　静电感应晶体管

静电感应晶体管（Static Induction Transistor，SIT）的结构与结型场效应晶体管相似，有 3 个电极，即源极 S、漏极 D 和栅极 G。使用时漏极加正电压，源极接负电压，导通时电流由漏极流向源极。通过改变 G-S 之间的电压来控制漏极电流的通断和大小，属于电压控制单极型器件。

SIT 的结构和电气符号如图 3.22 所示。在图 3.22 中，两侧的 P$^+$ 型材料与中部的 N$^-$ 材料将形成 PN 结，在 P$^+$-N$^-$ 结合面的两侧存在着一个耗尽区（空间电荷区），里面没有载流子，不能导电。当 U_{GS}=0 V 时，上述 PN 结两侧的这个耗尽区不大，还没有连接起来，此时如果在 D-S 极间加以电压，会有电流在 D-S 极间流动。如果使 U_{GS}<0 V（S 接正，G 接负），分布在 N$^-$ 区的耗尽区的厚度将加大，两侧耗尽区之间的导电沟道会变窄，同样电压下电流会减小。因此，可以通过改变 U_{GS} 来控制 D-S 极之间的电流 I_D。由此可以看出，SIT 的工作原理与耗尽型结型场效应管类似，改变 G-S 极之间的反向电压可以调节漏极电流。

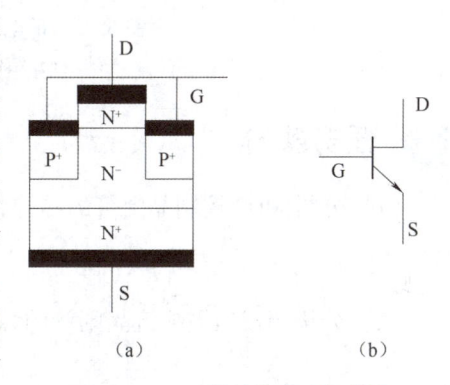

图 3.22　SIT 的结构和电气符号
（a）结构示意图；（b）电气符号

知识点 4　静电感应晶闸管

静电感应晶闸管（Static Induction Thyristor，SITH）又称场控二极管（Field Controlled Diode，FCD）或场控晶闸管（Field Controlled Thyristor，FCT）。

静电感应晶闸管有以下几个特点。

（1）属于电压控制型器件，驱动电路比较简单。

（2）由于工作电流流过 PN 结，两侧的不同载流子扩散形成电流，所以有两种载流子参与导电，是双极型器件，这与 MOSFET 不同。

（3）SITH 不是单元结构（与 GTO、MOSFET、IGBT 不同）。

（4）SITH 为开关器件，没有线性放大区，只有开通和关断两种状态，这一点与晶闸管、GTO 相同，与其他器件不同。

（5）SITH 为单向导电器件，导通时电流从阳极 A 流向阴极 K。SITH 又是逆阻型器件，关断时两个方向都不可能有电流流动，这与逆导型晶闸管、MOSFET 不同。

静电感应晶闸管的结构如图 3.23 所示。从图中可以看出，SITH 相当于在 SIT 的基础上增加了最下面一层 P 型材料，形成一个 PN 结 J$_2$，具有单向导电性。在 U_{GK}=0 V 时，J$_1$ 两侧不导电的耗尽区较薄，中间的 N 型材料留有一个导电沟道，电流可以从阳极流向阴极。当在栅极和阴极之间施以负电压（U_{GK}<0 V），PN 结 J$_1$ 受到较大的反压，两侧的耗尽区连

接起来,阻断了电流,使器件关断。

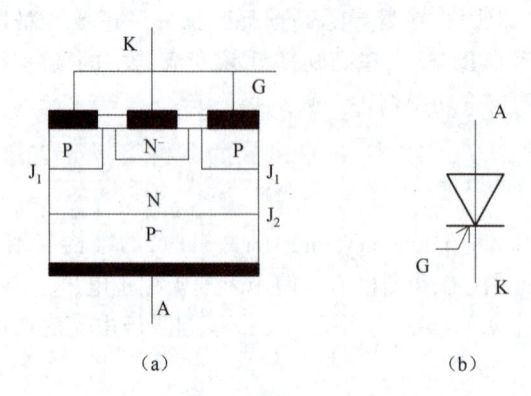

图 3.23 静电感应晶闸管的结构和电气符号
(a) 结构示意图;(b) 电气符号

任务实施

(1) 分析 MOS 控制晶闸管的结构和工作原理。

(2) 分析集成门极换流晶闸管的结构和特点。

(3) 分析静电感应晶体管的结构和工作原理。

任务评价

1. 小组互评

小组互评任务验收单

任务名称	分析静电感应晶闸管的结构和特点	验收结论	
验收负责人		验收时间	
验收成员			
任务要求	绘制静电感应晶闸管的结构图并分析其工作原理。请根据任务要求绘制静电感应晶闸管的结构图和电气符号,分析其工作原理		
实施方案确认			
文档接收清单	接收本任务完成过程中涉及的所有文档		
	序号	文档名称	接收人	接收时间

续表

	配分表		
验收评分	评价标准	配分	得分
	能够正确画出静电感应晶闸管的电气符号。每处错误扣5分，扣完为止	20分	
	能够正确画出静电感应晶闸管的结构图。每处错误扣5分，扣完为止	30分	
	能够正确说明静电感应晶闸管的特点。每处错误扣5分，扣完为止	30分	
	能够正确分析静电感应晶闸管的工作原理。描述不完整或错误不给分	20分	
效果评价			

2. 教师评价

教师评价任务验收单

任务名称	分析静电感应晶闸管的结构和特点	验收结论	
验收负责人		验收时间	
验收成员			
任务要求	绘制静电感应晶闸管的结构图并分析其工作原理。请根据任务要求绘制静电感应晶闸管的结构图和电气符号，分析其工作原理		
实施方案确认			
文档接收清单	接收本任务完成过程中涉及的所有文档		
	序号	文档名称	接收人	接收时间

	配分表		
验收评分	评价标准	配分	得分
	能够正确画出静电感应晶闸管的电气符号。每处错误扣5分，扣完为止	20分	
	能够正确画出静电感应晶闸管的结构图。每处错误扣5分，扣完为止	30分	
	能够正确说明静电感应晶闸管的特点。每处错误扣5分，扣完为止	30分	
	能够正确分析静电感应晶闸管的工作原理。描述不完整或错误不给分	20分	
效果评价			

拓展训练

(1) 静电感应晶闸管为_____导电器件，导通时电流从阳极 A 流向阴极 K。静电感应晶闸管又是_____型器件，关断时两个方向都不可能有电流流动。

(2) 集成门极换流晶闸管简称为_____。静电感应晶闸管通过改变栅-源之间的电压来控制漏极电流的通断和大小，属_____型器件。

(3) IGCT 与 GTO 相似，也是_____器件，阳极和门极共用，而_____并联在一起。

(4) 简述静电感应晶闸管的特点。

小贴士

电力电子器件部分主要包含不可控器件、半控型器件和全控型器件，电力电子器件的发展是很多科学家智慧的结晶，电力电子器件的进步与科学理论技术的进步密不可分，通过学习培养学生责任担当、精益求精、严谨细致的工匠精神。

项目总结

◆ 门极可关断晶闸管的原理及应用重点掌握：门极可关断晶闸管的结构和原理、有关 GTO 基本特性的术语、门极可关断晶闸管的额定电压及开通特性、门极可关断晶闸管驱动电路和缓冲电路。

◆ 电力晶体管的原理及应用重点掌握：电力晶体管的结构和原理、电力晶体管的特性和主要参数、GTR 驱动电路的设计要求。

◆ 功率场效应晶体管的原理及应用重点掌握：功率场效应晶体管的结构和原理、功率场效应晶体管的静态特性和主要参数、动态特性和参数、相关的等效电路、功率 MOSFET 的驱动电路、功率场效应晶体管的缓冲电路、功率 MOSFET 的保护等。

◆ 绝缘栅双极型晶体管的原理及应用重点掌握：绝缘栅双极型晶体管的结构和原理、IGBT 的静态工作特性和动态工作特性、绝缘栅双极型晶体管的主要参数、绝缘栅双极型晶体管的驱动电路和保护电路。

◆ 了解 MOS 控制晶闸管、集成门极换流晶闸管、静电感应晶体管、静电感应晶闸管的原理及应用。

拓展强化

(1) GTO 和普通晶闸管同为 PNPN 结构，它在设计和制造上有什么特点？

(2) 设计 GTO 门极关断电路时应注意哪些问题？

(3) 什么是 GTR 的二次击穿现象？

(4) 请结合 MOSFET 的结构图叙述其工作原理。

(5) IGBT、GTR、GTO 和电力 MOSFET 的驱动电路各有什么特点？

(6) IGBT 的伏安特性是什么？

(7) IGBT 保护电路的作用是什么？

(8) 试说明 IGBT、GTR、GTO 和电力 MOSFET 各自的优、缺点。

项目 4

交流调压电路的分析与调试

引导案例

单结晶体管触发的交流调压电路如图 4.1 所示，该电路在电源接通后，经桥式整流电路输出双半波脉动直流电压，然后经过稳压管 VS 削成梯形波电压。该电路是如何工作的呢？

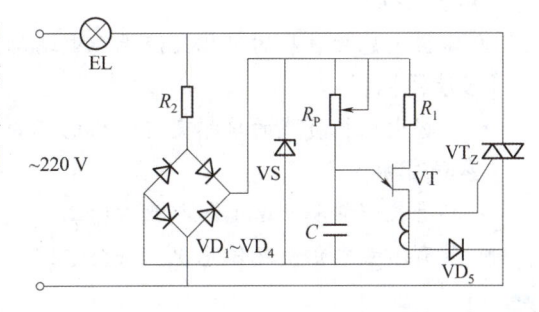

项目描述

本项目分为 3 个任务模块，分别是单相

图 4.1 单结晶体管触发的单相调压电路

交流调压电路的分析、三相交流调压电路的分析、其他交流电力控制电路。整个实施过程中涉及电阻性负载、电感性负载的单相交流调压电路的工作原理、波形分析，三相交流调压电路的工作原理，晶闸管交流开关、交流调功电路以及固态交流开关的应用等方面的内容。通过学习掌握单相和三相交流调压电路的工作原理和波形分析，以及晶闸管交流开关、交流调功电路及控制、固态交流开关的原理及应用，为交流调压电路的灵活应用打下坚实基础。

知识准备

为了从一种形式的交流电获得另一种形式的交流电，可以直接从一种形式的交流电变换得到另一种形式的交流电，中间不存在直流环节，这种变换器称为交流-交流变换器。不对频率进行变换的交流-交流变换器称为交流控制器，实现频率变换的交流-交流变换器称为周波变换器。交流控制器主要用于交流调压、调功等场合，周波变换器常用于低频大功率交流变频调速等场合。

交流调压包括交流电压调节、交流调功和交流开关等内容；交流调压有相位控制和通断控制两种方式。交流电压调节通常采用相位控制，交流调功和交流开关则主要采用通断控制方式。

相位控制：这是使晶闸管在电源电压每一周期内选定的时刻将负载与电源接通，改变选定的导通时刻就可达到调压的目的。

通断控制：把晶闸管作为开关，将负载与交流电源接通几个周期，然后再断开一定的周期，通过改变通断时间比值达到调压的目的。这种控制方式的电路简单、功率因数高，适用于有较大时间常数的负载；缺点是输出电压或功率调节不平滑。

交流调压电路广泛应用于交流电动机的调压、调速、工业加热、灯光控制（如调光台灯和舞台灯光控制）、电气设备的开关控制、电解电镀的交流侧调压等场合。下面首先分析相位控制的交流调压器。

任务 4.1　单相交流调压电路的分析

任务目标

[知识目标]
- 掌握电感性负载的单相交流调压电路的工作原理、波形分析。

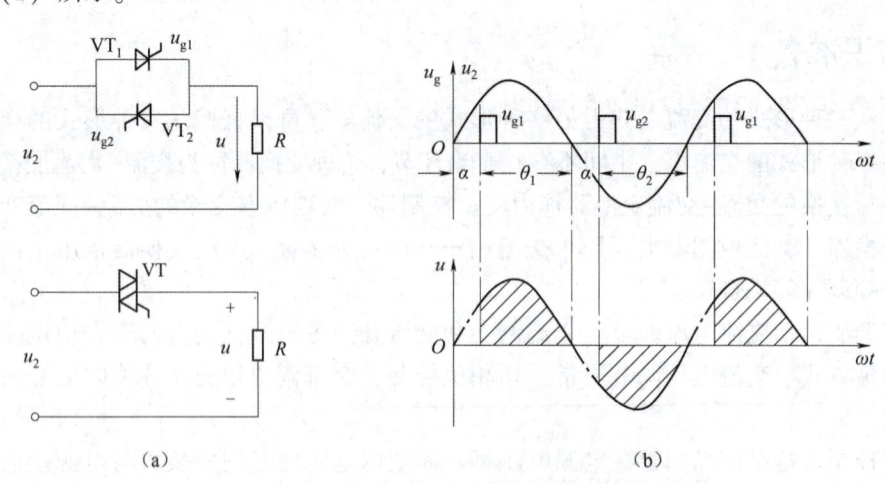

[技能目标]
- 掌握电阻性负载的单相交流调压电路的工作原理、波形分析。

[素养目标]
- 具有良好的职业道德和职业素养。
- 具有质量意识、环保意识、安全意识、信息素养、工匠精神和创新思维。

知识链接

知识点 1　电阻性负载的单相交流调压电路

图 4.2（a）所示为电阻性负载的单相交流调压器，在负载和交流电源间采用两个反并联的普通晶闸管或采用与双向晶闸管 VT 相连。以反并联电路为例进行分析，正半周 α 时刻触发 VT_1 管，负半周 α 时刻触发 VT_2 管，输出电压波形为正负半周缺角相同的正弦波，如图 4.2（b）所示。

图 4.2　电阻性负载的单相交流调压电路及波形
(a) 电路原理图；(b) 输出电压波形

单相电阻性负载单相调压的数量关系如下。

（1）电压有效值 U：

$$U = \sqrt{\frac{1}{\pi}\int_{\alpha}^{\pi}(\sqrt{2}U_2\sin(\omega t))^2 \mathrm{d}(\omega t)} = U_2\sqrt{\frac{1}{2\pi}\sin(2\alpha) + \frac{\pi-\alpha}{\pi}} \quad (4-1)$$

电流有效值为

$$I = \frac{U}{R} \quad (4-2)$$

（2）电路功率因数为

$$\cos\varphi = \frac{P}{S} = \frac{UI}{U_2 I} = \sqrt{\frac{1}{2\pi}\sin(2\alpha) + \frac{\pi-\alpha}{\pi}} \quad (4-3)$$

（3）反并联电路流过每个晶闸管的电流平均值为

$$I_\mathrm{d} = \frac{\sqrt{2}U_\mathrm{o}}{2\pi R}(1+\cos\alpha) \quad (4-4)$$

由此可知，单相交流调压器对于电阻性负载，其电压的输出调节范围为 $0 \sim U$，触发延迟角的移相范围为 $0 \sim \pi$。

知识点 2　电感性负载的单相交流调压电路

图 4.3 所示为普通晶闸管反并联电感性负载的单相交流调压电路原理图和输出波形。电感性负载是交流调压器最一般的负载，由于电感性负载电路中电流的变化要滞后于电压的变化，因而和电阻性负载相比就有一些新的特点。其工作情况与单相半波整流电路带电感性负载时相似。

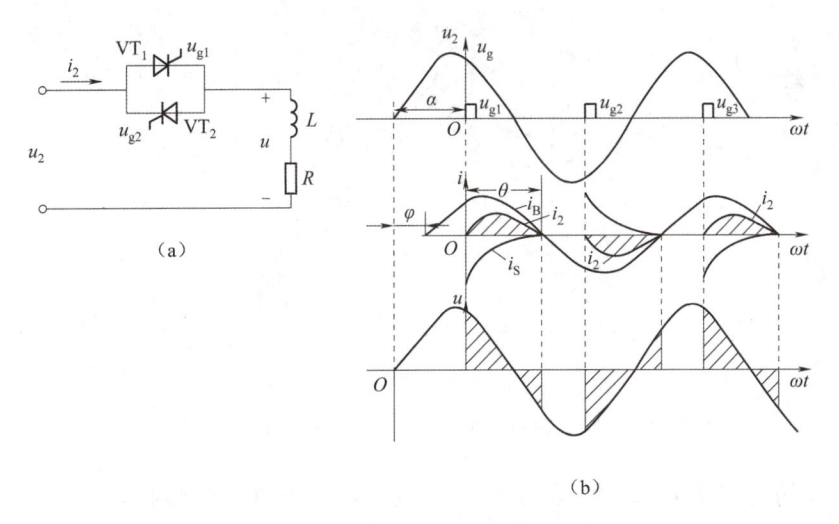

图 4.3　电感性负载的单相交流调压电路及波形
（a）电路原理图；（b）输出电压、电流波形

在电源电压 u_2 的正半周，晶闸管 VT$_1$ 承受正向电压，当 $\omega t = \alpha$ 时，触发晶闸管 VT$_1$ 使其导通，则负载上得到缺 α 角的正弦半波电压，由于是感性负载，因此负载电流 i_2 的变化

滞后电压的变化，电流 i_2 不能突变，只能从零逐渐增大。当电源电压过零时，电流 i_2 则会滞后于电源电压一定的相角减小到零，VT_1 管才能关断。所以，在电源电压过零点后 VT_1 继续导通一段时间，输出电压出现负值，此时晶闸管的导通角 θ 大于相同控制角情况下的电阻性负载的导通角。

在电源电压 u_2 的负半周，VT_2 晶闸管承受正向电压，当 $\omega t = \pi + \alpha$ 时，触发 VT_2 使其导通，则负载上又得到缺 α 角的正弦负半波电压。由于负载电感产生感应电动势阻止电流变化，因而电流 i_2 只能反方向从零开始逐渐增大。当电源电压过零时，电流 i_2 会滞后于电源电压一定的相角减小到零，VT_2 才能关断，所以在电源电压过零点后 VT_2 继续导通一段时间，输出电压出现正值。

晶闸管导通角 θ 的大小，不但与控制角 α 有关，而且与负载功率因数角 $\varphi\left(\arctan\dfrac{\omega L}{R}\right)$ 有关。负载感抗越大，φ 就越大，自感电动势使电流延迟的时间就越长，晶闸管的导通角也就越大。晶闸管导通时，其负载电流为

$$i_2 = \frac{\sqrt{2}U_2}{Z}\left[\sin(\omega t + \alpha - \varphi) - \sin(\alpha - \varphi)\mathrm{e}^{-\frac{\omega t}{\tan\varphi}}\right] \tag{4-5}$$

式中：$Z = \sqrt{R^2 + (\omega L)^2}$；$\alpha \leq \omega t \leq \alpha + \theta$；$\theta$ 为晶闸管的导通角。

利用边界条件：$\omega t = \theta$ 时，晶闸管关断 $i_2 = 0$，可以求出

$$\sin(\alpha + \theta - \varphi) = \sin(\alpha - \varphi)\mathrm{e}^{\frac{-\theta}{\tan\varphi}} \tag{4-6}$$

以 φ 为参变量，利用式（4-6）可以将 α 和 θ 之间的关系用一簇曲线表示，如图 4.4 所示。

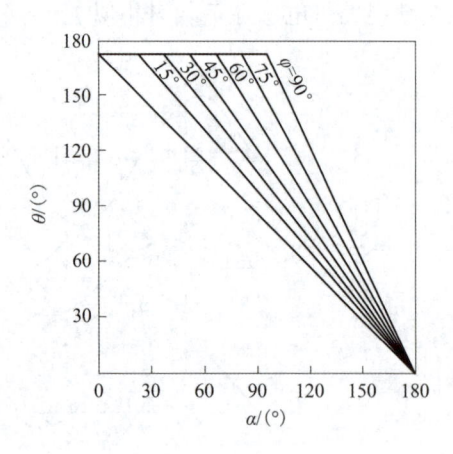

图 4.4　以 φ 为参变量时导通角 θ 与控制角 α 的关系

由图 4.4 可见，当 $\alpha > \varphi$ 时，$\theta < 180°$，负载电路处于电流断续状态；当 $\alpha = \varphi$ 时，$\theta = 180°$，电流处于临界连续状态；当 $\alpha < \varphi$ 时，θ 仍维持 $180°$，电路已不起调压作用。

（1）当 $\alpha > \varphi$ 时，由图 4.4 可知，i_2 的导通角 $\theta < 180°$，正负半波电流断续。α 越大，θ 越小，波形断续越严重。

（2）当 $\alpha = \varphi$ 时，由式（4-6）可以计算出每个晶闸管的导通角 $\theta = 180°$。相当于两个晶闸管轮流被短接，正负半周电流处于临界连续状态，输出完整的正弦波。负载上获得最

大功率，此时电流波形滞后电压 $\varphi(=\alpha)$。

（3）当 $\alpha<\varphi$ 时，输出电流波形如图 4.5 所示。此种情况若开始给 VT_1 管以触发脉冲，VT_1 管导通，则由式（4-6）可知，VT_1 的导通角 $\theta>180°$。如果触发脉冲为窄脉冲，当 u_{g2} 出现时，VT_1 管的电流还未到零，VT_1 管关不断，VT_2 管不能导通。当 VT_1 管电流到零关断时，u_{g2} 脉冲已消失，此时 VT_2 管虽已受正压，但也无法导通。到第三个半波时，u_{g1} 又触发 VT_1 导通。这样负载电流只有正半波部分，出现很大直流分量，电路不能正常工作。

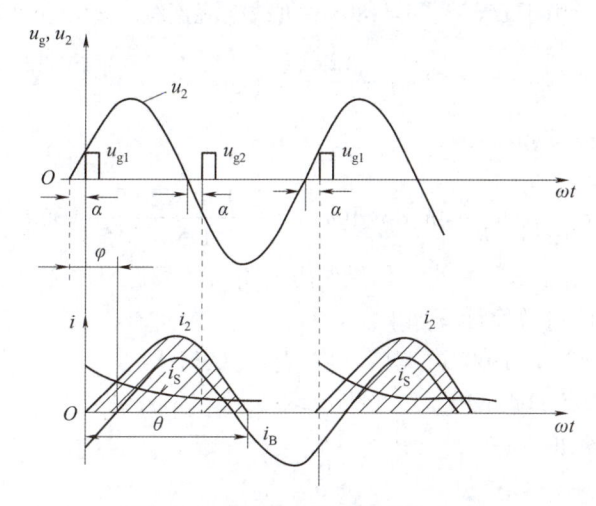

图 4.5 $\alpha<\varphi$ 窄脉冲时的电流波形

综上所述，单相交流调压有以下特点。

（1）电阻性负载时，负载电流波形与单相桥式可控整流交流侧电流波形一致。改变触发延迟角 α 可以连续改变负载电压有效值，达到交流调压的目的。单相交流调压的触发电路完全可以套用可控整流触发电路。

（2）电感性负载时，不能用窄脉冲触发；否则当 $\alpha<\varphi$ 时，会出现一个晶闸管无法导通，产生很大直流电流分量，烧毁熔断器或晶闸管。

（3）电感性负载时，最小触发延迟角 $\alpha_{min}=\varphi$（阻抗角），所以 α 的移相范围为 $\varphi\sim180°$，电阻性负载时移相范围为 $0°\sim180°$。

在图 4.1 所示的电路中，R_P 和 C 为充放电定时元件，当 C 两端电压充电到单结晶体管 VT 的峰点电压时，单结晶体管导通，输出尖脉冲，通过脉冲变压器使双向晶闸管触发导通。当改变 R_P 时可以改变脉冲产生的时刻，从而改变晶闸管的导通角，达到调节交流输出电压的目的。

例题 由晶闸管反并联组成的单相交流调压器，电源电压有效值 $U_o=2\,000\,\text{V}$。

（1）电阻性负载时，阻值在 1.5~2.5 Ω 范围变化，预期最大的输出功率为 1 600 kW，计算晶闸管所承受电压的最大值以及输出最大功率时晶闸管电流的平均值和有效值。

（2）如果负载为电感性负载，$R=2\,\Omega$，$\omega L=1.5\,\Omega$，求触发延迟角范围和最大输出电流的有效值。

解：（1）电阻性负载时：

①当 $R=2.5\,\Omega$ 时，如果触发延迟角 $\alpha=0°$，负载电流的有效值为

$$I_o = \frac{U_o}{R} = \frac{2\,000}{2.5} = 800(\text{A})$$

此时最大输出功率 $P_o = I_o^2 R = 800^2 \times 2.5 = 1\,600(\text{kW})$，满足要求。
流过晶闸管电流的有效值 I_{VT} 为

$$I_{VT} = \frac{I_o}{2} = \frac{800}{2} = 400(\text{A})$$

输出最大功率时，由于 $\alpha = 0°$、$\theta = 180°$，负载电流连续，所以负载电流的瞬时值为

$$i_o = \frac{\sqrt{2}\,U_o}{R}\sin(\omega t)$$

此时晶闸管电流的平均值为

$$I_{dt} = \frac{1}{2\pi}\int_0^\pi \frac{\sqrt{2}\,U_o}{R}\sin(\omega t)\,d(\omega t) = \frac{1.414 \times 2\,000}{3.141\,5 \times 2.5} = 360(\text{A})$$

② $R = 1.5\,\Omega$ 时，由于电阻减小，如果调压电路向负载送出原先规定的最大功率保持不变，则此时负载电流的有效值计算如下。
由 $P_o = I_o^2 R = 800^2 \times 2.5 = 1\,600(\text{kW})$，得到 $I_o = 1\,033(\text{A})$。
因为 I_o 大于 $R = 2.5\,\Omega$ 时的电流，所以 $\alpha > 0°$。
晶闸管电流的有效值为

$$I_{VT} = \frac{I_o}{2} = \frac{1\,033}{2} = 516.5(\text{A})$$

③加在晶闸管上正、反向最大电压为电源电压的最大值，即 $\sqrt{2} \times 2\,000 = 2\,828.4(\text{A})$
(2) 电感性负载时，功率因数角为

$$\varphi = \arctan\frac{\omega L}{R} = \arctan\frac{1.5}{2} = \frac{\pi}{5}$$

故触发延迟角的范围为 $\frac{\pi}{5} \leq \alpha \leq \pi$。

最大电流发生在 $\alpha = \varphi = \frac{\pi}{4}$ 处，负载电流为正弦波，其有效值为

$$I_o = \frac{U_o}{\sqrt{R^2 + (\omega L)^2}} = \frac{2\,000}{\sqrt{2^2 + 1.5^2}} = 800(\text{A})$$

任务实施

（1）分析电阻性负载的单相交流调压电路的结构和工作原理。

（2）分析电感性负载的单相交流调压电路的结构和工作原理。

任务评价

1. 小组互评

小组互评任务验收单

任务名称	电阻性负载的单相交流调压电路的电路图和输出电压波形分析	验收结论	
验收负责人		验收时间	
验收成员			
任务要求	设计电阻性负载的单相交流调压电路的电路图。请根据任务要求绘制电阻性负载的单相交流调压电路的电路图,分析输出电压波形		
实施方案确认			
文档接收清单	接收本任务完成过程中涉及的所有文档			
	序号	文档名称	接收人	接收时间
验收评分	配分表			
	评价标准		配分	得分
	能够正确列出电阻性负载的单相交流调压电路中用到的电气元件。每处错误扣5分,扣完为止		20分	
	能够正确画出电阻性负载的单相交流调压电路中电气元件的电气符号。每处错误扣5分,扣完为止		30分	
	能够正确画出电阻性负载的单相交流调压电路的电路图。每处错误扣5分,扣完为止		30分	
	能够正确分析电阻性负载的单相交流调压电路输出电压的波形。描述不完整或错误不给分		20分	
效果评价				

2. 教师评价

教师评价任务验收单

任务名称	电阻性负载的单相交流调压电路的电路图和输出电压波形分析	验收结论	
验收负责人		验收时间	
验收成员			
任务要求	设计电阻性负载的单相交流调压电路的电路图。请根据任务要求绘制电阻性负载的单相交流调压电路的电路图,分析输出电压波形		

续表

实施方案确认				
文档接收清单	接收本任务完成过程中涉及的所有文档			
	序号	文档名称	接收人	接收时间
验收评分	配分表			
	评价标准		配分	得分
	能够正确列出电阻性负载的单相交流调压电路中用到的电气元件。每处错误扣5分，扣完为止		20分	
	能够正确画出电阻性负载的单相交流调压电路中电气元件的电气符号。每处错误扣5分，扣完为止		30分	
	能够正确画出电阻性负载的单相交流调压电路的电路图。每处错误扣5分，扣完为止		30分	
	能够正确分析电阻性负载的单相交流调压电路输出电压的波形。描述不完整或错误不给分		20分	
效果评价				

拓展训练

（1）在单相交流调压电路中，负载为电阻性时移相范围是_____，负载是阻感性时移相范围是_____。

（2）单相交流调压只适用于_____负载和_____的应用场所。

（3）对于电感性负载的单相交流调压电路，晶闸管的导通角 θ 的大小不但与_____有关，而且与_____有关。

（4）简述单相交流调压电路的特点。

任务4.2　三相交流调压电路的分析

任务目标

[知识目标]

- 掌握三相交流调压电路常用的3种接线方式的工作原理。

[技能目标]
- 掌握三相交流调压电路的应用。

[素养目标]
- 具有良好的职业道德和职业素养。
- 具有质量意识、环保意识、安全意识、信息素养、工匠精神和创新思维。

知识链接

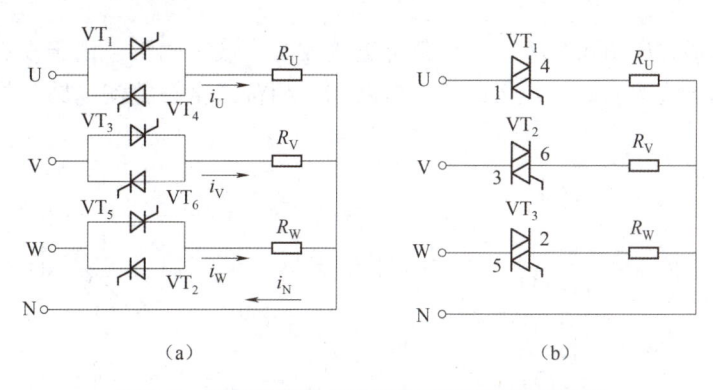

知识点1　星形连接带中性线的三相交流调压电路

单相交流调压只适用于单相负载和中、小容量的应用场合。三相交流调压通常适用于三相负载和大容量交流调压的场合。三相调压电路有多种组成形式，下面介绍较常用的3种接线形式。

带中性线的三相交流调压电路实际上是3个单相交流调压电路的组合，如图4.6所示。其工作原理和波形分析也与单相交流调压电路相同。其中图4.6（a）采用单向晶闸管形式；图4.6（b）采用双向晶闸管形式。由于所用元件少、触发电路简单，因而以图4.6（a）所示电路为例进行分析。从图中可以看出，晶闸管的导通顺序为$VT_1 \to VT_2 \to VT_3 \to VT_4 \to VT_5 \to VT_6$，触发脉冲间隔为60°。由于有中性线，所以不需要采用双窄脉冲或宽脉冲触发。

三相交流调压电路

图4.6　星形连接带中性线的三相交流调压电路
(a) 单向晶闸管形式；(b) 双向晶闸管形式

在三相正弦交流电路中，由于各相电流相位互差120°，因此中性线的电流为零。在交流调压电路中，每相负载电流为正负对称的缺角正弦波，这包含较大的奇次谐波电流，主要是3次谐波电流。而且各相的3次谐波电流之间并没有相位差，因此中性线的电流为一相3次谐波电流的3倍。特别是，当$\alpha = 90°$时3次谐波电流最大，中性线电流近似为额定相电流。当三相不平衡时，中性线电流更大，这种电路要求中性线的截面较大。如果电源变压器为三柱式，则3次谐波磁通不能在铁芯中形成通路，会出现较大的漏磁通，引起变压器的发热和噪声，对线路和电网均带来干扰。因此，这种电路的应用有一定局限性。

知识点 2 晶闸管与负载连接成内三角形的三相交流调压电路

该电路接线形式如图 4.7 所示，这种电路实际上也是由 3 个单相交流调压电路组合而成的。其优点是由于晶闸管串接在三角形内部，流过晶闸管的电流是相电流，故在同样线电流情况下，晶闸管的电流容量可以降低。其线电流中无 3 的倍数次谐波分量，对外干扰较小。缺点是负载必须能拆成 3 部分，因而应用范围有一定局限性。

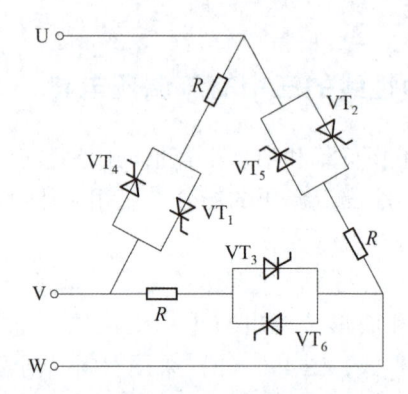

图 4.7 晶闸管与负载连接成内三角形的三相交流调压电路

知识点 3 用 3 对反并联晶闸管连接成的三相三线交流调压电路

该电路接线形式如图 4.8 所示，负载可连接成星形或三角形。由于没有零线，每相电流必须和另一相电流构成回路，因此触发电路和三相桥式全控整流电路一样，需采用宽脉冲或双窄脉冲。

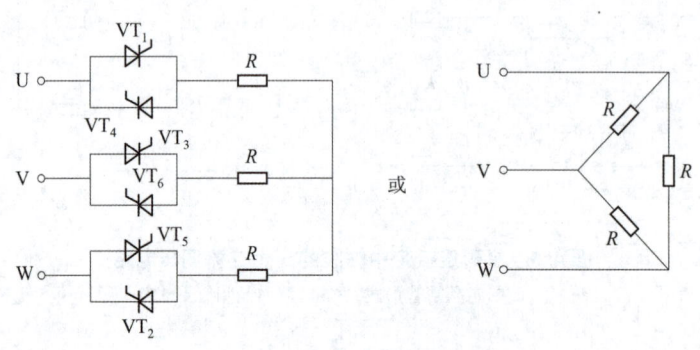

图 4.8 三相三线交流调压电路

下面以星形连接的电阻负载为例进行分析。
1. 触发延迟角 $\alpha = 0°$

$\alpha = 0°$ 即在相应的每相电压过零处给晶闸管施加触发脉冲，这就相当于将 6 个晶闸管换成 6 个整流二极管，因而三相正、反向电流都畅通，相当于一般的三相交流电路。各相的电流为

$$i = \frac{u_2}{R} \tag{4-7}$$

电路中晶闸管的导通顺序为 VT$_1$→VT$_2$→VT$_3$→VT$_4$→VT$_5$→VT$_6$。触发电路的脉冲间隔为 60°，每管导通角 θ = 180°，除过零换流点外，任何时刻都有两个晶闸管导通。

2. 触发延迟角 α = 60°

触发延迟角 α = 60°时 U 相晶闸管导通情况与电流波形如图 4.9 所示。

ωt_1 时刻触发晶闸管 VT$_1$ 导通，VT$_1$ 与 VT$_6$ 构成电流回路，此时在线电压 u_{UV} 作用下，U 相电流为

$$i_U = \frac{u_{UV}}{2R} \tag{4-8}$$

ωt_2 时刻，晶闸管 VT$_2$ 被触发导通，VT$_1$ 与 VT$_2$ 构成电流回路，此时在线电压 u_{UW} 作用下，U 相电流为

$$i_U = \frac{u_{UW}}{2R} \tag{4-9}$$

ωt_3 时刻，晶闸管 VT$_3$ 被触发导通，VT$_1$ 关断，VT$_4$ 管还未导通，所以 $i_U = 0$ A。

ωt_4 时刻，晶闸管 VT$_4$ 被触发导通，i_U 在 u_{UV} 电压的作用下，经 VT$_3$ 与 VT$_4$ 管构成电流回路。

同理，在 $\omega t_5 \sim \omega t_6$ 期间，u_{UW} 电压经过 VT$_4$、VT$_5$ 构成电流回路，i_U 电流波形如图 4.9 中断面线所示。同理分析可得到 i_V、i_W 波形，其波形与 i_U 相同，只是相位互差 120°。

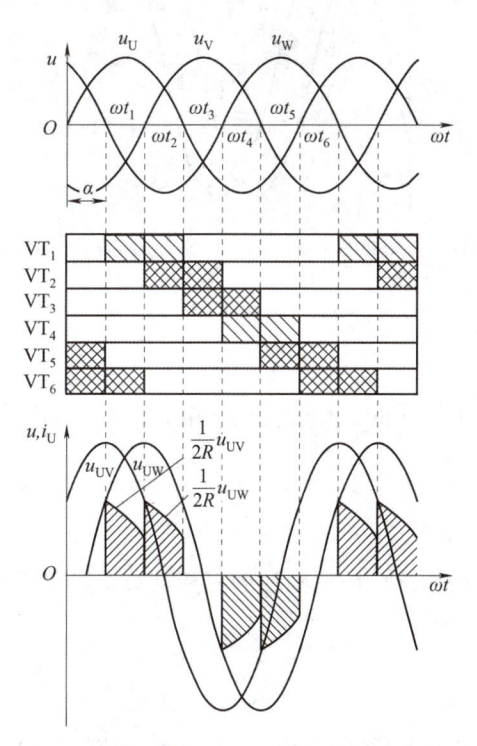

图 4.9 触发延迟角 α = 60°时的波形和晶闸管导通情况

3. 触发延迟角 α = 120°

图 4.10 所示为 α = 120°时的波形和晶闸管导通情况。当 ωt_1 时刻触发晶闸管 VT$_1$ 导通

时，VT_1 与 VT_6 构成电流回路，导通到 ωt_2 时，由于 u_{UV} 电压过零反向，迫使 VT_1 关断，VT_1 先导通了 30°。当 ωt_3 时刻，VT_2 被触发导通，此时由于采用了脉宽大于 60°的宽脉冲或双窄脉冲触发方式，故 VT_1 仍有脉冲触发。此时在线电压 u_{UW} 的作用下，经 VT_1、VT_2 构成回路，使 VT_1 又重新导通 30°。从图 4.10 可见，当 α 增大至 150°时，$i_U = 0$ A。故电阻负载时电路的移相范围为 0°~150°，导通角 $\theta = 180° - \alpha$。

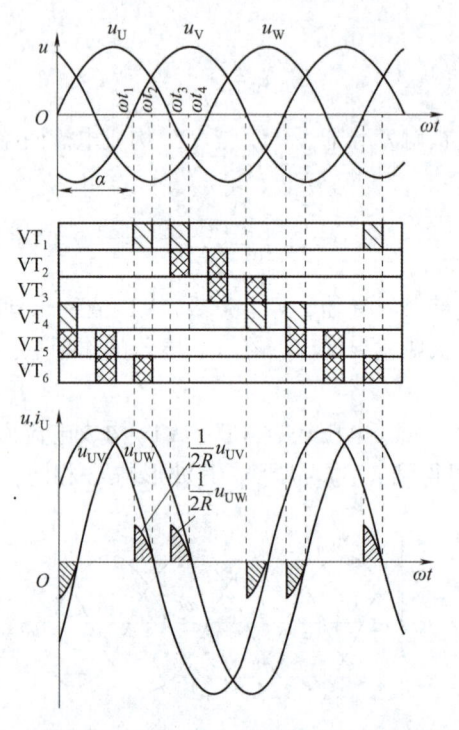

图 4.10 触发延迟角 $\alpha = 120°$ 时的波形和晶闸管导通情况

任务实施

（1）分析星形连接带中性线的三相交流调压电路的结构和工作原理。

（2）分析晶闸管与负载连接成内三角形的三相交流调压电路的结构和特点。

（3）分析用 3 对反并联晶闸管连接成的三相三线交流调压电路的结构和特点。

项目 4　交流调压电路的分析与调试

任务评价

1. 小组互评

小组互评任务验收单

任务名称	用 3 对反并联晶闸管连接成的三相三线交流调压电路和输出电压波形分析		验收结论	
验收负责人			验收时间	
验收成员				
任务要求	设计用 3 对反并联晶闸管连接成的三相三线交流调压电路的电路图。请根据任务要求绘制用 3 对反并联晶闸管连接成的三相三线交流调压电路的电路图，分析输出电压波形			
实施方案确认				
文档接收清单	接收本任务完成过程中涉及的所有文档			
	序号	文档名称	接收人	接收时间
验收评分	配分表			
	评价标准		配分	得分
	能够正确列出用 3 对反并联晶闸管连接成的三相三线交流调压电路中用到的电气元件。每处错误扣 5 分，扣完为止		20 分	
	能够正确画出用 3 对反并联晶闸管连接成的三相三线交流调压电路中电气元件的电气符号。每处错误扣 5 分，扣完为止		30 分	
	能够正确画出用 3 对反并联晶闸管连接成的三相三线交流调压电路的电路图。每处错误扣 5 分，扣完为止		30 分	
	能够正确分析用 3 对反并联晶闸管连接成的三相三线交流调压电路的输出电压波形。描述不完整或错误不给分		20 分	
效果评价				

2. 教师评价

教师评价任务验收单

任务名称	用 3 对反并联晶闸管连接成的三相三线交流调压电路和输出电压波形分析	验收结论	
验收负责人		验收时间	
验收成员			
任务要求	设计用 3 对反并联晶闸管连接成的三相三线交流调压电路的电路图。请根据任务要求绘制用 3 对反并联晶闸管连接成的三相三线交流调压电路的电路图，分析输出电压波形		

125

续表

实施方案确认	
文档接收清单	接收本任务完成过程中涉及的所有文档 	序号	文档名称	接收人	接收时间	 |---|---|---|---| | | | | | | | | | | | | | | |
验收评分	配分表 | 评价标准	配分	得分 | |---|---|---| | 能够正确列出用3对反并联晶闸管连接成的三相三线交流调压电路中用到的电气元件。每处错误扣5分，扣完为止	20分	| | 能够正确画出用3对反并联晶闸管连接成的三相三线交流调压电路中电气元件的电气符号。每处错误扣5分，扣完为止	30分	| | 能够正确画出用3对反并联晶闸管连接成的三相三线交流调压电路的电路图。每处错误扣5分，扣完为止	30分	| | 能够正确分析3对反并联晶闸管连接成的三相三线交流调压电路的输出电压波形。描述不完整或错误不给分	20分	|
效果评价	

拓展训练

（1）带中性线的三相交流调压电路实际上是3个_____电路的组合。用3对反并联晶闸管连接成三相三线交流调压电路的负载可连接成_____。

（2）三相交流调压通常适用于_____负载和_____的场合。

（3）星形连接带中性线的三相交流调压电路，不需要采用_____脉冲或_____脉冲触发。

（4）简述晶闸管与负载连接成内三角形的三相交流调压电路的优、缺点。

任务4.3　其他交流电力控制电路

任务目标

[知识目标]

- 掌握晶闸管交流开关的形式、特点和应用。

[技能目标]
- 掌握交流调功电路以及固态交流开关的应用。

[素养目标]
- 具有良好的职业道德和职业素养。
- 具有质量意识、环保意识、安全意识、信息素养、工匠精神和创新思维。

知识链接

知识点 1　晶闸管交流开关

晶闸管交流开关是将两个反并联的单向晶闸管串入交流电路中，替代传统的机械开关对电路进行通断控制。晶闸管交流开关是以其门极中毫安级的触发电流来控制其阳极中几安至几百安电流通断的装置。交流开关的工作特点：晶闸管在承受正向电压时触发导通，而在电压过零或承受反向电压时自然关断。

图 4.11 所示为晶闸管交流开关的几种基本形式。图 4.11（a）是普通晶闸管反并联形式。当开关 Q 闭合时，两个晶闸管均以管子本身的阳极电压作为触发电压进行触发，这种触发属于强触发。对要求大触发电流的晶闸管也能可靠触发。随着交流电源的正负交变，两管轮流导通，在负载上得到基本为正弦波的电压。图 4.11（b）所示为双向晶闸管交流开关，双向晶闸管工作于 I$_+$、Ⅲ$_-$触发方式，这种线路比较简单，但其工作频率低于反并联电路。图 4.11（c）所示为带整流桥的晶闸管交流开关。该电路只用一个普通晶闸管，且晶闸管不受反压，其缺点是串联元件多、压降损耗较大。

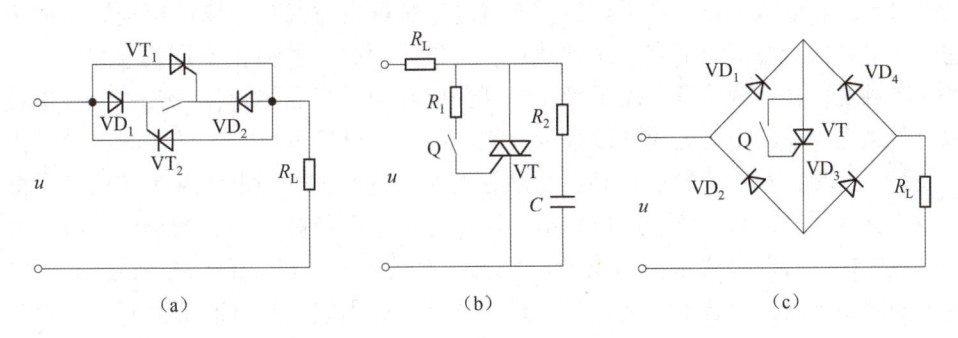

图 4.11　晶闸管交流开关的几种基本形式

图 4.12 所示为晶闸管交流开关的一个应用电路（自动温控电热炉电路）。图中采用双向晶闸管替代传统的交流接触器，与 KT 温控仪配合，实现三相电热炉的温度自动控制。当开关 Q 拨至"自动"位置时，温控仪 KT 可以自动控制晶闸管的通断，使炉温自动保持在设定温度上。如果炉温低于设定温度，温控仪常开（动合）触点 KT 闭合，晶闸管 VT$_4$ 被触发，继电器 KA 得电，使 VT$_1$~VT$_3$ 导通，负载电阻 R$_L$ 发热使炉温升高，同时运行指示灯亮。当炉温升至设定温度时，温控仪 KT 的控制触点断开，晶闸管 VT$_4$ 关断，继电器 KA 失电，VT$_1$~VT$_3$ 关断，停止加热，同时停止指示灯亮。待炉温降至设定温度以下时，再次加热。如此反复，则炉温被控制在设定温度附近的小范围内。各双向晶闸管都用一只电阻构成强触发电路。

晶闸管交流开关的应用

电阻阻值的大小可由实验确定，该值以使双向晶闸管两端交流电压减到 2~5 V 为宜，通常为 30 Ω~3 kΩ。当开关 Q 拨至"手动"位置时，继电器 KA 得电，主电路中三相强触发电路工作，VT_1~VT_3 导通，电路一直处于加热状态，须由人工控制按钮 SB 来调节温度。

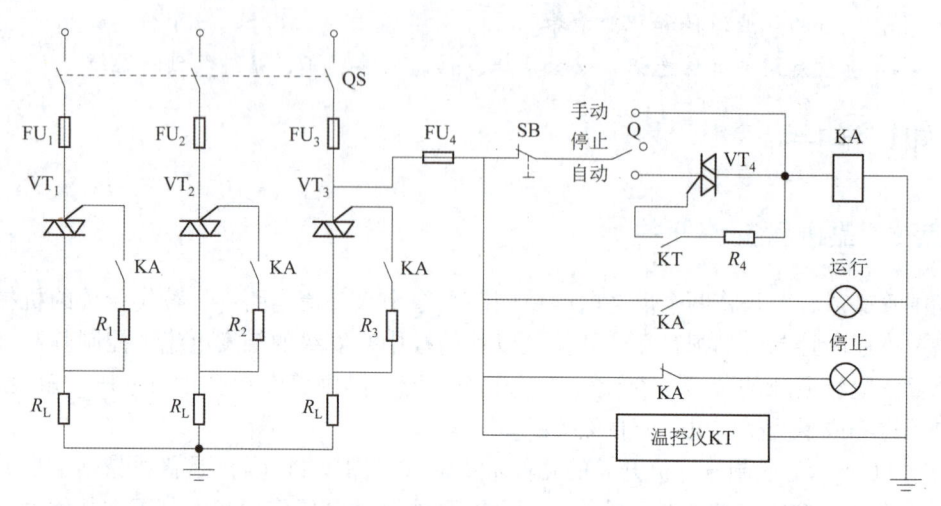

图 4.12　自动温控电热炉电路

知识点 2　交流调功电路及控制

前面介绍的可控整流电路以及各种交流调压电路采用的是移相触发控制，是通过改变触发脉冲的相位来控制晶闸管的导通时刻，从而使负载得到所需的电压。这种控制方式的优点是输出电压和电流可连续平滑调节。缺点是这种触发方式使电路中出现缺角的正弦波形，它包含着高次谐波。为了克服这种缺点，可以采用另一种完全不同的触发方式——过零触发或零触发。过零触发是在晶闸管交流开关电路中，把晶闸管作为开关元件串接在交流电源与负载之间，以交流电源周波数为控制单位。在电源电压过零的瞬时（离零点 3°~5°内）使晶闸管受到触发而导通；利用晶闸管的擎住特性，仅当电流接近零时才关断，从而使负载能够得到完整的正弦波电压和电流。这样可以避免高次谐波的产生，减少开关对电源的电磁干扰。所以在要求调节交流电压或功率的场合，可以利用晶闸管的开关特性，在设定周期内将电路接通若干周波，然后再断开相应的周波。通过改变晶闸管在设定周期内通断时间的比例，即可达到调节负载两端电压的目的，即达到调节负载功率的目的。这种装置又称为晶闸管过零调功器或周波控制器。

设单相交流电路为电阻负载，单相交流调功的基本电路及输出波形分别如图 4.13 和图 4.14 所示（图 4.14 中不同百分数代表在设定运行周期内导通的周波数的百分比）。

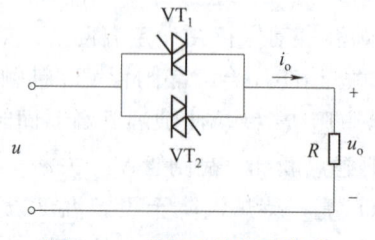

图 4.13　单相交流调功电路

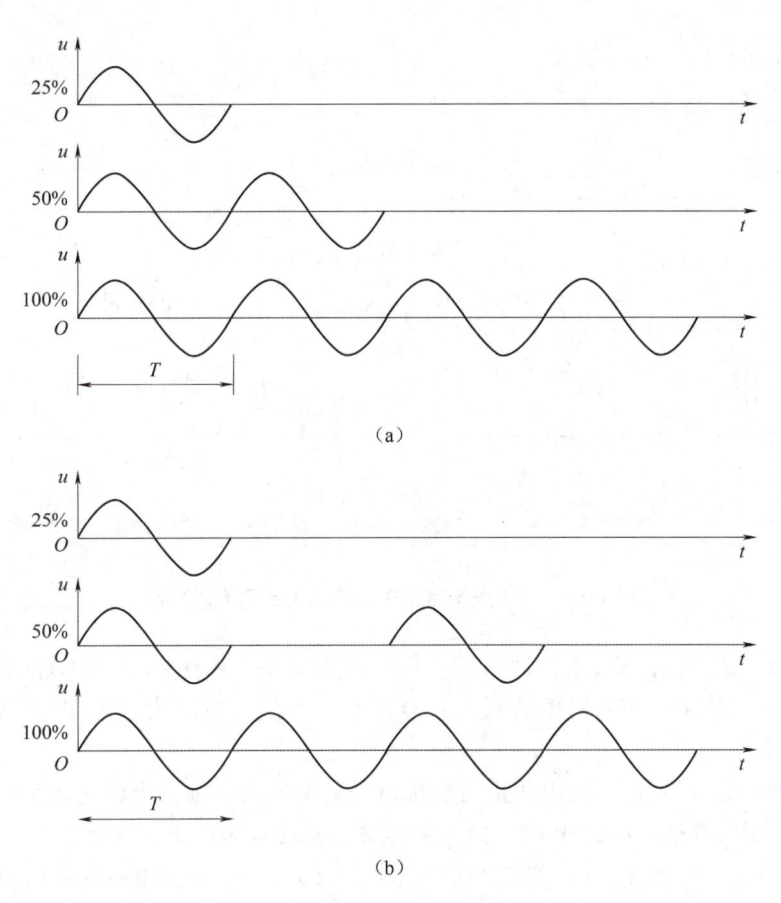

图 4.14 过零触发电压输出波形
(a) 全周波连续式；(b) 全周波断续式

根据调功控制策略的不同，输出波形有全波连续式和全波断续式两种。如设定运行周期 T_c 内的周波数为 n，每个周波的频率为 50 Hz，周期为 T（20 ms），则调功器的输出功率 P_o 为

$$P_o = \frac{n \cdot T}{T_c} P_N \tag{4-10}$$

调功器输出电压的有效值为

$$U = \sqrt{\frac{n \cdot T}{T_c}} U_N \tag{4-11}$$

P_N 与 U_N 为设定运行周期 T_c 内全导通时装置的输出功率与电压有效值。因此，改变导通周波数 n 即可改变电压和功率。

图 4.15 所示为晶闸管交流调功器的应用电路。调功器可以用双向晶闸管，也可以用两个普通晶闸管反并联连接，该电路采用全波连续式的过零触发电路。触发电路由锯齿波产生、信号综合、直流开关、过零脉冲触发与同步电压 5 个环节组成，工作原理如下。

(1) 锯齿波是由单结晶体管 VT_8 和 R_1、R_2、R_3、RP_1 以及 C_1 组成的弛张振荡器产生的，经射极跟随器（VT_1、R_4）输出。其波形如图 4.16（a）所示。锯齿波的底宽对应着一

现代电力电子技术及应用

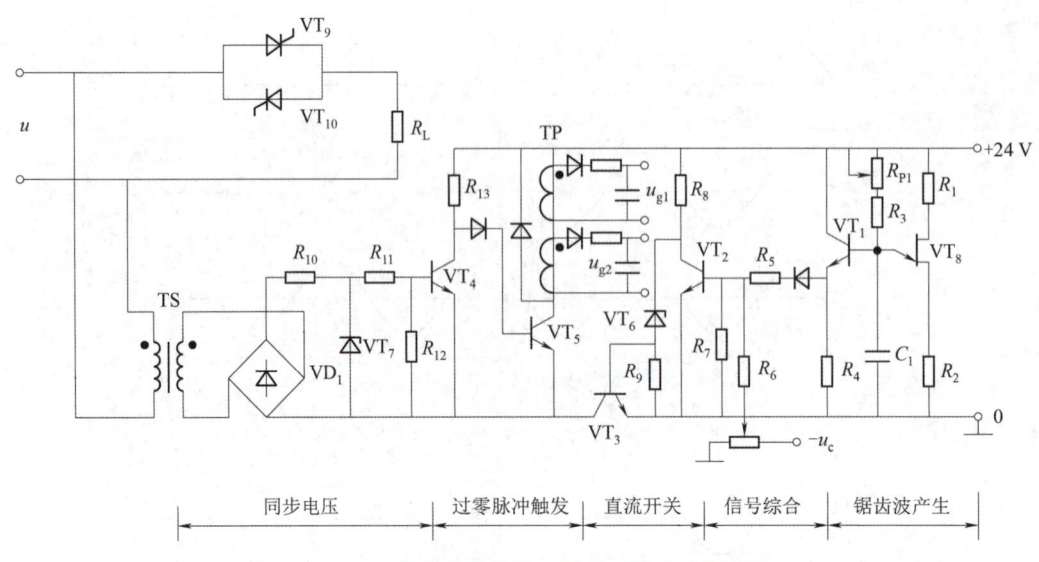

图 4.15 过零触发电路控制的晶闸管交流调功器

定的时间间隔。调节电位器 R_{P1}，即可改变锯齿波的斜率。由于单结晶体管的分压比一定，故电容 C_1 放电电压也一定，斜率的减小就意味着锯齿波底宽增大，即 T_c 增大，反之底宽减小即 T_c 减小。

（2）控制电压 u_c 与锯齿波电压进行叠加后送到 VT_2 的基极，合成电压为 u_s。当 $u_s>0$ V（0.7 V）时，VT_2 导通；$u_s<0$ V 时，则 VT_2 截止，如图 4.16（b）所示。

（3）由 VT_2、VT_3 及 R_8、R_9、VT_6 组成一个直流开关。当 VT_2 的基极电压 $U_{be2}>0$ V（0.7 V）时，VT_2 导通，U_{be3} 接近零电位，VT_3 管截止，直流开关阻断。当 $U_{be2}<0$ V 时，VT_2 截止，由 R_8、VT_6 和 R_9 组成的分压电路使 VT_3 导通，直流开关导通，输出 24 V 直流电压，VT_3 通断时刻如图 4.16（c）所示。VT_6 为 VT_3 基极提供一个阈值电压，使 VT_3 导通时，VT_2 更可靠地截止。

（4）过零脉冲触发。由同步变压器 TS、整流桥 VD_1、R_{10}、R_{11} 及 VT_7 组成一个削波同步电源，其波形如图 4.16（d）所示。此电源与直流开关的输出电压共同控制 VT_4 和 VT_5。只有在直流开关导通期间，VT_4、VT_5 的集电极和发射极之间才有工作电压，两管子才能进行工作。在此期间，同步电压每次过零时，VT_4 截止，其集电极输出一个正电压，使 VT_5 由截止变为导通，经过脉冲变压器输出触发脉冲，如图 4.16（e）所示，此脉冲使晶闸管导通。在直流开关导通期间，使输出连续的正弦波如图 4.16（f）所示。

增大控制电压 u_c，便可增加直流开关 VT_3 导通的时间，也就增加了设定周期 T_c 内的导通周波数，从而增加了输出平均功率。

过零脉冲触发虽然没有移相触发时的高频干扰问题，但其通断频率比电源频率低，特别是当通断比太小时，会出现低频干扰，使照明出现人眼能觉察到的闪烁、电表指针的摇摆等。所以，调功器通常用于热惯性较大的电热负载。

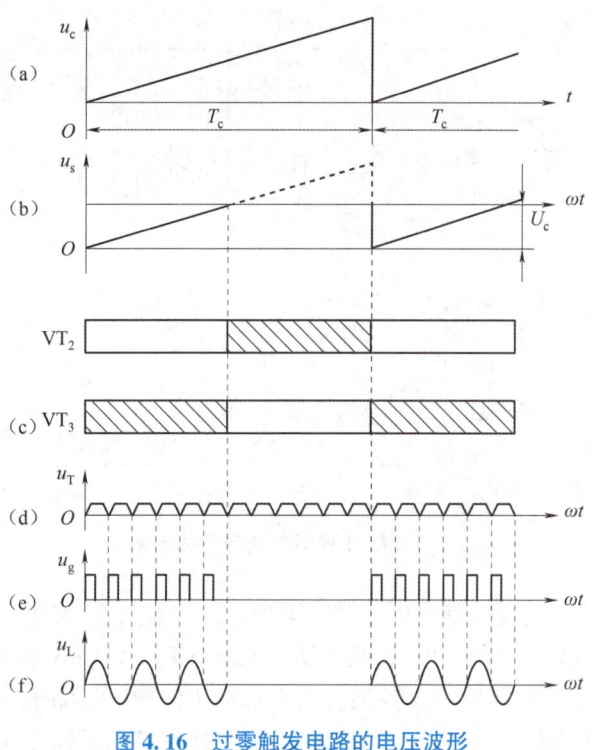

图 4.16 过零触发电路的电压波形

知识点 3　固态交流开关

固态交流开关也称为固态继电器或固态接触器,它是以双向晶闸管为基础构成的无触点通断电子开关,是一种 4 端有源器件,其中两个端子为输入控制端,另外两个端子为输出受控端。为实现输入与输出之间的电气隔离,器件采用了高耐压的专用光耦合器。当施加输入信号后,其主电路是导通状态,无信号时呈阻断状态。整个器件无可动部件及触点,实现了相当于电磁继电器一样的功能。固态交流开关一般采用环氧树脂封装,具有体积小、工作频率高的特点,适用于频繁工作或潮湿、有腐蚀性及易燃的环境中。

图 4.17 所示为 3 种固态交流开关电路。1、2 为固态交流开关输入端,3、4 为固态交流开关输出端。图 4.17(a)所示为光电双向二极管耦合器非零电压开关。1、2 端输入信号时,光电双向二极管耦合器 B 导通,经 3-R_2-B-R_3-4 形成回路,R_3 提供双向晶闸管 VT_Z 的触发信号,以 I$_+$、Ⅲ$_-$方式触发。这种电路在 1、2 端输入信号时,在交流电源的任意相位均可触发导通,称为非零电压开关。

图 4.17(b)所示为光电双向晶闸管耦合器零电压开关。1、2 端输入信号,且光控晶闸管门极不短接时耦合器 B 导通,经 3-VD_4-B-VD_1-R_4-4 或 4-R_4-VD_3-B-VD_2-3 形成回路,由 R_4 上的电压降提供 VT_Z 门极电流,使 VT_Z 导通。由 R_3、R_2、VT_1 组成零电压开关功能电路,当电源电压过零时 VT_1 才会截止,耦合器 B 中的光控晶闸管门极才不会短接。当电源电压过零同时 1、2 端有控制信号时,光控晶闸管才导通,才可以触发 VT_Z 导通。而当 1、2 端无控制信号时,光控晶闸管不能导通,双向晶闸管 VT_Z 零电流时关断。

图 4.17(c)所示为光电晶体管耦合器零电压开关,是零电压接通与零电流断开的理

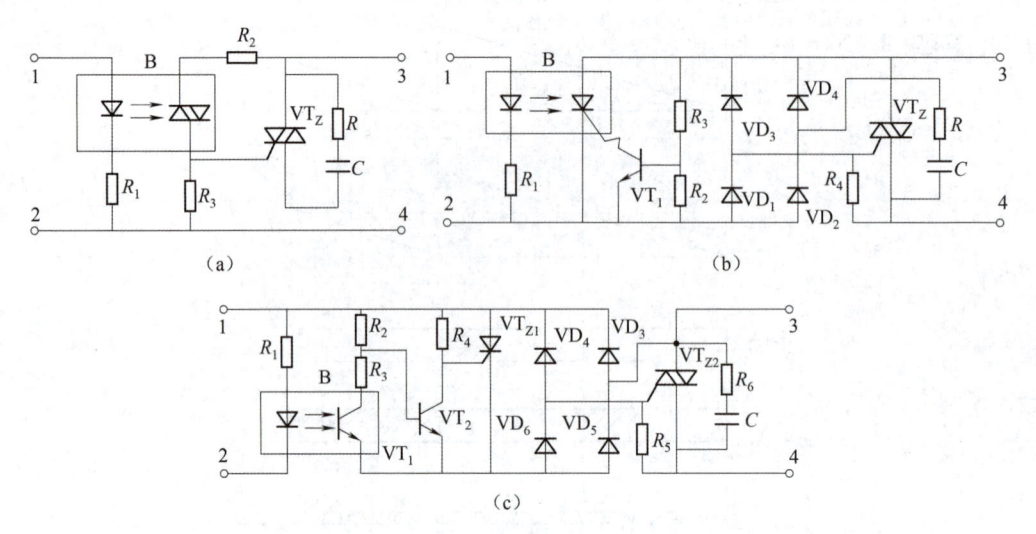

图 4.17 3种固态交流开关电路

想无触点开关。当1、2端输入信号时，VT_1阻值减小，使VT_2截止，VT_{Z1}通过R_4被触发导通，电源经$3-VD_3-VT_{Z1}-VD_6-R_5-4$或$4-R_5-VD_4-VT_{Z1}-VD_5-3$形成回路。由$R_5$上的电压降为$VT_{Z2}$提供触发信号，使$VT_{Z2}$导通。适当选取$R_2$、$R_3$的阻值，使交流电源的电压在接近零值附近时，$VT_2$截止。而当1、2端无输入信号时，$VT_1$截止，$VT_2$导通，$VT_{Z1}$截止，$R_5$两端无电压降，$VT_{Z2}$处于截止状态。因此，不论管子什么时候加上输入信号，开关只能在电压过零附近使VT_{Z1}、VT_{Z2}导通。

任务实施

（1）分析晶闸管交流开关的结构和工作原理。

（2）分析自动温控电热炉电路的工作原理。

（3）分析过零触发电路控制的晶闸管交流调功器的工作原理。

任务评价

1. 小组互评

小组互评任务验收单

任务名称	光电双向二极管耦合器非零电压开关的设计		验收结论	
验收负责人			验收时间	
验收成员				
任务要求	设计光电双向二极管耦合器非零电压开关的电路图。请根据任务要求绘制光电双向二极管耦合器非零电压开关的电路图,并分析其工作原理			
实施方案确认				
文档接收清单	接收本任务完成过程中涉及的所有文档			
	序号	文档名称	接收人	接收时间
验收评分	配分表			
	评价标准		配分	得分
	能够正确列出光电双向二极管耦合器非零电压开关的电路图中用到的电气元件。每处错误扣 5 分,扣完为止		20 分	
	能够正确画出光电双向二极管耦合器非零电压开关的电路图中电气元件的电气符号。每处错误扣 5 分,扣完为止		30 分	
	能够正确画出光电双向二极管耦合器非零电压开关的电路图。每处错误扣 5 分,扣完为止		30 分	
	能够正确分析光电双向二极管耦合器非零电压开关的工作原理。描述不完整或错误不给分		20 分	
效果评价				

2. 教师评价

教师评价任务验收单

任务名称	光电双向二极管耦合器非零电压开关的设计	验收结论	
验收负责人		验收时间	
验收成员			
任务要求	设计光电双向二极管耦合器非零电压开关的电路图。请根据任务要求绘制光电双向二极管耦合器非零电压开关的电路图,并分析其工作原理		

续表

实施方案确认	
文档接收清单	接收本任务完成过程中涉及的所有文档 | 序号	文档名称	接收人	接收时间 | |---|---|---|---| | | | | | | | | | | | | | | | | | | | |
验收评分	配分表 | 评价标准	配分	得分 | |---|---|---| | 能够正确列出光电双向二极管耦合器非零电压开关的电路图中用到的电气元件。每处错误扣5分，扣完为止 | 20分 | | | 能够正确画出光电双向二极管耦合器非零电压开关的电路图中电气元件的电气符号。每处错误扣5分，扣完为止 | 30分 | | | 能够正确画出光电双向二极管耦合器非零电压开关的电路图。每处错误扣5分，扣完为止 | 30分 | | | 能够正确分析光电双向二极管耦合器非零电压开关的工作原理。描述不完整或错误不给分 | 20分 | |
效果评价	

拓展训练

（1）固态交流开关也称固态继电器或固态接触器。它是以_____为基础构成的无触点通断电子开关，是一种_____端有源器件。

（2）交流开关的工作特点：晶闸管在_____时触发导通，而在_____时自然关断。

（3）交流电压调节通常采用_____控制，交流调功和交流开关则主要采用_____控制方式。

（4）简述单相交流调压电路的工作原理。

小贴士

交流调压电路常用于灯光控制以及异步电动机的启动和调速，通过学习让学生意识到节能的重要性，培养学生的节能节俭意识、爱惜公共财产和不攀比的价值观。

项目总结

◆ 变压不变频的交流调压电路通常由晶闸管组成，用于调节输出电压的有效值。通过控制晶闸管在每一个电源周期内导通角的大小（相位控制）来调节输出电压的大小，可实现交流调压，也可用通断控制方式来实现。交流调压电路在每个电源周期都对输出电压波形进行控制。

◆ 交流调压电路的结构有单相交流电压控制器和三相交流电压控制器两种。单相交流电压控制器常用于小功率单相电动机控制、照明和电加热控制；三相交流电压控制器的输出是三相恒频变压交流电源，通常给三相交流异步电动机供电，实现异步电动机的变压调速，或作为异步电动机的启动器使用，其输出电压在异步电动机的启动、升速过程中逐渐上升，控制异步电动机的启动电流不超过允许值。晶闸管交流调压器具有体积小、质量轻的特点。其输出是交流电压，但它不是正弦波形，其谐波分量较大，功率因数也较低。

◆ 对大功率的交流调压电路，采用三相交流供电。三相交流调压电路有多种接线方式，本项目介绍了较常用的3种，即星形连接带中性线的三相交流调压电路、晶闸管与负载连接成内三角形的三相交流调压电路、用3对反并联晶闸管连接成的三相三线交流调压电路。

◆ 晶闸管交流开关是把晶闸管反并联后串入交流电路中，代替电路中的机械开关，起接通和断开电路作用的装置。其响应速度快、无触点、寿命长，可频繁控制通断。但通常没有明确的控制周期，只是根据需要控制电路的接通和断开，即不控制电路的平均输出功率，控制频度通常比交流调功电路低得多。

◆ 交流调功电路是将负载与交流电源接通几个周期，再断开几个周期，通过通断周波数的比值来调节负载所消耗的平均功率。

拓展强化

（1）对比说明交流调压的开关通断控制与相位控制的优、缺点。

（2）试述单相交流调压电路的工作原理。

（3）三相交流调压电路有哪几种常用的接线方式？

（4）交流调压电路和交流调功电路有什么区别？两者各运用于什么样的负载？

（5）图4.18所示为双向晶闸管零电压开关电路，试说明为什么VT_1管触发信号随机断开时，负载能够在电源电压波形过零点附近接通电源；VT_1管触发信号随机合上时，负载能够在电流过零点断开电源。

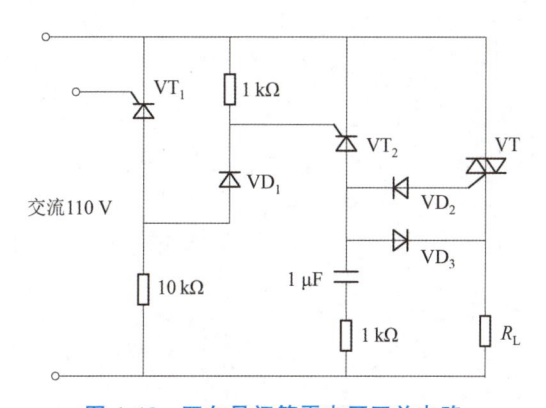

图4.18 双向晶闸管零电压开关电路

（6）图4.19所示为单相交流调压器电路，电源为工频220 V，阻感串联作为负载，$R=0.5\ \Omega$，$L=2\ mH$。试求：

①触发延迟角 α 的变化范围；
②负载电流的最大有效值；
③最大输出功率及此时电源侧的功率因数；
④当 α=π/2 时，晶闸管电流有效值、晶闸管导通角和电源侧功率因数。

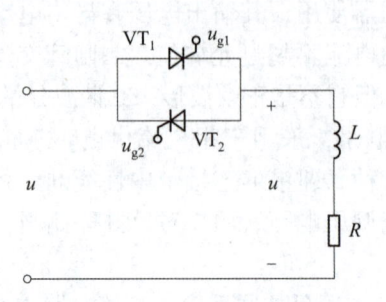

图 4.19 单相交流调压器电路

（7）由晶闸管反并联组成的单相交流调压器，电源电压有效值 U_o = 2 200 V。

①电阻负载时，阻值在 1.5~2.2 Ω 范围变化，预期最大的输出功率为 1 818.18 kW，计算晶闸管所承受电压的最大值以及输出最大功率时晶闸管电流的平均值和有效值。

②如果负载为电感性负载，R = 2.2 Ω，ωL = 2.2 Ω，求触发延迟角范围和最大输出电流的有效值。

项目 5

直流变换电路的分析与应用

引导案例

图 5.1 所示为 2 t 电动平板车定频调宽式调速装置，该电路是怎样工作的呢？

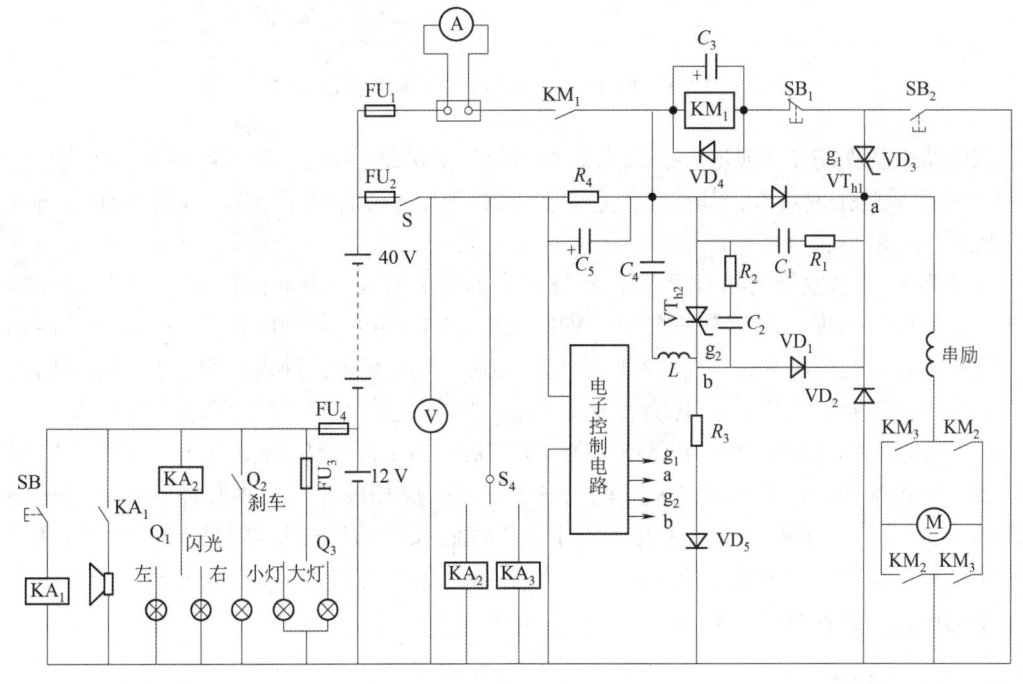

图 5.1　2 t 电动平板车定频调宽式调速电路

图中 VT_{h1} 为主晶闸管，起直流开关作用；VT_{h2} 为辅助晶闸管，是用来关断 VT_{h1} 的。首先合上开关 S，接触器 KM_2（或 KM_3）线圈得电，其常开（动合）触点闭合，同时接触器 KM_1 线圈也得电，其常开触点闭合后，电容 C_4→电感 L→二极管 VD_1→电动机 M 充电，极性为上正下负。主晶闸管 VT_{h1} 被触发导通后，电动机即得电启动。此时，由于 VD_1 的存在，C_1 尚不能放电。需要关断 VT_{h1} 时，触发 VT_{h2} 使其导通，电容 C_4→VT_{h2}→电感 L 放电，并反向充电，当流过 VT_{h2} 的电流为 0 时，VT_{h2} 关断，同时，VT_{h1} 因承受反向电压也关断。该电路 VT_{h1} 每秒导通次数不变，每次导通时间可调，即两晶闸管触发脉冲的频率固定不变，通过调节 VT_{h2} 导通时刻的早晚而完成调节，所以属于定频调宽式斩波调速。

图 5.2 所示为 2 t 电动平板车调速装置的电子控制电路。

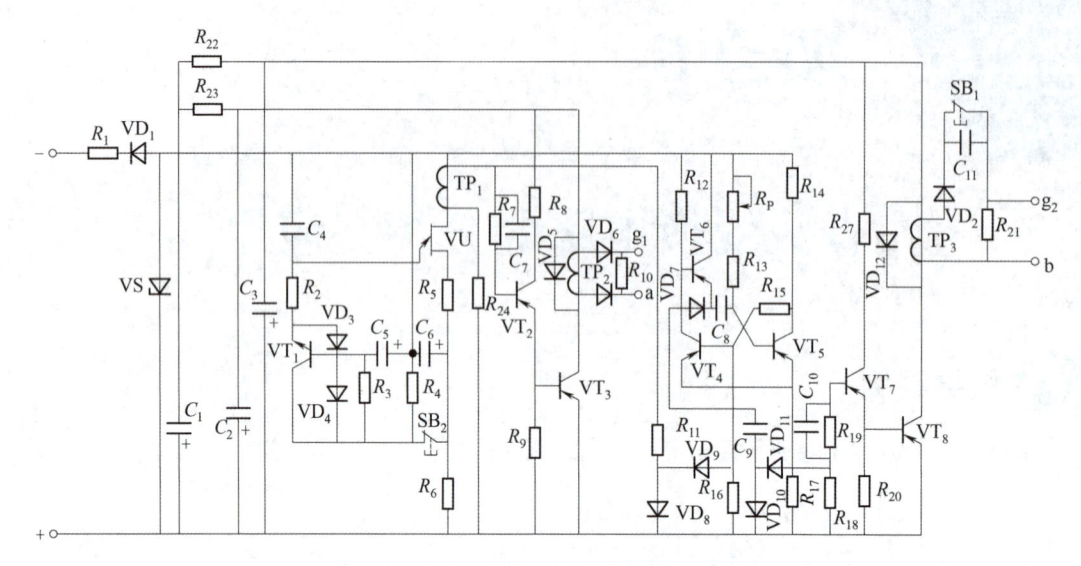

图 5.2　2 t 电动平板车调速装置的电子控制电路

该电路包括振荡器、延时器、放大器等部分。由单结晶体管 VU、电容 C_4、电阻 R_2 和 R_5 等元件组成弛张振荡器，其输出经脉冲变压器 TP_1 送到晶体管 VT_2、VT_3 放大，再经脉冲变压器 TP_2 输出去触发 VT_{h1}。

晶闸管 VT_{h2} 触发导通相对于 VT_{h1} 触发导通的滞后时间，由晶体管 VT_4、VT_5 等元件组成的单稳态电路实现。在稳态情况下，VT_4 截止，VT_5 导通。当由 TP_1 送来的负脉冲加到 VT_4 的基极时（此时晶闸管 VT_{h1} 导通），VT_4 导通、VT_5 截止，进入暂稳态，暂稳态时间的长短取决于时间常数电路——电位器 R_p、电阻 R_{13} 和电容 C_8 的值。经过一段延时，C_8 放电，使 VT_5 基射结正偏，于是电路恢复为 VT_4 截止、VT_5 导通的稳定状态。同时 VT_4 集电极送出一个负脉冲，此负脉冲经 C_9 耦合，VT_7、VT_8 反相放大，再由脉冲变压器 TP_3 输出触发信号，使 VT_{h2} 导通。VT_{h2} 触发相对于 VT_{h1} 触发的延时时间，即是 VT_{h1} 的导通时间，决定了脉冲的宽度。调节 R_p，就可以调节 VT_{h1} 导通的时间，即调节脉冲宽度。从而可以调节输出电压，使转速发生改变。

项目描述

本项目分为 5 个任务模块，分别是降压斩波电路的分析与调试、升压斩波电路的分析与调试、升降压斩波电路的分析与调试、Cuk 斩波电路的分析与调试、Sepic 斩波电路和 Zeta 斩波电路的分析与调试。整个实施过程中涉及降压斩波电路的结构、工作原理及应用，升压斩波电路、升降压斩波电路和 Cuk、Sepic、Zeta 斩波电路的结构、工作原理，以及直流变换的应用等方面的内容。通过学习掌握降压斩波电路、升压斩波电路、升降压斩波电路、Cuk 斩波电路、Sepic 斩波电路和 Zeta 斩波电路的基本电路结构、工作原理、主要数量关系及其应用。

知识准备

把固定的直流电变换成另一固定电压或可调电压直流电的电路称为直流斩波电路（DC Chopper），也称直接直流-直流变换器（DC-DC Converter）。它利用电力开关器件周期性地开通与关断来改变输出电压的大小。这种电路广泛应用于电力牵引，如地铁、电力机车、无轨电车和电瓶搬运车等直流电动机的无级调速，以及直流开关电源、焊接电源等。与传统的在电路中串电阻调压的方法相比较，不仅有较好的启动、制动特性，而且省去了体积大的直流接触器和耗电大的变阻器，使电能损耗大大减少。

直流斩波电路的种类较多，包括 6 种基本斩波电路，即降压斩波电路、升压斩波电路、升降压斩波电路、Cuk 斩波电路、Sepic 斩波电路和 Zeta 斩波电路，其中前两种是最基本的电路。直流斩波电路转换原理分析的基础是能量守恒定律。

任务 5.1　降压斩波电路的分析与调试

任务目标

[知识目标]
- 掌握降压斩波电路的结构和工作原理。

[技能目标]
- 掌握降压斩波电路的应用。

[素养目标]
- 具有良好的职业道德和职业素养。
- 具有质量意识、环保意识、安全意识、信息素养、工匠精神和创新思维。

知识链接

知识点 1　电路的结构

降压斩波电路（Buck Chopper）是一种输出电压的平均值低于输入直流电压的变换电路，降压斩波电路的电路原理图及工作波形如图 5.3 所示。电路中的控制器件 VT 采用全控器件 IGBT，也可使用其他全控器件；如果要使用晶闸管，则必须增设使晶闸管关断的辅助电路。该电路设置了续流二极管 VD，其作用是 VT 关断时为电感 L 存储的能量提供续流通路；斩波电路的典型用途之一就是拖动直流电动机，负载会出现反电动势 E_M，如图 5.3（a）所示。若负载为电阻时，只需令 $E_M=0$ 即可，对于下面的分析仍适用。

知识点 2　电路的工作原理

由图 5.3（b）中 VT 的栅射电压 u_{GE} 波形可以看出，在 $t=0$ 时刻驱动 VT

直流斩波电路

导通，电源 E 向负载供电，负载电压 $u_o = E$，负载电流 i_o 按指数曲线上升。当 $t = t_1$ 时刻，VT 关断，负载电流经二极管 VD 续流，负载电压 u_o 近似于零，负载电流 i_o 呈指数曲线下降。为了使负载电流连续，减小负载电流的脉动，一般串接有较大 L 值的电感。如果周期性地驱动 VT 导通，就会周期性地重复上述工作过程。当电路工作于稳态时，负载电流在一个周期的初值和终值相等，如图 5.3（b）所示。负载电压的平均值可由下式来表示，即

$$U_o = \frac{t_{on}}{t_{on}+t_{off}}E = \frac{t_{on}}{T}E = \alpha E \tag{5-1}$$

式中：t_{on} 为 VT 的开通时间；t_{off} 为 VT 的关断时间；T 为开通周期；α 为占空比。

由式（5-1）可知，由于 $0 \leq \alpha \leq 1$、$U_o \leq E$，所以该电路称为降压斩波电路。

负载电流平均值为

$$I_o = \frac{U_o - E_M}{R} \tag{5-2}$$

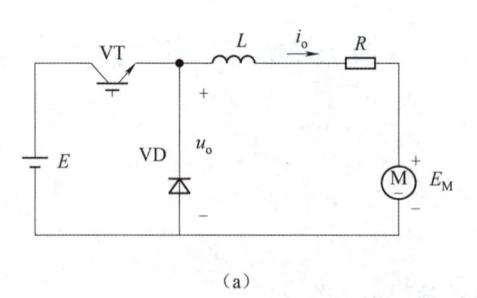

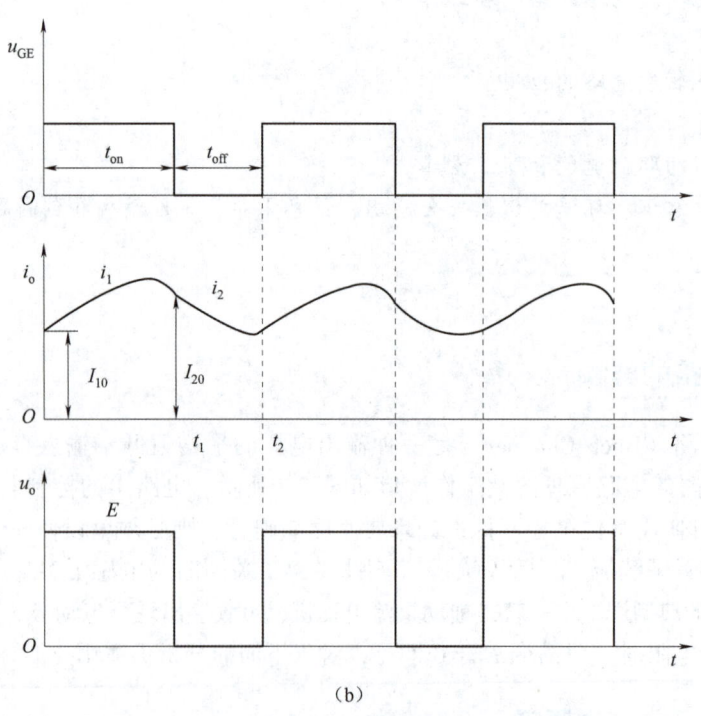

图 5.3 降压斩波电路的电路原理图及工作波形

（a）电路原理图；（b）电流连续时的工作波形

(c)

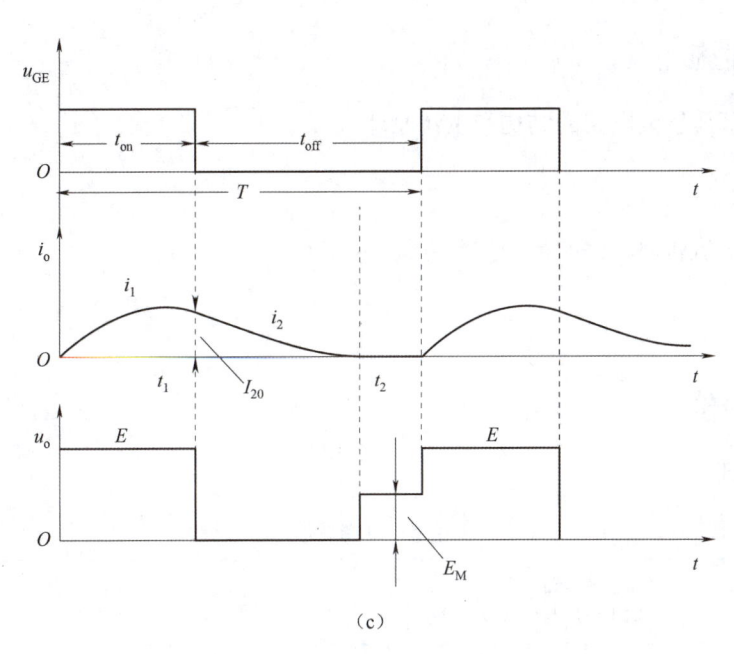

图 5.3　降压斩波电路的电路原理图及工作波形（续）
（c）电流断续时的工作波形

负载中 L 值不宜太小，如果太小，则在 VT 关断后还未到 t_2 时刻，负载电流已衰减至零，造成负载电流断续的情况，出现负载电压平均值出现被抬高的现象。

直流斩波电路的常用控制方式有以下几种。

（1）时间比控制方式。在斩波电路中，改变开关管在一周期内导通区间所占的比例，即改变占空比 α，就能连续调节输出电压及输出功率，这种调节方式称为时间比控制方式。通常包括以下 3 种方式。

①脉冲宽度调制方式（Pulse Width Modulation，PWM），也称为定频调宽控制方式。保持开关器件的调制周期 T 不变，调节开关导通时间 t_{on}，从而调节占空比 α。采用这种控制方式的斩波器，由于其工作频率是固定的，所以滤去高次谐波的滤波器的设计比较容易实现。

②脉冲频率调制方式（Pulse Frequency Modulation，PFM），也称为定宽调频控制方式。保持开关器件的导通时间 t_{on} 不变，改变开关的周期 T，从而调节占空比 α。这种控制方式，由于开关频率是变化的，输出电压的频率也是变化的，所以滤波器的设计比较困难。

③混合型调制方式。这是前两种控制方式的综合，开关的导通时间 t_{on} 和开关的工作周期同时改变。通常用于需要大幅度改变输出电压的场合。

（2）瞬时值控制方式。当要求斩波器按给定电流（或电压）输出时，则可以采用瞬时值控制方式。即把希望输出的电流或电压作为给定信号，把实际电流或电压作为反馈信号，通过两者的瞬时值比较来决定斩波电路开关器件的通断，使实际输出跟踪给定值的变化。在瞬时值控制方式中，常用的有滞环比较控制方式、峰值电流控制方式、锯齿波控制方式等。

任务实施

(1) 分析降压斩波电路的结构和工作原理。

(2) 分析直流斩波电路的常用控制方式。

任务评价

1. 小组互评

小组互评任务验收单

任务名称	降压斩波电路的电路图设计和输出电压与电流波形分析		验收结论	
验收负责人			验收时间	
验收成员				
任务要求	设计降压斩波电路的电路图。请根据任务要求绘制降压斩波电路的电路图，分析输出电压与电流波形			
实施方案确认				
文档接收清单	接收本任务完成过程中涉及的所有文档			
	序号	文档名称	接收人	接收时间
验收评分	配分表			
	评价标准		配分	得分
	能够正确列出降压斩波电路的电路图中用到的电气元件。每处错误扣5分，扣完为止		20分	
	能够正确画出降压斩波电路的电路图中电气元件的电气符号。每处错误扣5分，扣完为止		30分	
	能够正确画出降压斩波电路的电路图。每处错误扣5分，扣完为止		30分	
	能够正确分析降压斩波电路的输出电压与电流的波形。描述不完整或错误不给分		20分	
效果评价				

2. 教师评价

教师评价任务验收单

任务名称	降压斩波电路的电路图设计和输出电压与电流波形分析	验收结论	
验收负责人		验收时间	
验收成员			
任务要求	设计降压斩波电路的电路图。请根据任务要求绘制降压斩波电路的电路图，分析输出电压与电流波形		
实施方案确认			
文档接收清单	接收本任务完成过程中涉及的所有文档		
	序号	文档名称	接收人	接收时间
验收评分	配分表		
	评价标准	配分	得分
	能够正确列出降压斩波电路的电路图中用到的电气元件。每处错误扣5分，扣完为止	20分	
	能够正确画出降压斩波电路的电路图中电气元件的电气符号。每处错误扣5分，扣完为止	30分	
	能够正确画出降压斩波电路的电路图。每处错误扣5分，扣完为止	30分	
	能够正确分析降压斩波电路的输出电压与电流的波形。描述不完整或错误不给分	20分	
效果评价			

拓展训练

（1）直流斩波电路也称为_____变换器，它利用电力开关器件周期性地开通与关断来改变_____的大小。

（2）在直流降压斩波电路中，电源电压 U_d 与负载电压平均值 U_o 之间的关系是_____，设开关周期和开关导通时间分别为 T、t_{on}。降压斩波电路中，已知电源电压 $E=16$ V，负载电压 $U_o=12$ V，斩波周期 $T=4$ μs，则开通时间 $t_{on}=$ _____。

（3）直流斩波电路中，_____斩波电路、_____斩波电路是最基本的电路。

（4）简述时间比控制方式包含的3种方式。

任务 5.2　升压斩波电路的分析与调试

任务目标

[知识目标]
- 掌握升压斩波电路的结构和工作原理。

[技能目标]
- 掌握升压斩波电路的应用。

[素养目标]
- 具有良好的职业道德和职业素养。
- 具有质量意识、环保意识、安全意识、信息素养、工匠精神和创新思维。

知识链接

知识点 1　电路的结构

升压斩波电路（Boost Chopper）的电路原理图及工作波形如图 5.4 所示。电路中的控制器件 VT 也采用全控型器件，而且控制器件 VT 与负载并联连接，储能电感与负载串联。

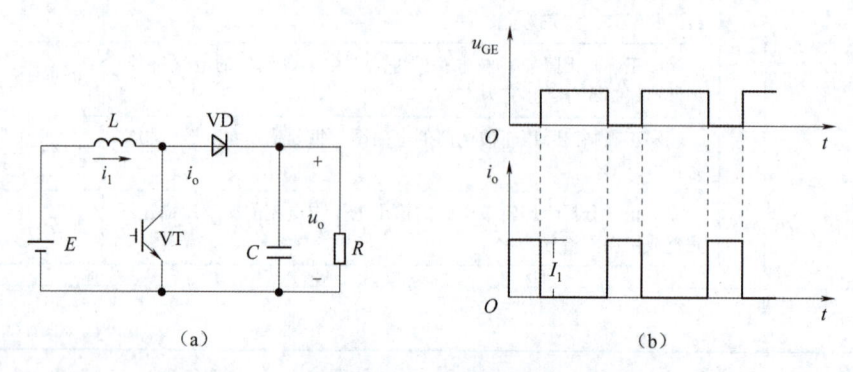

图 5.4　升压斩波电路的电路原理图及工作波形
(a) 电路原理图；(b) 工作波形

知识点 2　电路的工作原理

在进行升压斩波电路的工作原理分析时，首先假设电路中电感 L 值很大，电容 C 值也很大。当控制器件 VT 导通时，电源 E 向电感 L 充电，充电电流基本恒定为 I_1。此时，电容 C 向负载 R 放电，因为 C 容量很大，基本保持输出电压 u_o 为一恒定值。设 VT 的导通时间为 t_{on}，则在此段时间内电感 L 上存储的能量为 $EI_1 t_{on}$。当控制器件 VT 处于关断时，电感 L 和电源 E 共同向

电容 C 充电,并向负载 R 提供能量。设 VT 的关断时间为 t_{off},则在此段时间内电感 L 释放的能量为 $(U_o-E)I_1t_{off}$。当电路工作于稳态时,一个周期 T 中电感 L 存储的能量与释放的能量相等,即

$$EI_1 t_{on} = (U_o - E)I_1 t_{off} \tag{5-3}$$

由此可以得到

$$U_o = \frac{t_{on}+t_{off}}{t_{off}}E = \frac{T}{t_{off}}E \tag{5-4}$$

式中,工作周期 $T \geq t_{off}$,所以负载上的输出电压高于电源电压,故称该电路为升压斩波电路。式(5-4)中的 T/t_{off} 表示升压比。调节升压比的大小,就可以改变输出电压 U_o 的大小。把升压比的倒数记为 β,即 $\beta = \frac{t_{off}}{T}$,则 β 与占空比 α 之间的关系为

$$\alpha + \beta = 1 \tag{5-5}$$

因此,式(5-4)又可以表示为

$$U_o = \frac{1}{\beta}E = \frac{1}{1-\alpha}E \tag{5-6}$$

通过对升压斩波电路的进一步分析可以看出,要使输出电压高于电源电压,应满足两个假设条件,即电路中电感 L 的值很大、电容 C 的值也很大。只有在上述条件下,L 在储能之后才具有使电压泵升的作用,电容 C 在电感 L 储能期间才能维持住输出电压不变。但实际上电容 C 的值不可能无穷大,U_o 必然会有所下降。因此,实际电路输出电压会略低于由式(5-4)或式(5-6)求出的电压值。

如果忽略电路中的损耗,则由电源提供的能量全部提供给了负载电阻 R 来消耗,即

$$EI_1 = U_o I_o \tag{5-7}$$

式(5-7)表明,升压斩波电路与降压斩波电路一样,也可看成直流变压器。

根据电路结构及式(5-6)、式(5-7)可以得出输出电流的平均值 I_o 和电源电流 I_1 分别为

$$I_o = \frac{U_o}{R} = \frac{1}{\beta} \cdot \frac{E}{R} \tag{5-8}$$

$$I_1 = \frac{U_o}{E} I_o = \frac{1}{\beta^2} \cdot \frac{E}{R} \tag{5-9}$$

任务实施

(1)分析升压斩波电路的结构和工作原理。

(2)分析升压斩波电路的输出电流波形。

任务评价

1. 小组互评

小组互评任务验收单

任务名称	升压斩波电路的电路图设计和输出电流波形分析	验收结论	
验收负责人		验收时间	
验收成员			
任务要求	设计升压斩波电路的电路图。请根据任务要求绘制升压斩波电路的电路图,分析输出电流波形		
实施方案确认			
文档接收清单	接收本任务完成过程中涉及的所有文档			
	序号	文档名称	接收人	接收时间
验收评分	配分表			
	评价标准		配分	得分
	能够正确列出升压斩波电路的电路图中用到的电气元件。每处错误扣5分,扣完为止		20分	
	能够正确画出升压斩波电路的电路图中电气元件的电气符号。每处错误扣5分,扣完为止		30分	
	能够正确画出升压斩波电路的电路图。每处错误扣5分,扣完为止		30分	
	能够正确分析升压斩波电路输出电流的波形。描述不完整或错误不给分		20分	
效果评价				

2. 教师评价

教师评价任务验收单

任务名称	升压斩波电路的电路图设计和输出电流波形分析	验收结论	
验收负责人		验收时间	
验收成员			

续表

任务要求	设计升压斩波电路的电路图。请根据任务要求绘制升压斩波电路的电路图,分析输出电流波形
实施方案确认	

<table>
<tr><td rowspan="6">文档接收清单</td><td colspan="4">接收本任务完成过程中涉及的所有文档</td></tr>
<tr><td>序号</td><td>文档名称</td><td>接收人</td><td>接收时间</td></tr>
<tr><td></td><td></td><td></td><td></td></tr>
<tr><td></td><td></td><td></td><td></td></tr>
<tr><td></td><td></td><td></td><td></td></tr>
<tr><td></td><td></td><td></td><td></td></tr>
</table>

<table>
<tr><td rowspan="6">验收评分</td><td colspan="3">配分表</td></tr>
<tr><td>评价标准</td><td>配分</td><td>得分</td></tr>
<tr><td>能够正确列出升压斩波电路的电路图中用到的电气元件。每处错误扣 5 分,扣完为止</td><td>20 分</td><td></td></tr>
<tr><td>能够正确画出升压斩波电路的电路图中电气元件的电气符号。每处错误扣 5 分,扣完为止</td><td>30 分</td><td></td></tr>
<tr><td>能够正确画出升压斩波电路的电路图。每处错误扣 5 分,扣完为止</td><td>30 分</td><td></td></tr>
<tr><td>能够正确分析升压斩波电路输出电流的波形。描述不完整或错误不给分</td><td>20 分</td><td></td></tr>
</table>

效果评价	

拓展训练

(1) 电路中的控制器件 VT 也采用全控型器件,而且控制器件 VT 与负载_____连接,储能电感与负载_____。

(2) 在升压斩波电路中,电源电压 U_d 与负载电压平均值 U_o 之间的关系是_____,设开关周期和开关关断时间分别为 T、t_{off}。升压斩波电路中,已知电源电压 $E = 30$ V,负载电压 $U_o = 50$ V,斩波周期 $T = 10$ μs,则开通时间 $t_{on} =$ _____。

(3) 对于升压斩波电路,升压比的倒数 β 与占空比 α 之间的关系为:_____。升压斩波电路与降压斩波电路一样,也可看成是_____。

(4) 简述瞬时值控制包含的 3 种方式。

任务 5.3 升降压斩波电路的分析与调试

任务目标

[知识目标]
- 掌握升降压斩波电路的结构和工作原理。

[技能目标]
- 掌握升降压斩波电路的应用。

[素养目标]
- 具有良好的职业道德和职业素养。
- 具有质量意识、环保意识、安全意识、信息素养、工匠精神和创新思维。

知识链接

知识点 1 电路的结构

升降压斩波电路（Boost-Buck Chopper）也称为反极性斩波电路。其电路原理图及工作波形如图 5.5 所示，该电路中储能电感与负载并联，续流二极管 VD 反向串接在储能电感与负载之间。假设电路中电感 L 值很大，电容 C 值也很大，使电感电流 i_L 和电容电压即负载电压 u_o 基本为恒值。

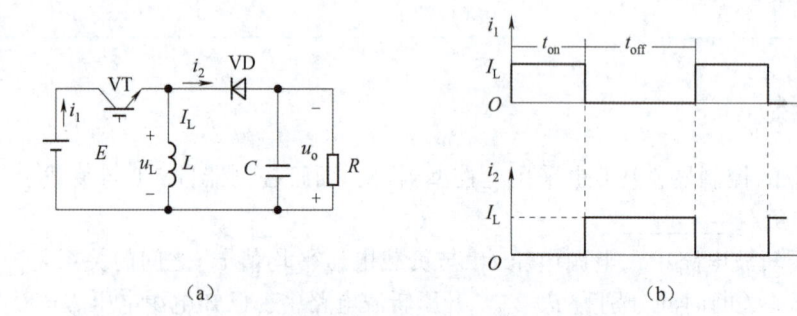

图 5.5 升降压斩波电路的电路原理图及工作波形
（a）电路原理图；（b）工作波形

知识点 2 电路的工作原理

当控制器件 VT 导通时，直流电源经 VT 向电感 L 供电使其存储能量，此时二极管 VD 被负载电压和电感电压反偏，流过 VT 的电流为 i_1，方向如图 5.5（a）所示。由于此时 VD 反偏截止，电容 C 向负载 R 供电并维持输出电压基本恒定，负载 R 及电容 C 上的电压极性为上负下正，与电源极性相反。当控制器件 VT 关断时，电感 L 极性与导通时相反，VD 正偏导通，电感 L 中存储的能量通过 VD 向负载释放，电流为 i_2，同时 C 被充电储能。

当稳态时，一个周期 T 内电感 L 两端电压 u_L 对时间的积分为零，即

$$\int_0^T u_L dt = 0 \tag{5-10}$$

在控制器件 VT 导通期间，$u_L = E$；在 VT 截止期间，$u_L = -u_o$。因此，有

$$Et_{on} = U_o t_{off} \tag{5-11}$$

所以，输出电压为

$$U_o = \frac{t_{on}}{t_{off}} E = \frac{t_{on}}{T - t_{on}} E = \frac{\alpha}{1-\alpha} E \tag{5-12}$$

在式（5-12）中，如果改变占空比 α，那么输出电压既可能高于电源电压，也可能低于电源电压。由此可知，当 0<α<1/2 时，斩波器输出电压低于电源电压，为降压；当 1/2<α<1 时，斩波器输出电压高于电源电压，为升压。

图 5-5（b）中示出了电源电流 i_1 和负载电流 i_2 的波形，设两者的平均值分别为 I_1 和 I_2，当电流的脉动成分足够小至可以忽略时，有

$$\frac{I_1}{I_2} = \frac{t_{on}}{t_{off}} \tag{5-13}$$

由式（5-13）可得

$$I_2 = \frac{t_{off}}{t_{on}} I_1 = \frac{1-\alpha}{\alpha} I_1 \tag{5-14}$$

如果斩波控制器件 VT 和续流二极管 VD 无转换损耗时，有

$$EI_1 = U_o I_2 \tag{5-15}$$

由输入输出功率相等的关系，可以将升降压斩波电路看作直流变压器。

升降压斩波电路有以下基本特点。

（1）电路由 Buck 电路与 Boost 电路串联而成，输出电压 U_o 可升可降，并且与输入电压极性相反。

（2）所有传输到负载的能量都经过电感暂存，由于储能电感在中间，所以输入和输出电流的脉动都较大，所以通常输入与输出侧还需加滤波器。

任务实施

（1）分析升降压斩波电路的结构和工作原理。

（2）分析升降压斩波电路的输出电流波形。

任务评价

1. 小组互评

小组互评任务验收单

任务名称	升降压斩波电路的电路图设计和输出电流波形分析	验收结论	
验收负责人		验收时间	
验收成员			
任务要求	设计升降压斩波电路的电路图。请根据任务要求绘制升降压斩波电路的电路图,分析输出电流波形		
实施方案确认			
文档接收清单	接收本任务完成过程中涉及的所有文档 序号 | 文档名称 | 接收人 | 接收时间		

配分表

评价标准	配分	得分
能够正确列出升降压斩波电路的电路图中用到的电气元件。每处错误扣5分,扣完为止	20分	
能够正确画出升降压斩波电路的电路图中电气元件的电气符号。每处错误扣5分,扣完为止	30分	
能够正确画出升降压斩波电路的电路图。每处错误扣5分,扣完为止	30分	
能够正确分析升降压斩波电路输出电流的波形。描述不完整或错误不给分	20分	

效果评价	

2. 教师评价

教师评价任务验收单

任务名称	升降压斩波电路的电路图设计和输出电流波形分析	验收结论	
验收负责人		验收时间	
验收成员			

续表

任务要求	设计升降压斩波电路的电路图。请根据任务要求绘制升降压斩波电路的电路图，分析输出电流波形
实施方案确认	
文档接收清单	接收本任务完成过程中涉及的所有文档 | 序号	文档名称	接收人	接收时间
---	---	---	---
验收评分	配分表 	评价标准	配分	得分
---	---	---
能够正确列出升降压斩波电路的电路图中用到的电气元件。每处错误扣 5 分，扣完为止	20 分	
能够正确画出升降压斩波电路的电路图中电气元件的电气符号。每处错误扣 5 分，扣完为止	30 分	
能够正确画出升降压斩波电路的电路图。每处错误扣 5 分，扣完为止	30 分	
能够正确分析升降压斩波电路输出电流的波形。描述不完整或错误不给分	20 分		
效果评价	

拓展训练

（1）升降压斩波电路也称为_____斩波电路。由输入输出功率相等的关系，可以将升降压斩波电路看作_____。

（2）对于升降压斩波电路，如果改变占空比，那么输出电压既可能_____电源电压，也可能_____电源电压。

（3）对于升降压斩波电路，当_____时，斩波器输出电压低于电源电压，为降压；当_____时，斩波器输出电压高于电源电压，为升压。

（4）简述升降压斩波电路的基本特点。

任务 5.4　Cuk 斩波电路的分析与调试

任务目标

[知识目标]
- 掌握 Cuk 斩波电路的结构和工作原理。

[技能目标]
- 掌握 Cuk 斩波电路的应用。

[素养目标]
- 具有良好的职业道德和职业素养。
- 具有质量意识、环保意识、安全意识、信息素养、工匠精神和创新思维。

知识链接

知识点 1　电路的结构

Cuk 斩波电路可以作为升降压斩波电路的改进电路，其电路原理图及其等效电路如图 5.6 所示。Cuk 斩波电路的优点是其输入电源电流和输出负载电流都是连续的，脉动较小，因而有利于对输入输出进行滤波。

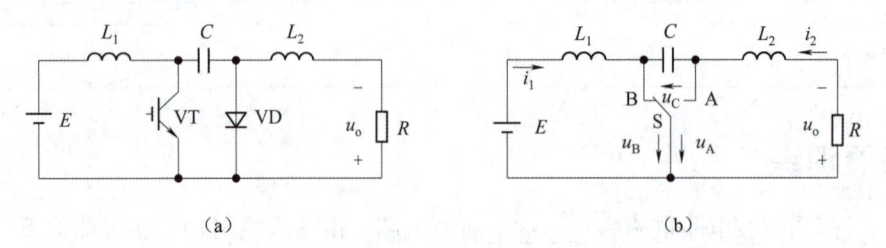

图 5.6　Cuk 斩波电路的电路原理图及等效电路
（a）电路原理图；（b）等效电路

知识点 2　电路的工作原理

如图 5.6（a）所示，当控制开关 VT 导通时，电源 E 通过 $E→L_1→VT$ 回路给 L_1 储能，C 通过 $C→VT→R→L_2$ 回路向负载输出电压。当控制开关 VT 截止时，电源通过 $E→L_1→C→VD$ 回路向电容 C 充电，L_2 通过 $L_2→VD→R$ 回路向负载输出电压，输出电压的极性与电源电压相反。此电路的等效电路如图 5.6（b）所示，相当于 VT 的等效开关在 A、B 之间交替切换。

在 Cuk 斩波电路中，稳态时电容 C 在一个周期内的平均电流为零，即其对时间的积分为零，有

$$\int_0^T i_C \mathrm{d}t = 0 \tag{5-16}$$

在图 5.6（b）所示的等效电路中，设电源电流 i_1 的平均值为 I_1，负载电流 i_2 的平均值为 I_2，开关 S 接通 B 点时相当于 VT 导通，如果导通时间为 t_{on}，则电容电流和时间的乘积为 $I_2 t_{\mathrm{on}}$；开关 S 接通 A 点时相当于 VT 关断，如果关断时间为 t_{off}，则电容电流和时间的乘积为 $I_1 t_{\mathrm{off}}$。由此可得

$$I_2 t_{\mathrm{on}} = I_1 t_{\mathrm{off}} \tag{5-17}$$

从而可得

$$\frac{I_2}{I_1} = \frac{t_{\mathrm{off}}}{t_{\mathrm{on}}} = \frac{T - t_{\mathrm{on}}}{t_{\mathrm{on}}} = \frac{1-\alpha}{\alpha} \tag{5-18}$$

当电容值很大使电容电压 u_C 的脉动足够小时，输出电压 U_o 与输入电压 E 的关系可用以下方法求出。当开关 S 接通 B 点时，有 $u_B = 0$，$u_A = -u_C$；开关 S 接通 A 点时，$u_B = u_C$，$u_A = 0$。U_C 为电容电压 u_C 的平均电压，U_B 为 B 点的平均电压，则有 $U_B = \frac{t_{\mathrm{on}}}{T} U_C$。又因为 L_1 的平均电压为零，所以 $E = U_B = \frac{t_{\mathrm{off}}}{T} U_C$。另外，A 点的平均电压值为 $U_A = -\frac{t_{\mathrm{on}}}{T} U_C$，且 L_2 的电压平均值为零，按图 5.6（b）中的极性，则有 $U_o = \frac{t_{\mathrm{on}}}{T} U_C$。于是可以得出输出电压 U_o 与输入电压 E 的关系为

$$U_o = \frac{t_{\mathrm{on}}}{t_{\mathrm{off}}} E = \frac{T - t_{\mathrm{on}}}{t_{\mathrm{on}}} E = \frac{1-\alpha}{\alpha} E \tag{5-19}$$

由此可见，Cuk 斩波电路与升降压斩波电路的输出表达式完全相同。

Cuk 斩波电路有以下 3 个基本特点。

（1）相对于输入电压 E，输出电压 U_o 可升可降，并且与输入电压极性相反。

（2）输入电流和输出电流都是连续的，且纹波很小，降低了对滤波器的要求。

（3）控制开关、二极管 VD 及电容 C 上的电压很高，且流过开关管的电流峰值很大，特别是在占空比 α 较大时更是如此，这是 Cuk 斩波电路的弱点。

任务实施

（1）分析 Cuk 斩波电路的电路原理图和等效电路。

（2）分析 Cuk 斩波电路的工作原理。

任务评价

1. 小组互评

小组互评任务验收单

任务名称	Cuk 斩波电路的电路图设计和特点分析	验收结论	
验收负责人		验收时间	
验收成员			
任务要求	设计 Cuk 斩波电路的电路图。请根据任务要求绘制 Cuk 斩波电路的电路图,分析 Cuk 斩波电路的特点		
实施方案确认			
文档接收清单	接收本任务完成过程中涉及的所有文档		
	序号	文档名称	接收人	接收时间
验收评分	配分表		
	评价标准	配分	得分
	能够正确列出 Cuk 斩波电路的电路图中用到的电气元件。每处错误扣 5 分,扣完为止	20 分	
	能够正确画出 Cuk 斩波电路的电路图中电气元件的电气符号。每处错误扣 5 分,扣完为止	30 分	
	能够正确画出 Cuk 斩波电路的电路图。每处错误扣 5 分,扣完为止	30 分	
	能够正确分析 Cuk 斩波电路的特点。描述不完整或错误不给分	20 分	
效果评价			

2. 教师评价

教师评价任务验收单

任务名称	Cuk 斩波电路的电路图设计和特点分析	验收结论	
验收负责人		验收时间	
验收成员			
任务要求	设计 Cuk 斩波电路的电路图。请根据任务要求绘制 Cuk 斩波电路的电路图,分析 Cuk 斩波电路的特点		
实施方案确认			

续表

文档接收清单	接收本任务完成过程中涉及的所有文档			
^	序号	文档名称	接收人	接收时间
^				
^				
^				
^				

验收评分	配分表		
^	评价标准	配分	得分
^	能够正确列出 Cuk 斩波电路的电路图中用到的电气元件。每处错误扣 5 分，扣完为止	20 分	
^	能够正确画出 Cuk 斩波电路的电路图中电气元件的电气符号。每处错误扣 5 分，扣完为止	30 分	
^	能够正确画出 Cuk 斩波电路的电路图。每处错误扣 5 分，扣完为止	30 分	
^	能够正确分析 Cuk 斩波电路的特点。描述不完整或错误不给分	20 分	

效果评价	

拓展训练

（1）Cuk 斩波电路的优点是其输入电源电流和_____都是连续的，脉动较小，因而有利于对输入输出进行_____。

（2）对于 Cuk 斩波电路，如果改变占空比，那么输出电压既可能_____电源电压，也可能_____电源电压。

（3）Cuk 斩波电路可以作为_____斩波电路的改进电路，输出电压 U_o 与输入电压 E 的关系为_____。

（4）简述 Cuk 斩波电路的基本特点。

任务 5.5　Sepic 斩波电路和 Zeta 斩波电路的分析与调试

任务目标

［知识目标］
- 掌握 Sepic 斩波电路和 Zeta 斩波电路的结构和工作原理。

［技能目标］
- 掌握 Sepic 斩波电路和 Zeta 斩波电路的应用。

[素养目标]
- 具有良好的职业道德和职业素养。
- 具有质量意识、环保意识、安全意识、信息素养、工匠精神和创新思维。

知识链接

知识点 1　Sepic 斩波电路的结构

Sepic 斩波电路的电路原理图如图 5.7 所示。在 Sepic 斩波电路中,电源电流和负载电流均连续,有利于输入输出滤波。

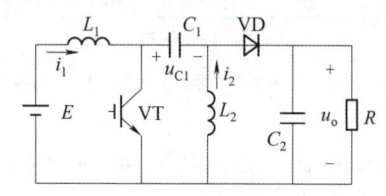

图 5.7　Sepic 斩波电路的电路原理图

知识点 2　Sepic 斩波电路的工作原理

当控制开关 VT 导通时,电源 E 通过 E→L_1→VT 回路给 L_1 储能,C_1 通过 C_1→VT→L_2 回路给 L_2 储能。当控制开关 VT 截止时,电源通过 E→L_1→C_1→VD→负载回路向负载 C_2 和 R 输出电压,L_2 通过 L_2→VD→负载回路向负载 C_2 和 R 输出电压,输出电压的极性与电源电压相同。在此阶段 E 和 L_1 既向负载供电,同时也向 C_1 充电,C_1 存储的能量在 VT 导通时向 L_2 转移。

Sepic 斩波电路的输入输出关系为

$$U_\mathrm{o} = \frac{t_\mathrm{on}}{t_\mathrm{off}}E = \frac{t_\mathrm{on}}{T-t_\mathrm{on}}E = \frac{\alpha}{1-\alpha}E \tag{5-20}$$

输出相对于输入既可以升压又可以降压。

知识点 3　Zeta 斩波电路的结构

Zeta 斩波电路也称双 Sepic 斩波电路,其电路原理图如图 5.8 所示。与 Cuk 斩波电路相比,Zeta 斩波电路是将 Cuk 斩波电路的 L_1 与 VT 对调,并改变 VD 的方向后形成。Zeta 斩波电路的输入输出电流均是断续的。

图 5.8　Zeta 斩波电路的电路原理图

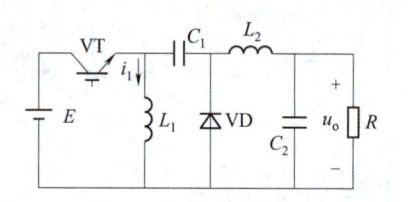

知识点 4　Zeta 斩波电路的工作原理

当控制开关 VT 导通时,电源 E 通过 E→VT→L_1 回路给 L_1 储能,同时,E 和 C_1 共同向负载 R 供电,并向 C_2 充电。当控制开关 VT 截止时,L_1 通过 L_1→VD→C_1 向 C_1 充电,其存储的能量转移至 C_1。同时,C_2 向负载供电,L_2 的电流则经 VD 续流。输出电压的极性与电源电压相同。

Zeta 斩波电路的输入输出关系为

$$U_o = \frac{\alpha}{1-\alpha} E \tag{5-21}$$

由此可知，Sepic 斩波电路和 Zeta 斩波电路的输入输出关系相同。输出相对于输入既可以升压又可以降压。

各种直流斩波电路特点的比较见表 5.1。表中 E 为斩波器的输入电压，U_o 为斩波器的输出电压，U_{VM} 为控制开关 VT 承受的最高电压，U_{VDM} 为二极管 VD 承受的最高电压，U_{C1} 为对应电路中电容 C_1 两端的电压，$\alpha = t_{on}/T$ 为占空比。

表 5.1　各种直流斩波电路特点的比较

电路	特点	输出电压公式	开关和二极管承受的最高电压	应用领域
降压型	只能降压不能升压，输出与输入同相，输入电流脉动大，输出电流脉动小，结构简单	$U_o = \alpha E$	$U_{VM} = E$ $U_{VDM} = E$	直流电动机调速和开关稳压电源
升压型	只能升压不能降压，输出与输入同相，输入电流脉动小，输出电流脉动大，不能空载工作，结构简单	$U_o = \frac{1}{1-\alpha} E$	$U_{VM} = U_o$ $U_{VDM} = U_o$	开关稳压电源和功率因数校正电路
升降压型	既能降压又能升压，输出与输入反相，输入输出电流脉动大，不能空载工作，结构简单	$U_o = \frac{\alpha}{1-\alpha} E$	$U_{VM} = E + U_o$ $U_{VDM} = E + U_o$	开关稳压电源
Cuk	既能降压又能升压，输出与输入反相，输入输出电流脉动小，不能空载工作，结构复杂	$U_o = \frac{\alpha}{1-\alpha} E$	$U_{VM} = U_{C1}$ $U_{VDM} = U_{C1}$	对输入输出纹波要求高的反相型开关稳压电源
Sepic	既能降压又能升压，输出与输入同相，输入电流脉动小，输出电流脉动大，不能空载工作，结构复杂	$U_o = \frac{\alpha}{1-\alpha} E$	$U_{VM} = U_{C1} + U_o$ $U_{VDM} = U_{C1} + U_o$	升压型功率因数校正电路
Zeta	既能降压又能升压，输出与输入同相，输入电流脉动大，输出电流脉动小，不能空载工作，结构复杂	$U_o = \frac{\alpha}{1-\alpha} E$	$U_{VM} = E + U_{C1}$ $U_{VDM} = E + U_{C1}$	对输出纹波要求高的升降压型开关稳压电源

任务实施

（1）分析 Sepic 斩波电路的结构和工作原理。

（2）分析 Zeta 斩波电路的结构和工作原理。

任务评价

1. 小组互评

小组互评任务验收单

任务名称	Sepic 斩波电路的电路图设计和特点分析	验收结论	
验收负责人		验收时间	
验收成员			
任务要求	设计 Sepic 斩波电路的电路图。请根据任务要求绘制 Sepic 斩波电路的电路图,分析 Sepic 斩波电路的特点		
实施方案确认			
文档接收清单	接收本任务完成过程中涉及的所有文档			
	序号	文档名称	接收人	接收时间
验收评分	配分表			
	评价标准		配分	得分
	能够正确列出 Sepic 斩波电路的电路图中用到的电气元件。每处错误扣 5 分,扣完为止		20 分	
	能够正确画出 Sepic 斩波电路的电路图中电气元件的电气符号。每处错误扣 5 分,扣完为止		30 分	
	能够正确画出 Sepic 斩波电路的电路图。每处错误扣 5 分,扣完为止		30 分	
	能够正确分析 Sepic 斩波电路的特点。描述不完整或错误不给分		20 分	
效果评价				

2. 教师评价

教师评价任务验收单

任务名称	Sepic 斩波电路的电路图设计和特点分析	验收结论	
验收负责人		验收时间	
验收成员			
任务要求	设计 Sepic 斩波电路的电路图。请根据任务要求绘制 Sepic 斩波电路的电路图,分析 Sepic 斩波电路的特点		
实施方案确认			

续表

	接收本任务完成过程中涉及的所有文档			
文档接收清单	序号	文档名称	接收人	接收时间
验收评分	配分表			
	评价标准		配分	得分
	能够正确列出 Sepic 斩波电路的电路图中用到的电气元件。每处错误扣 5 分，扣完为止		20 分	
	能够正确画出 Sepic 斩波电路的电路图中电气元件的电气符号。每处错误扣 5 分，扣完为止		30 分	
	能够正确画出 Sepic 斩波电路的电路图。每处错误扣 5 分，扣完为止		30 分	
	能够正确分析 Sepic 斩波电路的特点。描述不完整或错误不给分		20 分	
效果评价				

拓展训练

（1）Zeta 斩波电路也称_____斩波电路，输出相对于输入_____。

（2）对于 Zeta 斩波电路，如果改变占空比，那么输出电压既可能_____电源电压，也可能_____电源电压。

（3）对于 Sepic 斩波电路，当_____时，斩波器输出电压低于电源电压，为降压；当_____时，斩波器输出电压高于电源电压，为升压。

（4）简述 Zeta 斩波电路的特点。

小贴士

通过对 6 种斩波电路结构的分析，比较它们的不同之处，并思考这种差异的原因。进而认识到成功需要持续不断地探索、钻研，从而培养学生吃苦耐劳、脚踏实地、不断追求进步的钻研精神。

项目总结

◆ 直流变换一般采用斩波电路，斩波电路应用的传统领域是直流传动，斩波电路应用的新领域是开关电源。

◆ 本项目主要介绍了 6 种基本斩波电路，其中最基本的斩波电路为降压斩波电路和升压斩波电路两种。在此基础上可以派生出升降压斩波电路、Cuk 斩波电路、Sepic 斩波电路、Zeta 斩波电路等。重点介绍了这些电路的结构、工作原理、输入输出关系。对各种直流斩波电路进行了比较，详细介绍了斩波电路在 2 t 电动平板车定频调宽式调速系统中的应用。

◆ 直流斩波电路转换原理分析的基础是能量守恒定律。

拓展强化

（1）简述直流斩波电路的基本类型及其工作原理。

（2）简述 Boost-Buck 斩波电路同 Cuk 斩波电路的异同。

（3）试分析降压斩波电路、升压斩波电路、升降压斩波电路、Cuk 斩波电路、Sepic 斩波电路以及 Zeta 斩波电路的特点。

（4）在图 5.3（a）所示的降压式直流斩波电路中，已知 $E=200$ V，$R=10$ Ω，L 为无穷大，$E_M=30$ V。采用脉宽调制控制方式，当 $T=50$ μs、$t_{on}=20$ μs 时，计算输出电压平均值 U_o 及输出电流 I_o。

（5）在图 5.4（a）所示的升压式直流斩波电路中，已知 $E=50$ V，$R=20$ Ω，L 和 C 值极大。采用脉宽调制控制方式，当 $T=40$ μs、$t_{on}=25$ μs 时，计算输出电压平均值 U_o 及输出电流 I_o。

项目 6

逆变电路的分析与应用

引导案例 1

图 6.1 所示为小功率单相逆变器电路，它是怎样工作的呢？

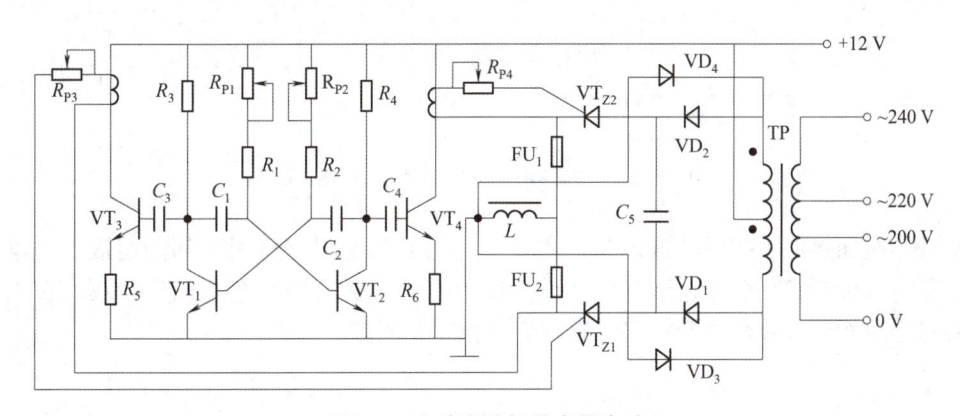

图 6.1 小功率单相逆变器电路

在图 6.1 中，晶体管 VT_1、VT_2，电容 C_1、C_2，电阻 R_1、R_2、R_3、R_4 和电位器 R_{P1}、R_{P2} 构成多谐振荡器，振荡器的输出分别经晶体管 VT_3、VT_4 放大并通过脉冲变压器耦合，分别送到晶闸管 VT_{Z1}、VT_{Z2} 的门极上，使 VT_{Z1}、VT_{Z2} 轮流导通，那么在变压器 TP 的二次侧可得到交流输出。通过调节 R_{P1}、R_{P2} 来调节多谐振荡器的振荡频率，也就调节了交流输出的频率。

逆变器的主电路采用了带中心抽头变压器的单相逆变电路。电容 C_5 为晶闸管的换流电容。当 VT_{Z1} 导通时，变压器的二次侧输出正半周，同时 C_5 充电极性上正下负。当 VT_{Z2} 导通时，变压器的二次侧输出负半周，C_5 经 VT_{Z2}、L 放电使 VT_{Z1} 承受反向电压而关断，接着又经 VD_1 反向充电，极性下正上负，为关断 VT_{Z2} 做好准备。

引导案例 2

中频感应加热电源的逆变控制电路

中频感应加热电源是一种利用晶闸管元件把三相工频电流变换成某一频率的中频电流的装置，广泛应用于金属熔炼、工件透热、淬火、焊接和管道弯曲等工艺中。

中频感应加热电源的基本工作原理是：通过三相桥式可控整流电路，可以直接将三相交流电整流为电压可调的直流电，再经过直流电抗器滤波，送至单相桥式并联逆变器，由逆变器将直流电再变换为中频交流电（100 Hz～15 kHz）供给负载，是一种交流-直流-交流的系统。其组成原理框图如图 6.2 所示。

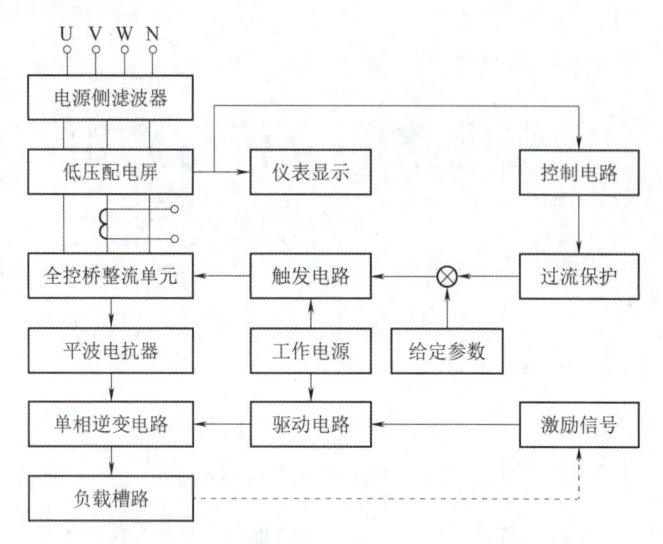

图 6.2 中频感应加热电源组成原理框图

中频感应加热电源按照功能划分，主要由主电路和控制电路两大部分组成。主电路如图 6.3 所示，包括三相全控整流电路、单相桥式并联逆变电路和感应加热线圈。在本项目中主要讨论单相桥式并联逆变电路的电路组成及工作原理。

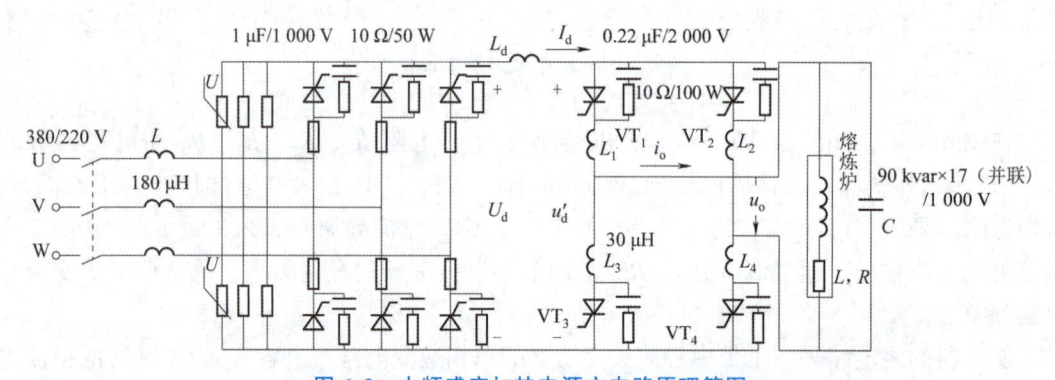

图 6.3 中频感应加热电源主电路原理简图

1. 三相桥式全控整流电路

中频感应加热电源主电路直接采用全控桥将交流电网三相 380 V 输入电压，整流为 50～513 V 可调的直流电。采用全控桥的优点是：直流脉动小，可减小直流平波电抗器的电感量；触发移相调节直流输出电压比较灵敏；而且可以采用触发脉冲快速后移，拉入逆变，进行过电流保护。

2. 单相桥式并联逆变电路

如图 6.3 所示，VT_1～VT_4，换流电容 C，负载 L、R 组成并联谐振式逆变电路。由三相交流电源经三相可控整流后得到连续可调的直流电源 U_d，经过大电感 L_d 滤波，逆变电路将直流电逆变成中频交流电供给负载，该逆变电路属于电流型逆变器。根据电容器与感应线圈的连接方式可以把逆变器分为以下几种。

（1）串联逆变器，电容器与感应线圈组成串联谐振电路。

（2）并联逆变器，电容器与感应线圈组成并联谐振电路。

（3）串、并联逆变器，综合以上两种逆变器的特点。

本电路中 C 与 L、R 并联，换流是基于并联谐振的原理，这类变频器称为并联谐振逆变器。逆变电路通常采用快速晶闸管，这主要是因为工作频率较高，为 100~2 500 Hz。$L_1 \sim L_4$ 为 4 只电感量很小的电感，作用是用于限制晶闸管电流上升率 di/dt。负载中频电炉实际上是一个感应线圈，其等效电路为 L 和 R 的串联电路。为提高电路的功率因数，需要调谐电容器向感应加热负载提供无功能量，所以在负载两端并联补偿电容器 C。本电路采用负载换流，即要求负载电流超前于电压。因此，在进行电容补偿时，应使负载电路在工作频率下呈容性。

该逆变电路的工作过程如下：当晶闸管 VT_1、VT_4 或 VT_3、VT_2 以一定频率交替触发导通时，负载感应线圈通入中频电流，线圈中产生中频交变磁通。若将金属放入线圈中，在交变磁场的作用下，金属中产生涡流与磁滞效应，使金属发热熔化。4 个晶闸管交替触发的频率与负载回路的谐振频率相接近，负载电路工作在谐振状态，这样不仅可得到较高的功率因数与效率，而且电路对外加矩形波电压的基波分量呈现高阻抗，对其他高次谐波电压可以看成短路，因此负载两端电压 u_o 是很好的中频正弦波。而负载电流 i_o 在大电感 L_d 的作用下为近似交变的矩形波。与负载并联的电容 C 除参加谐振外，还提供负载无功功率，使负载电路呈现容性，即负载电流 i_o 超前于负载电压 u_o 一定的角度，达到自动换流关断晶闸管的目的。

逆变电路的换流过程如图 6.4 所示。当晶闸管 VT_1、VT_4 触发导通时，负载电流 i_o 的路径如图 6.4（a）中虚线所示，负载电压极性为左正右负，为正电压。为了关断已导通的晶闸管实现换流，必须使整个负载电路呈现容性，使流入负载电路的电流基波分量 i_{o1} 超前 u_o 中频电压 φ 角，称为逆变角。

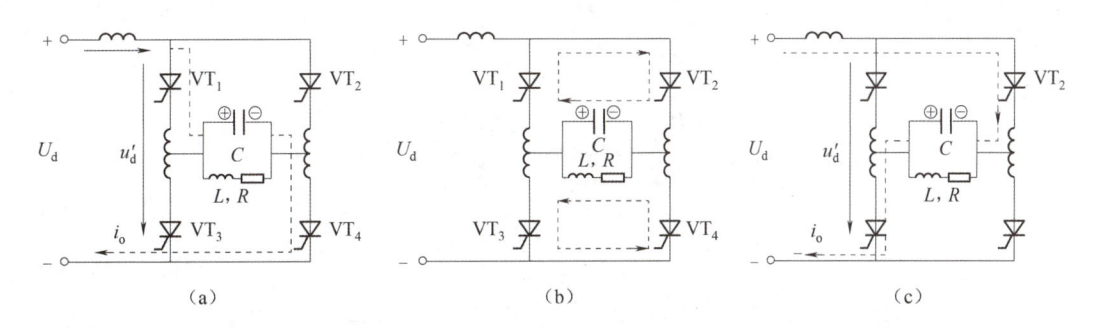

图 6.4　逆变电路的换流过程[（a）→（b）→（c）]

换流过程的工作波形如图 6.5 所示。在 t_2 时刻触发晶闸管 VT_2、VT_3 导通，开始换流，由于此时负载两端电压尚未到零，极性仍为左正右负。当 VT_2、VT_3 管导通时，U_{o1} 经 VT_2、VT_3 分别反向加到原来导通的 VT_1、VT_4 两端，迫使 VT_1、VT_4 关断，如图 6.4（b）所示。由于每个晶闸管都串有换相电抗器，所以 VT_1、VT_4 在 t_2 时刻不能立即关断，VT_2、VT_3 中的电流也不能立即增大到稳定值。在换流期间，4 个晶闸管都导通，由于时间短以及大电感

L_d 的恒流作用，电源不会短路。在 t_4 时刻，VT_1、VT_4 在电流到零时关断，直流侧电流 I_d 全部从 VT_1、VT_4 转移到 VT_2、VT_3，换流过程结束。t_r 称为换流时间（$t_r=t_4-t_2$）。VT_1、VT_4 的电流下降到零后，还需要一段时间才能恢复正向阻断能力，因此，换流结束后，还要使 VT_1、VT_4 承受一段反压时间 t_p（$t_p=t_5-t_4$）才能保证它们可靠关断。t_p 应大于晶闸管的关断时间 t_q。

而 $t_4 \sim t_6$ 期间为 VT_2、VT_3 稳定导通时间，负载电流路径如图 6.4（c）中虚线所示。如图 6.5 所示，管子电压正向缺角部分即为 $\gamma/2+\varphi$，缺角部分近似为 φ 角（因 γ 很小）。逆变桥直流输入端的波形为串联的晶闸管电压波形的叠加，此电压的交流分量降落在大电感 L_d 上。

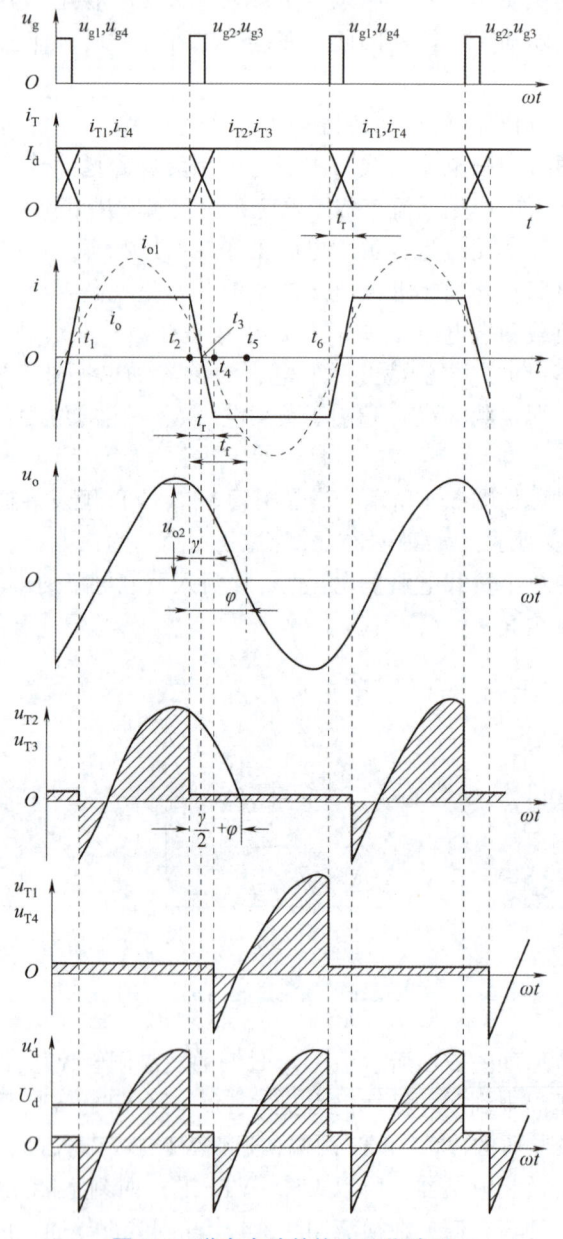

图 6.5 逆变电路的换流工作波形

为了保证逆变电路可靠换流，必须在中频电压 u_o 过零前 t_1 时刻触发 VT$_2$、VT$_3$，t_f 称为触发引前时间。从安全角度考虑，必须满足

$$t_f = t_r + K \tag{6-1}$$

式中：K 为大于 1 的安全系数，一般取 2~3。

项目描述

本项目分为 3 个任务模块，分别是无源逆变电路的分析、有源逆变电路的分析、有源逆变电路的应用。整个实施过程中涉及无源逆变电路的基本概念、单相及三相电压型逆变电路、单相及三相电流型逆变电路、PWM 控制技术，有源逆变电路的工作原理、逆变实现的条件与逆变角、三相有源逆变电路，直流可逆电力拖动系统、绕线式异步电动机晶闸管串级调速、高压直流输电等方面的内容。通过学习掌握无源逆变电路、无源逆变电路的工作原理和波形分析，掌握有源逆变实现的条件、三相半波有源逆变电路、三相桥式有源逆变电路的工作原理和波形分析，了解逆变电路在直流可逆电力拖动系统、绕线式异步电动机的串级调速等方面的应用，为逆变电路的广泛应用打下坚实基础。

知识准备

整流电路研究的是怎样将交流电经整流器变为直流电，然后供给用电器使用的问题。本项目将研究怎样将直流电变为交流电，即逆变的问题，在实际应用中，有些场合需要将交流电转变为直流电，而在另一些场合，则需要将直流电转变为交流电。这种对应于整流的逆过程称为逆变，能够实现逆变的电路称为逆变电路。在一定的条件下，一套晶闸管电路既可做整流又能做逆变，根据这样的电路（通常称为变流电路）构成的装置称为变流装置或变流器。

逆变电路分为有源逆变电路和无源逆变电路两种形式。无源逆变过程为：直流电→逆变器→交流电（频率可调）→用电器。这种将直流电变成某一频率或可变频率的交流电直接供给负载使用的过程称为无源逆变。无源逆变主要用于变频电路、不间断电源（UPS）、开关电源、逆变电焊机等方面。有源逆变过程为：直流电→逆变器→交流电→交流电网，这种将直流电变成和电网同频率的交流电并送回到交流电网中去的过程称为有源逆变，有源逆变常用于直流电动机的可逆调速、绕线式异步电动机的串级调速、高压直流输电等领域。

任务 6.1　无源逆变电路的分析

任务目标

［知识目标］
- 掌握无源逆变电路的工作原理、分类、换流方式，以及 PWM 控制技术。

［技能目标］
- 掌握单相及三相电压型逆变电路、电流型逆变电路的工作原理及应用。

[**素养目标**]
- 具有良好的职业道德和职业素养。
- 具有质量意识、环保意识、安全意识、信息素养、工匠精神和创新思维。

知识链接

知识点 1　无源逆变电路的基本概念

1. 无源逆变电路的原理

无源逆变电路的分析

单相桥式无源逆变电路工作原理如图 6.6（a）所示，图中 U_d 为直流电源电压，R 和 L 为逆变电路的输出负载，$S_1 \sim S_4$ 为桥式电路的 4 个桥臂，每个桥臂上的开关由电力电子器件及其辅助电路组成。该电路有两种工作状态，具体如下。

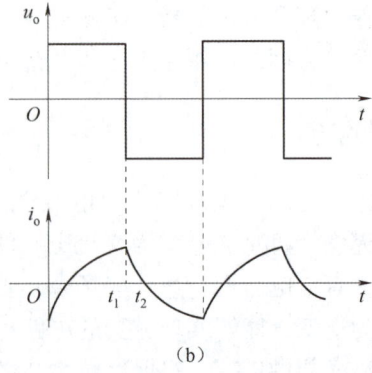

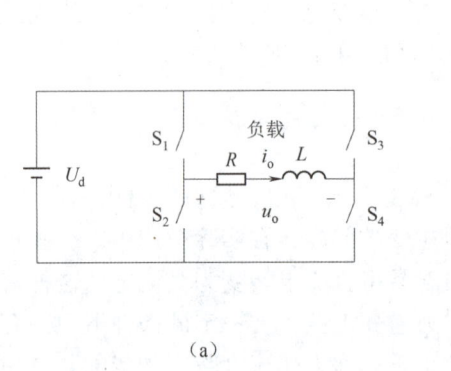

图 6.6　单相桥式无源逆变电路的工作原理和波形
（a）工作原理图；（b）波形图

（1）当 S_1、S_4 闭合，S_2、S_3 断开时，加在负载 R 上的电压为左正右负，输出电压 $u_o=U_d$。

（2）当 S_2、S_3 闭合，S_1、S_4 断开时，加在负载 R 上的电压为左负右正，输出电压 $u_o=-U_d$。

当以频率 f 交替切换 S_1、S_4 和 S_2、S_3 时，负载将获得交变电压，其波形如图 6.6（b）所示。这样就将直流电压 U_d 变换成交流电压 u_o。改变两组开关的切换频率，即可改变输出交流电的频率。这就是逆变电路的基本工作原理。

当负载为电阻时，负载电流 i_o 和电压 u_o 的波形形状相同，相位也相同。在阻感负载情况下，i_o 相位滞后于 u_o，两者波形的形状也不同，图 6.6（b）所示即为阻感负载时 i_o 和 u_o 的稳态波形。设 t_1 时刻以前 S_1、S_4 导通，负载端电压 u_o 为正，i_o 按指数规律增加。在 t_1 时刻断开 S_1、S_4，同时合上 S_2、S_3，则 u_o 的极性立刻变为负。但是由于负载中的电感作用，其电流极性不能立刻改变而仍维持原方向。这时负载电流从直流电源负极流出，经 S_2、负载和 S_3 流回正极，负载电感中存储的能量向直流电源反馈。由于阻感负载的端电压为负，使负载电流按指数规律逐渐减小，到 t_2 时刻降为零，之后 i_o 才反向并逐渐增大。S_2、S_3 断开，S_1、S_4 闭合时的情况与上述类似。上面是 $S_1 \sim S_4$ 均为理想开关时的分析，实际电路的工作过程要复杂一些。

2. 无源逆变电路的分类

将直流电变换成交流电的电路称为逆变电路。相对于整流而言，逆变是整流的逆向过程。逆变电路分为有源逆变电路和无源逆变电路。整流器与逆变器统称为变流器。在逆变状态下的变流器，把它的交流侧接到交流电源上，将直流电逆变成与交流电网同频率的交流电馈送到电网中去，称为有源逆变。如果逆变状态下的变流器，其交流侧不与交流电网连接，而直接与负载连接，将直流电变换成某一频率或可调频率的交流电直接供给负载使用，称为无源逆变，实现无源逆变的电路称为无源逆变电路，无源逆变电路也称为逆变器。

无源逆变电路的应用非常广泛。如由蓄电池、太阳能电池供电的直流电源需要向交流负载供电时，必须要借助逆变器才能实现。此外，交流电动机调速用的变频器、不间断电源、感应加热电源、电解电镀电源等其电路的核心部分就是无源逆变电路。

无源逆变电路的种类很多，大致可以分为以下几类。

（1）根据逆变器的主电路结构不同，可分为半桥式逆变器、全桥式逆变器、推挽式逆变器、二电平式逆变器和多电平式逆变器。

（2）根据输出交流电的相数不同，可分为单相逆变器、三相逆变器和多相逆变器。单相逆变器适用于小、中功率的负载，三相及多相逆变器可用于中、大功率的负载。

（3）根据直流电源的性质不同，可分为电压型逆变器和电流型逆变器。在逆变器中，提供能量的是直流电源，为了使直流电源的电压或电流恒定，并与负载进行无功功率的交换，逆变器的直流侧必须设置储能元件，如电感或电容。电压型逆变器是采用大电容作为储能和滤波元件，其直流侧相当于一个恒压源，输出的交流电压波形为矩形波，而输出的交流电流波形近似为正弦波。电流型逆变器是采用大电感作为储能和滤波元件，其直流侧相当于一个恒流源，输出的交流电流波形为矩形波，而输出的交流电压波形近似为正弦波。

（4）根据电路的换流方式不同，可分为负载换流型逆变器、强迫换流型逆变器和器件换流型（自关断型）逆变器。其中负载换流型又有并联谐振型和串联谐振型两种。

（5）根据逆变器电压和频率的控制方式不同，可分为脉冲宽度调制式逆变器（PWM逆变器）和脉冲幅度调制式逆变器（PAM逆变器）。

3. 无源逆变电路的换流方式

在图 6.6 所示的逆变电路工作过程中，在 t_1 时刻出现了电流从 S_1 到 S_2，以及从 S_4 到 S_3 的转移。电流从一条支路向另一条支路转移的过程称为换流，换流也称为换相。在换流过程中，有的器件要从通态转换到断态，而有的器件则要从断态转换到通态。无论电路是由全控型还是半控型电力电子器件组成，只要给门极适当的驱动信号，就可以使其开通。但从通态向断态转移的情况就不同，全控型器件可以通过对门极的控制使其关断，而对于半控型器件晶闸管来说，就不能通过对门极的控制使其关断。一般来说，要在晶闸管电流过零后再施加一定时间的反向电压，才能使其关断。使器件关断尤其是使晶闸管关断，要比使其开通复杂得多。因此，如何有效解决换流时器件的通断转换，是电路能否正常工作的关键。

逆变电路常用的换流方式有以下几种。

1）器件换流

器件换流是利用全控型电力电子器件本身所具有的自关断能力实现换流。它不需要借助外电路，所以实现容易，控制简单。采用全控型器件构成的逆变电路，其换流方式就是器件换流。

2）电网电压换流

由电网提供换流电压称为电网电压换流。对于可控整流电路，无论其工作在整流状态还是有源逆变状态，都是借助电网电压实现换流的，都属于电网电压换流。单相、三相交流调压电路和采用相控方式的交-交变频电路中的换流方式也都是电网电压换流。在换流时，只要把负的电网电压施加在欲关断的晶闸管上即可使其关断。这种换流方式不需要器件具有门极可关断能力，也不需要为换流附加任何元件，电路简单；但是不适用于不接交流电网的无源逆变电路。

3）负载换流

负载换流是利用负载的谐振特性来提供换流电压。将负载与其他换流元件接成并联或串联谐振电路，使负载呈容性，即负载电流超前于负载电压。这样，当电流下降到零时，负载电压仍未反向，从而给欲关断的管子提供一定时间的反向电压，只要负载电流超前负载电压的时间（管子承受反向电压的时间）大于管子的关断时间，便能实现可靠换流。这种换流，主电路不需要附加换流环节，也称为自然换流。由于负载电流超前负载电压的时间是随负载与频率变换的，因此这种换流方式只适用于负载及频率变化不大的场合。

图 6.7（a）所示为一个基本的负载换流逆变电路，4 个桥臂均由晶闸管组成。其负载就是电阻电感串联后再和电容并联的，整个负载工作在接近并联谐振状态而略呈容性。在实际电路中，电容往往是为改变负载的功率因数，使其略呈容性而接入的。在直流侧串入了一个很大的电感 L_d，因而在工作过程中可以认为 i_d 基本没有脉动，近似恒定。

电路的工作波形如图 6.7（b）所示。因为 i_d 基本恒定，4 个桥臂开关的切换仅使电流通路改变，所以负载电流呈矩形波。因为负载工作在对基波电流接近并联谐振状态，对基波呈现出很高的阻抗，因此负载电压 u_o 近似为正弦波。设在 t_1 之前 VT_1、VT_4 为通态，VT_2、VT_3 为断态，u_o、i_o 均为正。在 t_1 时刻触发 VT_2、VT_3 使其导通，此时负载电压 u_o 就通过导通的 VT_2、VT_3 分别加到 VT_1、VT_4 上，使 VT_1、VT_4 承受反向电压而关断，负载电流 i_o 从 VT_1、VT_4 支路转移到 VT_2、VT_3 支路，完成换流过程。触发 VT_2、VT_3 的时刻 t_1 必须在 u_o 过零之前并留有足够的裕量角，才能使换流顺利完成。从 VT_2、VT_3 到 VT_1、VT_4 的换流过程与上述情况类似。

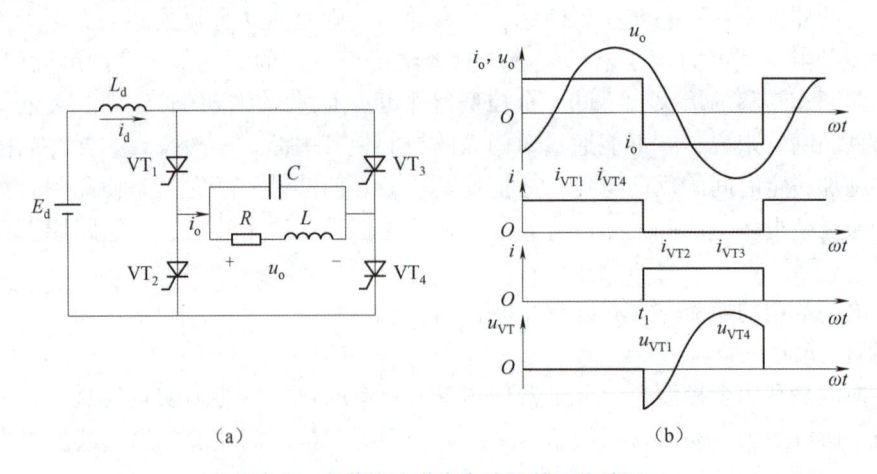

图 6.7 负载换流逆变电路及其工作波形
(a) 电路图；(b) 工作波形

4）强迫换流

强迫换流是利用专门的换流电路（通常由电感、电容、小容量的晶闸管构成）给欲关断的晶闸管在需要的时刻施加一个短暂的反向脉冲电压，从而迫使原导通的晶闸管关断。强迫换流通常利用附加电容上所存储的能量来实现，这种换流方式也称为电容换流（脉冲换流）。

强迫换流多用于斩波器及逆变器中，可使输出频率不受电源频率的限制，但是需要庞大的换流装置，同时还要增加晶闸管的电压、电流定额，对晶闸管的动态特性要求也高。如果采用全控开关器件，则可省去换流电路，从而使电路简化、装置的体积减小、质量减轻。

强迫换流又可分为直接耦合式强迫换流和电感耦合式强迫换流。由换流电路内的电容直接提供换流电压的方式称为直接耦合式强迫换流。

图 6.8 所示为直接耦合式强迫换流的原理。当主晶闸管 VT_1 触发导通后，电容器 C 被充电至 E，极性左负右正，如图 6.8（a）所示。流经负载 R 上的电流为 $I_R = E/R$。换流时，将辅助晶闸管 VT_2 触发导通。此时 VT_1、VT_2 两个晶闸管都导通，进入换流阶段，如图 6.8（b）所示。由于 VT_2 的导通把电容器 C 上的电压 $u_C = E$ 反极性地加到 VT_1 的两端，使其承受反向电压而关断。VT_1 关断后，电源通过负载 R 及 VT_2 对电容 C 反向充电，电容上的电压经零上升至 E 后，电路进入 VT_2 稳定导通阶段，如图 6.8（c）所示。电容上的电压 u_C 变化曲线如图 6.8（d）所示。t_0 为 VT_1 承受反向电压的时间。如重新触发导通主晶闸管 VT_1，则电容电压 u_C 反极性地施加在辅助晶闸管 VT_2 上迫使 VT_2 关断。

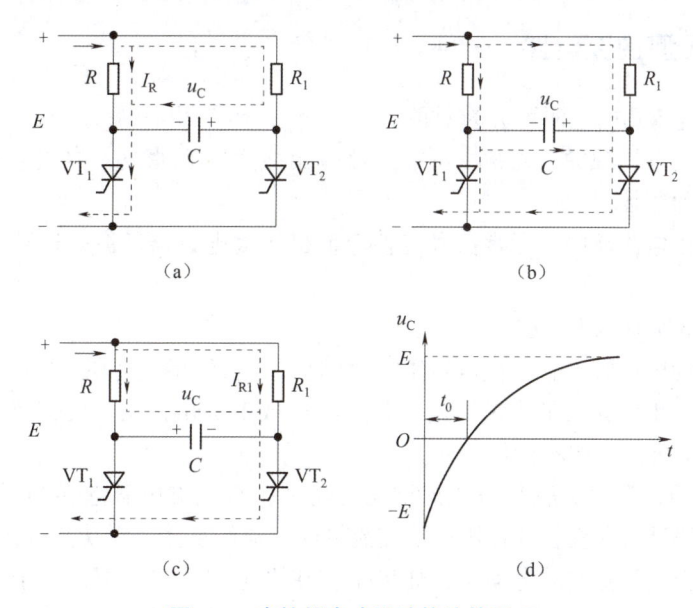

图 6.8 直接耦合式强迫换流的原理
(a) 过程 1；(b) 过程 2；(c) 过程 3；(d) 电容电压曲线

通过换流电路内的电容和电感的耦合来提供换流电压或换流电流，则称为电感耦合式强迫换流。图 6.9 所示为两种不同的电感耦合式强迫换流原理。图 6.9（a）中 u_C 正极性施加在欲关断的晶闸管 VT 上，当接通开关 S 后，LC 振荡电流将反向流过 VT，使其电流减小，在 LC 振荡的第一个半周期内就可使 VT 中阳极电流减小至零而关断，残余电流流过 VD，导通的 VD 管压降构成了对 VT 的反向电压。图 6.9（b）中 u_C 负极性施加在晶闸管 VT 的阴极，当接通开关 S 后，LC 振荡电流先正向流过 VT 使其电流加大，但经半个振荡周期后，振荡电流反向流过 VT，直到 VT 的合成正向电流减至零而关断，残余电流流经 VD 继续流动，VD 上的管压降构成了对 VT 的反向电压，确保其可靠关断。

上述 4 种换流方式中，器件换流只适用于全控型器件，其余 3 种方式主要是针对晶闸管而言的。器件换流和强迫换流都是因为器件或变流器自身的原因而实现换流的，两者都属于自换流，采用自换流方式的逆变电路称为自换流逆变电路；电网电压换流和负载换流不是依靠变流器自身的原因，而是借助外部手段如电网电压或负载电压来实现换流的，它们属于外部换流。采用外部换流方式的逆变电路称为外部换流逆变电路。

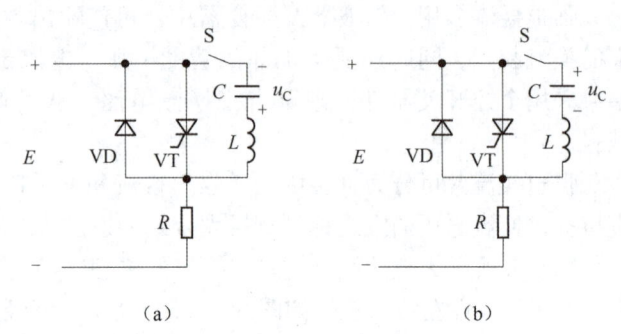

图 6.9　电感耦合式强迫换流的原理
（a）过程 1；（b）过程 2

当电流不是从一个支路向另一个支路转移，而是在支路内部终止流通而变为零，则称为熄灭。

知识点 2　电压型逆变电路

逆变电路按直流侧的电源可分为两种。

（1）直流侧是电压源的，通常由可控整流输出接大电容滤波，类似于恒压源，这种逆变器称为电压型逆变器。

（2）直流侧是电流源的，通常由可控整流输出经大电抗器滤波，这种逆变器称为电流型逆变器。

电压型逆变电路有以下主要特点。

（1）直流侧为电压源，直流侧电压基本无脉动，直流回路呈现低阻抗。

（2）交流侧输出电压波形为矩形波，并且与负载阻抗角无关。而交流侧输出的电流波形和相位因负载阻抗情况的不同而不同。

（3）当交流侧为阻感负载时需要提供无功功率，直流侧电容起缓冲无功能量的作用。逆变桥各臂并联的反馈二极管的作用是给交流侧向直流侧反馈的无功能量提供通道。

为电压型逆变电路供电的电动机，如果工作在再生制动状态下，由于直流侧电压的方向不易改变，要改变电流方向而把电能反馈到电网，就需要再加一套反并联整流器，所以电压型逆变电路适宜于不经常启动、制动和反转的拖动装置。下面主要介绍单相和三相逆变电路。

1. 单相电压型逆变电路

1）单相电压型半桥逆变电路

单相电压型半桥逆变电路如图 6.10（a）所示，它有上、下两个桥臂，每个桥臂由一个可控器件和一个反并联二极管组成。在直流侧由容量较大且数值相等的两个电容相串联进行分压,两个电容的连接点便成为直流电源的中点。设负载连接在直流电源的中点和两个桥臂连接点之间。下面分析其工作原理。

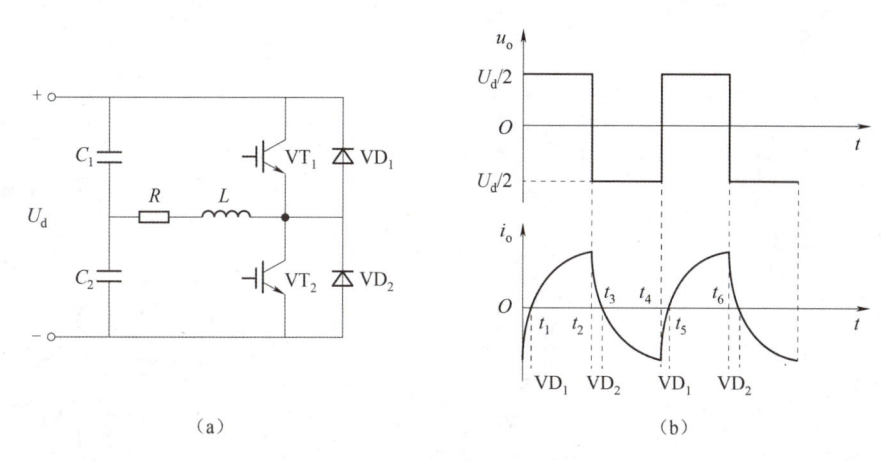

图 6.10　单相电压型半桥逆变电路及波形
(a) 电路图;(b) 工作波形

设在一个周期内,开关器件 VT$_1$ 和 VT$_2$ 的栅极信号各有半周正偏,半周反偏,且两者互补,则当负载为电感性的时,其工作波形如图 6.10 (b) 所示。输出电压 u_o 为正负对称 180°的矩形波,其幅值比为 $U_m = U_d/2$;输出电流 i_o 波形随负载的变化而变化。假设 t_2 时刻以前 VT$_1$ 导通,VT$_2$ 截止。在 t_2 时刻给 VT$_1$ 加关断信号,给 VT$_2$ 加开通信号,则 VT$_1$ 关断。由于电感性负载中的电流 i_o 不能立即改变方向(由右向左),从而使 VD$_2$ 导通续流,电容 C$_2$ 两端的电压通过导通的 VD$_2$ 加在负载上,使 $u_o = -U_d/2$。在此期间内,u_o 已改变极性,但 i_o 方向未变。在 t_3 时刻 i_o 降为零时,VD$_2$ 截止,VT$_2$ 导通,i_o 开始反向。在 t_4 时刻给 VT$_2$ 加关断信号,给 VT$_1$ 加导通信号,同时将 VT$_2$ 关断,同样由于电流 i_o 不能立即改变方向(由左向右),所以 VD$_1$ 先导通续流,使 u_o 极性改变,$u_o = U_d/2$,在 t_5 时刻 i_o 降为零时,VD$_1$ 截止,VT$_1$ 导通,i_o 再次开始反向,重复以上工作过程。

由以上分析可知,半桥逆变电路负载端电压波形为矩形波,电流波形接近于正弦波。当 VT$_1$ 或 VT$_2$ 导通时,负载电流 i_o 与电压 u_o 同方向,直流侧向负载提供能量;而当 VD$_1$ 或 VD$_2$ 导通续流时,负载电流 i_o 与电压 u_o 方向相反,负载中电感所吸收的无功能量向直流侧反馈,反馈的能量暂时存储在直流侧的电容器中,直流侧电容器起缓冲无功能量的作用。由于二极管 VD$_1$、VD$_2$ 是负载向直流侧反馈能量的通道,所以称为反馈二极管,同时 VD$_1$、VD$_2$ 也起着使负载电流连续的作用,所以又称为续流二极管。

半桥逆变电路结构简单,使用的器件少。但输出的交流电压的幅值仅为 $U_d/2$,且直流侧需两个电容器串联分压,因此半桥逆变电路常用于几千瓦以下的小功率逆变电源。

半桥逆变电路是逆变电路的基础,单相全桥逆变电路、三相桥式逆变电路都可看成由若干个半桥逆变电路组合而成,所以正确理解半桥逆变电路的工作原理很有意义。

2)单相电压型全桥逆变电路

单相电压型全桥逆变电路如图 6.11 (a) 所示,它共有 4 个桥臂,可以看成由两个半桥电路组合而成。其中 VT$_1$ 和 VT$_4$ 组成一对桥臂,VT$_2$ 和 VT$_3$ 组成另一对桥臂,两对桥臂交替各导通 180°。全桥逆变电路的工作原理与半桥逆变电路的相似，其输出电压、电流波形如图 6.11（b）所示，输出电压的波形也是矩形波，但幅值高出 1 倍。在直流电压和负载都相同的情况下，其输出的电流波形也和半桥逆变电路的相同，只是幅值增加 1 倍。

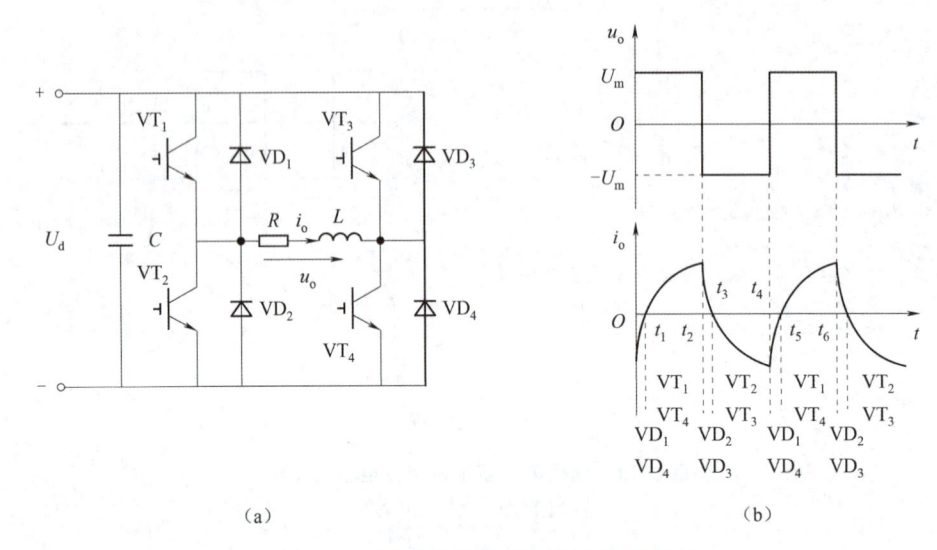

图 6.11 单相电压型全桥逆变电路及波形
(a) 电路图；(b) 工作波形

假设 t_2 时刻以前 VT_1、VT_4 导通，VT_2、VT_3 截止。t_2 时刻给 VT_1、VT_4 关断信号，给 VT_2、VT_3 开通信号，则 VT_1、VT_4 关断，但是电感性负载中的电流 i_o 不能立刻改变方向，于是 VD_2、VD_3 导通续流。在 t_3 时刻 i_o 降为零时，VD_2、VD_3 截止，VT_2、VT_3 导通，i_o 开始反向。在 t_4 时刻给 VT_2、VT_3 关断信号，给 VT_1、VT_4 开通信号，VT_2、VT_3 关断，VD_1、VD_4 导通续流，在 t_5 时刻 i_o 降为零时，VD_1、VD_4 截止，VT_1、VT_4 导通。

当 VT_1、VT_4 或 VT_2、VT_3 导通时，负载电流和电压方向相同，直流侧向负载提供能量；当 VD_1、VD_4 或 VD_2、VD_3 导通续流时，负载电流和电压方向相反，负载电感中储存的无功能量向直流侧反馈。

全桥逆变电路是应用最多也最广泛的一种单相逆变电路。下面对其输出电压进行定量分析。将幅值为 U_d 的矩形波 u_o 展开成傅里叶级数得

$$u_o = \frac{4U_d}{\pi}\left[\sin(\omega t) + \frac{1}{3}\sin(3\omega t) + \frac{1}{5}\sin(\omega t) + \cdots\right] \quad (6-2)$$

其中基波的幅值 U_{o1m} 和基波有效值 U_{o1} 分别为

$$U_{o1m} = \frac{4U_d}{\pi} = 1.27U_d \quad (6-3)$$

$$U_{o1} = \frac{2\sqrt{2}U_d}{\pi} = 0.9U_d \quad (6-4)$$

上述公式对于半桥逆变电路也是适用的，只是要将式中的 U_d 换成 $U_d/2$。

前面分析的都是 u_o 为正负电压各为 180°脉冲时的情况。要改变输出交流电压的有效值，只能通过改变直流电压 U_d 来实现。

在阻感负载时，还可以采用移相的方式来调节逆变电路的输出电压，这种方式称为移相调压。移相调压实际上就是调节输出电压脉冲的宽度。图 6.12（a）所示为单相电压全桥逆变电路，各 IGBT 的栅极信号仍为 180°正偏，180°反偏，并且 VT$_1$ 和 VT$_2$ 的栅极信号互补，VT$_3$ 和 VT$_4$ 的栅极信号互补，但 VT$_3$ 的栅极信号比 VT$_1$ 落后 θ（$0°<\theta<180°$）。也就是说，VT$_3$、VT$_4$ 的栅极信号不是分别和 VT$_2$、VT$_1$ 的栅极信号同相位，而是前移了 $180°-\theta$。这样，输出电压 u_o 就不再是正负各为 180°的脉冲，而是正负各为 θ 的脉冲，各 IGBT 的栅极信号 $u_{g1} \sim u_{g4}$ 以及输出电压 u_o、输出电流 i_o 的波形如图 6.12（b）所示。

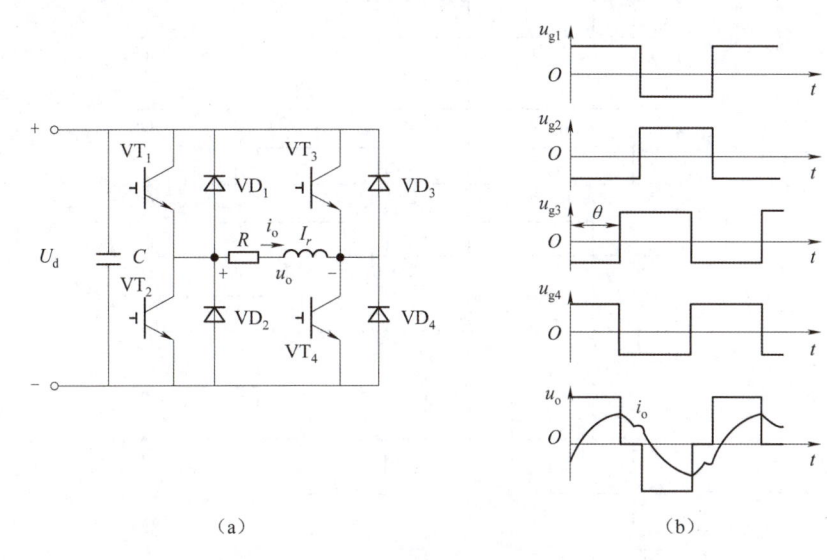

（a）

（b）

图 6.12 单相电压型全桥逆变电路的移相调压方式
（a）电路图；（b）工作波形

2. 三相电压型逆变电路

三相电压型桥式逆变电路如图 6.13 所示，VT$_1 \sim$ VT$_6$ 为开关器件，共有 6 个桥臂，可以看成由 3 个半桥逆变电路组合而成。

图 6.13 所示电路的直流侧通常只有一个电容器就可以了，但为了分析方便，画作串联的两个电容器并标出了假想中性点 N'。与单相半桥、全桥逆变电路相同，三相电压型桥式逆变电路的基本工作方式也是 180°导电型，即每个桥臂的导电角为 180°，同一相上下两个桥臂

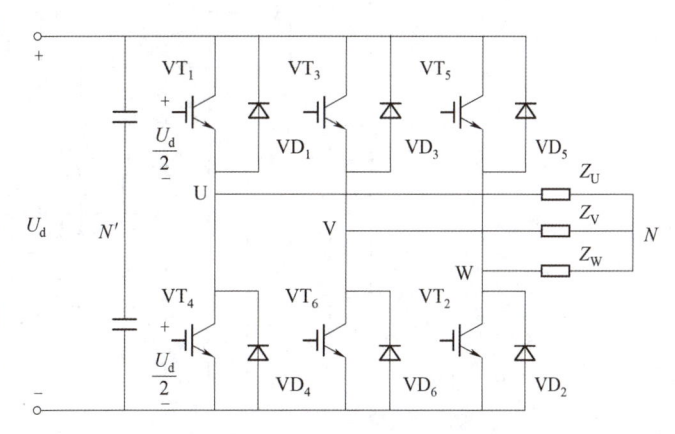

图 6.13 三相电压型桥式逆变电路

交替导电，各相开始导电的时间依次相差 120°，在一个周期内，6 个桥臂触发导通的顺序为 VT$_1 \sim$ VT$_6$，依次相隔 60°。这样，在任一时刻将有 3 个桥臂同时导通，导通的组合顺序为 VT$_1$VT$_2$VT$_3$、VT$_2$VT$_3$VT$_4$、VT$_3$VT$_4$VT$_5$、VT$_4$VT$_5$VT$_6$、VT$_5$VT$_6$VT$_1$、VT$_6$VT$_1$VT$_2$，每种组合工

作 60°电角度。由于每次换流都是在同一相上下两个桥臂之间进行的,所以称为纵向换流。

下面分析三相电压型桥式逆变电路的工作波形。设负载为星形接法,且三相负载对称,中性点为 N。为分析方便,将一个周期分成 6 个时段,每时段 60°,波形如图 6.14 所示。

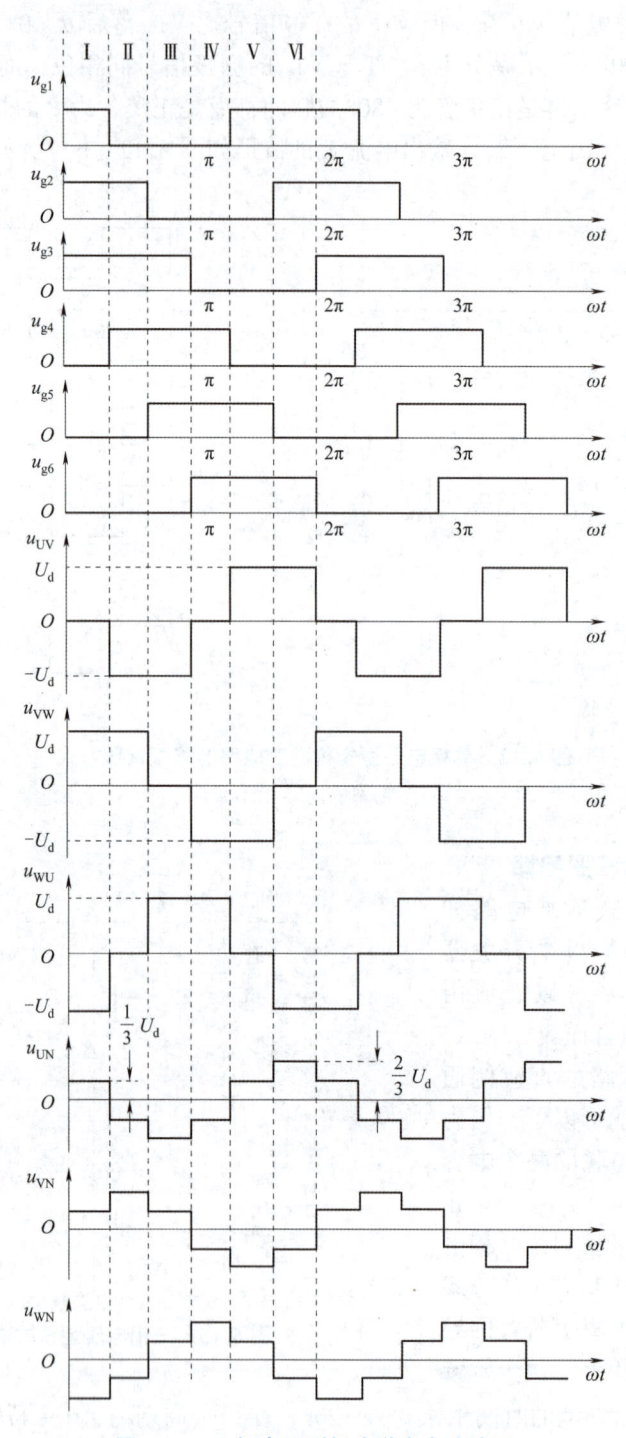

图 6.14 三相电压型桥式逆变电路波形

在第Ⅰ时段内 VT$_1$、VT$_2$、VT$_3$ 同时导通，逆变桥的等效电路如图 6.15（a）所示，输出线电压为

$$u_{UV} = 0$$
$$u_{VW} = U_d \tag{6-5}$$
$$u_{WU} = -U_d$$

输出相电压为

$$u_{UN} = \frac{1}{3}U_d$$
$$u_{VN} = \frac{1}{3}U_d \tag{6-6}$$
$$u_{WN} = -\frac{2}{3}U_d$$

在第Ⅱ时段内 VT$_2$、VT$_3$、VT$_4$ 同时导通，逆变桥的等效电路如图 6.15（b）所示，输出线电压为

$$u_{UV} = -U_d$$
$$u_{VW} = U_d \tag{6-7}$$
$$u_{WU} = 0$$

输出相电压为

$$u_{UN} = -\frac{1}{3}U_d$$
$$u_{VN} = \frac{2}{3}U_d \tag{6-8}$$
$$u_{WN} = -\frac{1}{3}U_d$$

同理，可得其余 4 个时段内的等效电路及其相应的线电压和相电压，见表 6.1。

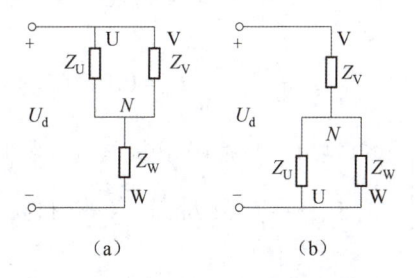

图 6.15 逆变桥的等效电路
(a) 第Ⅰ时段；(b) 第Ⅱ时段

表 6.1 三相电压型桥式逆变电路的工作情况表

时段	Ⅰ 0~π/3	Ⅱ π/3~2π/3	Ⅲ 2π/3~π	Ⅳ π~4π/3	Ⅴ 4π/3~5π/3	Ⅵ 5π/3~2π
导通管	VT$_1$VT$_2$VT$_3$	VT$_2$VT$_3$VT$_4$	VT$_3$VT$_4$VT$_5$	VT$_4$VT$_5$VT$_6$	VT$_5$VT$_6$VT$_1$	VT$_6$VT$_1$VT$_2$

续表

负载等效电路							
相电压	u_{UN}	$\frac{1}{3}U_d$	$-\frac{1}{3}U_d$	$-\frac{2}{3}U_d$	$-\frac{1}{3}U_d$	$\frac{1}{3}U_d$	$\frac{2}{3}U_d$
	u_{VN}	$\frac{1}{3}U_d$	$\frac{2}{3}U_d$	$\frac{1}{3}U_d$	$-\frac{1}{3}U_d$	$-\frac{2}{3}U_d$	$-\frac{1}{3}U_d$
	u_{WN}	$-\frac{2}{3}U_d$	$-\frac{1}{3}U_d$	$\frac{1}{3}U_d$	$\frac{2}{3}U_d$	$\frac{1}{3}U_d$	$-\frac{1}{3}U_d$
线电压	u_{UV}	0	$-U_d$	$-U_d$	0	U_d	U_d
	u_{VW}	U_d	U_d	0	$-U_d$	$-U_d$	0
	u_{WU}	$-U_d$	0	U_d	U_d	0	$-U_d$

由图 6.14 所示的波形图可以看出，负载线电压为宽度 120°的正负对称的矩形波，相电压为宽度 180°的正负对称的阶梯波，三相负载电压相位相差 120°，将直流电逆变成三相对称的交流电，实现了无源逆变。

下面对三相电压型桥式逆变电路的输出电压进行定量分析。将输出线电压 u_{UV} 展开成傅里叶级数，得到

$$u_{UV} = \frac{2\sqrt{3}U_d}{\pi}\left[\sin(\omega t) - \frac{1}{5}\sin(5\omega t) - \frac{1}{7}\sin(7\omega t) + \frac{1}{11}\sin(11\omega t) + \frac{1}{13}\sin(13\omega t) - \cdots\right] \quad (6-9)$$

输出线电压有效值 U_{UV} 为

$$U_{UV} = \sqrt{\frac{1}{2\pi}\int_0^{2\pi}u_{UV}^2 d(\omega t)} = 0.816U_d \quad (6-10)$$

基波电压幅值 U_{UV1m} 和基波电压有效值 U_{UV1} 分别为

$$U_{UV1m} = \frac{2\sqrt{3}U_d}{\pi} = 1.1U_d \quad (6-11)$$

$$U_{UV1} = \frac{U_{UV1m}}{\sqrt{2}} = \frac{\sqrt{6}}{\pi}U_d = 0.78U_d \quad (6-12)$$

下面再对负载相电压 u_{UN} 进行分析。将输出相电压 u_{UN} 展开成傅里叶级数，得到

$$u_{UN} = \frac{2U_d}{\pi}\left[\sin(\omega t) + \frac{1}{5}\sin(5\omega t) + \frac{1}{7}\sin(7\omega t) + \frac{1}{11}\sin(11\omega t) + \frac{1}{13}\sin(13\omega t) + \cdots\right] \quad (6-13)$$

负载相电压有效值 U_{UN} 为

$$U_{UN} = \sqrt{\frac{1}{2\pi}\int_0^{2\pi}u_{UN}^2 d(\omega t)} = 0.471U_d \quad (6-14)$$

基波电压幅值 U_{UN1m} 和基波电压有效值 U_{UN1} 分别为

$$U_{UN1m} = \frac{2U_d}{\pi} = 0.637U_d \quad (6-15)$$

$$U_{UN1} = \frac{U_{UN1m}}{\sqrt{2}} = 0.45U_d \quad (6-16)$$

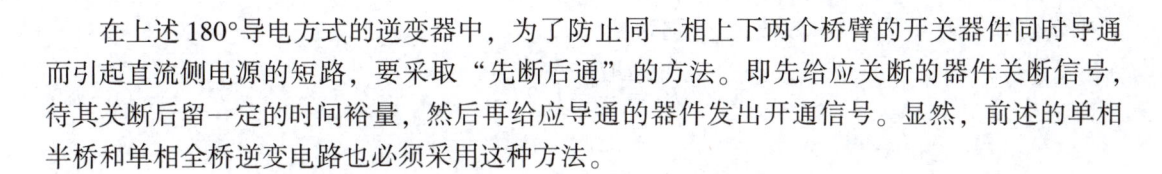

在上述180°导电方式的逆变器中，为了防止同一相上下两个桥臂的开关器件同时导通而引起直流侧电源的短路，要采取"先断后通"的方法。即先给应关断的器件关断信号，待其关断后留一定的时间裕量，然后再给应导通的器件发出开通信号。显然，前述的单相半桥和单相全桥逆变电路也必须采用这种方法。

知识点 3　电流型逆变电路

电流型逆变电路有以下主要特点。

（1）直流侧串联大电感，相当于电流源。直流侧电流基本无脉动，直流回路呈现高阻抗。

（2）电路中开关器件的作用仅是改变直流电流的流通路径，因此交流侧输出电流为矩形波，并且与负载阻抗角无关。而交流侧输出电压波形和相位则因负载阻抗情况的不同而不同。

（3）当交流侧为阻感负载时需要提供无功功率，直流侧电感起缓冲无功能量的作用。因为反馈无功能量时直流电流并不反向，因此不必像电压型逆变电路那样要给开关器件反并联二极管。

（4）当用于交-直-交变频器且负载为电动机时，若交-直变换为可控整流则可很方便地实现再生制动。

1. 单相电流型桥式逆变电路

单相电流型桥式逆变电路如图6.16（a）所示，可控器件采用大功率型全控器件IGBT。当VT_1、VT_4导通，VT_2、VT_3关断时，$i_o = I_d$；反之，$i_o = -I_d$。当以频率f交替切换VT_1、VT_4和VT_2、VT_3时，则在负载上得到图6.16（b）所示的电流波形。不论电路负载性质如何，输出电流波形均为矩形波，而输出电压波形则由负载性质决定。当主电路采用自关断器件时，如果其反方向不能承受高电压，则需要在各开关器件支路串入二极管。

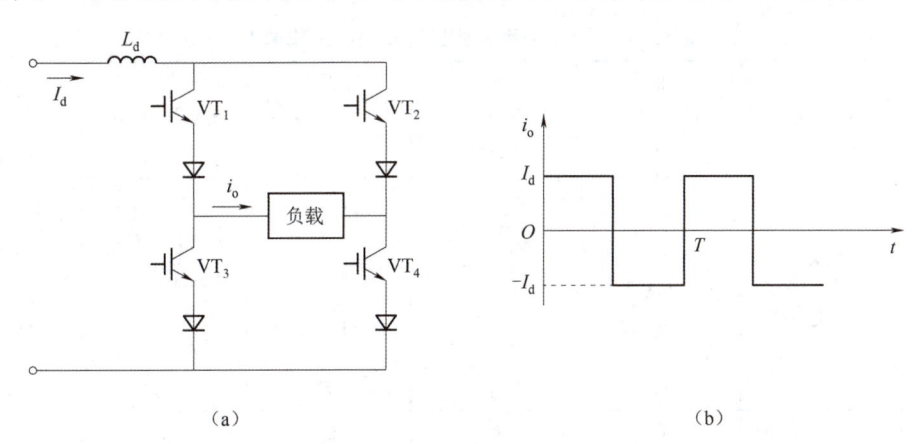

图 6.16　单相电流型桥式逆变电路及波形
（a）电路图；（b）电流波形

将图6.16（b）所示的电流波形展开成傅里叶级数得到

$$i_o = \frac{4I_d}{\pi}\left[\sin(\omega t) + \frac{1}{3}\sin(3\omega t) + \frac{1}{5}\sin(5\omega t) + \cdots\right] \qquad (6-17)$$

其中基波幅值 I_{olm} 和基波有效值 I_{ol} 分别为

$$I_{\text{olm}} = \frac{4I_d}{\pi} = 1.27I_d \tag{6-18}$$

$$I_{\text{ol}} = \frac{4I_d}{\sqrt{2}\pi} = 0.9I_d \tag{6-19}$$

2. 三相电流型桥式逆变电路

三相电流型桥式逆变电路如图 6.17 所示。三相电流型桥式逆变电路的基本工作方式是 120°导电型，与三相桥式可控整流电路的工作情况相似。按 $VT_1 \sim VT_6$ 的顺序依次间隔 60° 给各器件提供驱动信号，则任一瞬间只有两个桥臂导通，每个桥臂一周期内导电 120°，由于每次换流都是在上桥臂组或下桥臂组内进行的，所以称为横向换流。

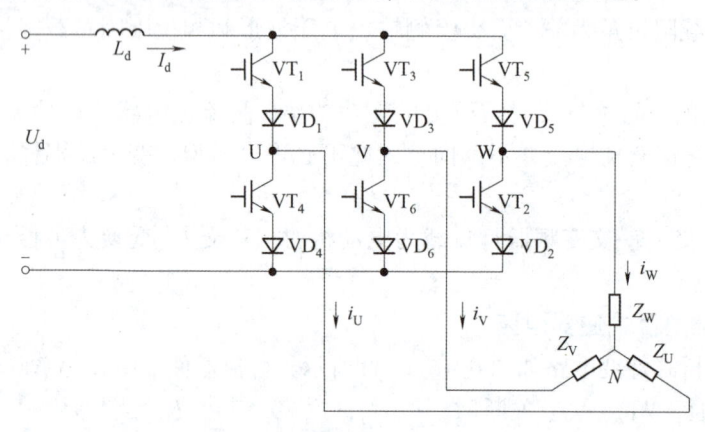

图 6.17 三相电流型桥式逆变电路

设负载为星形连接，且忽略换流过程，那么三相电流型桥式逆变电路的工作情况见表 6.2，由此可得到图 6.18 所示的输出电流波形。

表 6.2 三相电流型桥式逆变电路的工作情况

时段	I $0 \sim \pi/3$	II $\pi/3 \sim 2\pi/3$	III $2\pi/3 \sim \pi$	IV $\pi \sim 4\pi/3$	V $4\pi/3 \sim 5\pi/3$	VI $5\pi/3 \sim 2\pi$
导通管	$VT_6 VT_1$	$VT_1 VT_2$	$VT_2 VT_3$	$VT_3 VT_4$	$VT_4 VT_5$	$VT_5 VT_6$
负载等效电路						
输出电流 i_U	I_d	I_d	0	$-I_d$	$-I_d$	0
输出电流 i_V	$-I_d$	0	I_d	I_d	0	$-I_d$
输出电流 i_W	0	$-I_d$	$-I_d$	0	I_d	I_d

与三相电压型桥式逆变电路比较，两者的波形形状相同，故可得到三相电流型桥式逆变电路的输出线电流基波分量的有效值 I_{A1} 与直流电流 I_d 的关系为

$$I_{A1} = \frac{\sqrt{6}}{\pi} I_d = 0.78 I_d \tag{6-20}$$

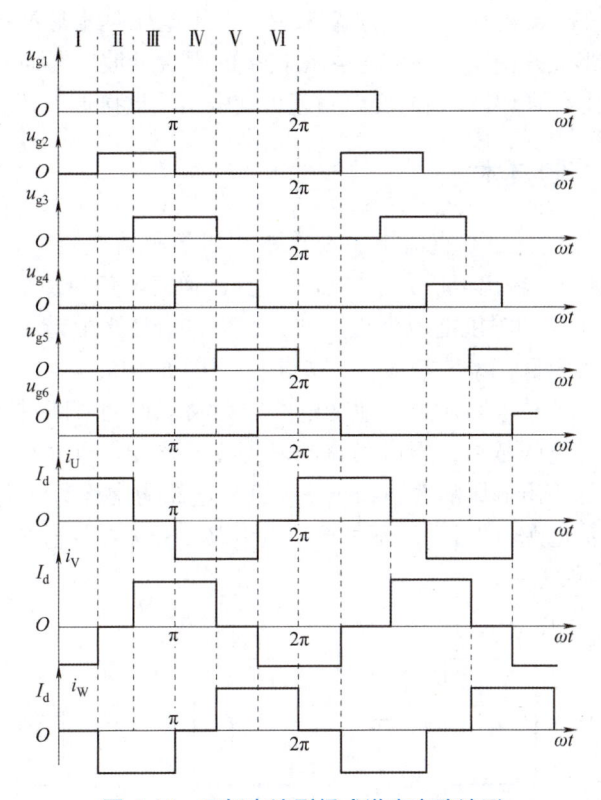

图 6.18　三相电流型桥式逆变电路波形

3. 电压型和电流型逆变电路的比较

电压型和电流型逆变电路的比较见表 6.3。

表 6.3　电压型和电流型逆变电路的比较

类型 比较	电压型	电流型
直流回路滤波环节	电容器	电抗器
输出电压波形	矩形波	取决于负载,当负载为异步电动机时,为近似正弦波
输出电流波形	取决于逆变器电压与电动机的电动势,有较大谐波分量	矩形波
输出动态电阻	小	大
再生制动	需要附加电源侧反并联逆变器	方便,不需附加设备
过电流及短路保护	较困难	容易
动态特性	较慢,用 PWM 则比较快	快
对开关管的要求	耐压较低,关断时间要求短	耐压高
电路结构	较复杂	较简单
适用范围	适用于多台电动机供电,不可逆拖动,稳速工作,速度要求不高的场合	适用于单机拖动,频繁加、减速情况下运行,并需经常反向的场合

在各种逆变电路中，对电压型逆变电路来说，输出电压是矩形波；对电流型逆变电路来说，输出电流是矩形波。由于矩形波中含有较多的高次谐波，因而对负载会产生不利的影响。而采用PWM技术的PWM型逆变电路就可使输出波形接近正弦波。

知识点 4　PWM控制技术

在交-直-交变频器中，通常直流电源要求采用可控整流电路，如图6.19（a）所示，通过改变U_d达到控制逆变输出电压大小的目的。控制逆变电路触发频率，可改变输出电压u_o的频率。这种变频电路的输出电压为矩形波，其中含有较多的谐波，对负载和交流电网不利，而且输入功率因数低，系统响应慢。如果采用图6.19（b）所示的变频电路，则能较好地避免以上不足。这种电路通过对逆变电路中开关器件的通断进行有规律的控制，使输出端得到等幅但不等宽的脉冲，用这些脉冲来代替正弦波，通过对各脉冲的宽度进行调制，就可改变逆变电路输出电压的大小和频率，这种电路通常称为脉宽调制（PWM）型逆变电路。它输入的直流电源U_d可采用不可控整流电路，开关器件通常采用全控型高频大功率的新型功率器件。

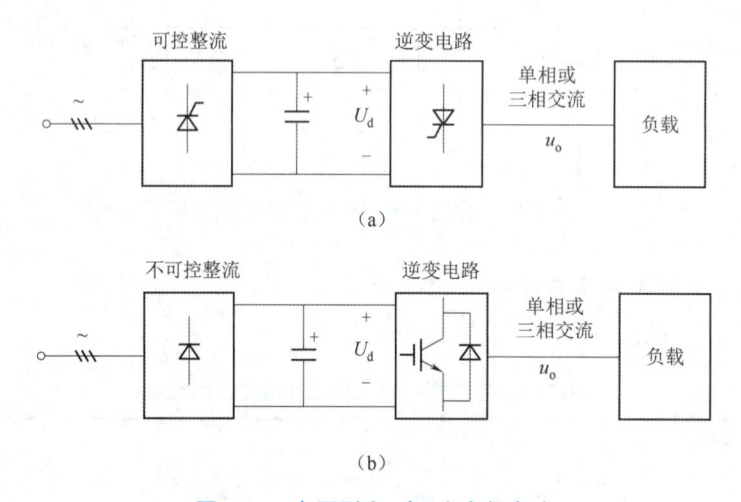

图6.19　电压型交-直-交变频电路
（a）可控整流电路；（b）PWM型逆变电路

PWM控制技术在逆变电路中的应用最为广泛，在大量应用的逆变电路中，绝大部分都是PWM型逆变电路，而且大多是电压型的。本节将着重讨论正弦脉宽调制技术在逆变器中的应用，并论述电压型单相和三相PWM型变频电路的工作原理及调制、控制技术。

在采样控制理论中有一个重要的结论：冲量（脉冲的面积）相等而形状不同的窄脉冲（图6.20），分别加在具有惯性环节的输入端，其输出响应波形基本相同，也就是说，尽管脉冲形状不同，但只要脉冲的面积相等，其作用的效果基本相同。这就是PWM控制的重要理论依据。

由于期望逆变器可以变压、变频，而且逆变器的输出电压波形是正弦的，为此可以把一个正弦半波分成N等份，把正弦半波看成是由N个彼此相连的脉冲序列所组成的波形，如图6.21（a）所示。这些脉冲宽度相等，都等于π/N，但幅值不等，且脉冲顶部不是水平直线，而是曲线，各脉冲的幅值按正弦规律变化。如果把上述脉冲序列利用相同数量的

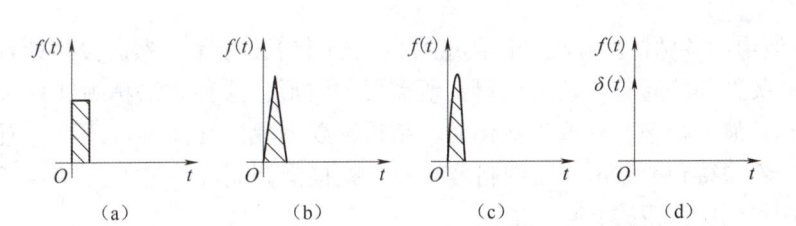

图 6.20　形状不同而冲量相同的各种窄脉冲
（a）矩形脉冲；（b）三角形脉冲；（c）正弦半波脉冲；（d）单位脉冲函数

等幅而不等宽的矩形脉冲代替，使矩形脉冲的中点和相应正弦波部分的中点重合，且使矩形脉冲和相应的正弦波部分面积（冲量）相等，就得到图 6.21（b）所示的脉冲序列，这就是 PWM 波形。可以看出，各脉冲的宽度是按正弦规律变化的，而幅值相等。根据面积等效原理，PWM 波形和正弦半波是等效的。用同样方法，可得到以 PWM 波形来取代正弦负半波。

像这种脉冲的宽度按正弦规律变化而和正弦波等效的 PWM 波形，也称为 SPWM（Sinusoidal PWM）波形。

PWM 波形可分为等幅 PWM 波和不等幅 PWM 波两种。由直流电源产生的 PWM 波通常是等幅 PWM 波，如直流斩波电路。而斩控式交流调压电路、矩阵式变频电路其输入电源都是交流，因此所得到的 PWM 波也是不等幅的。不管是等幅 PWM 波还是不等幅 PWM 波，都是基于面积等效原理来进行控制的，因此其本质是相同的。

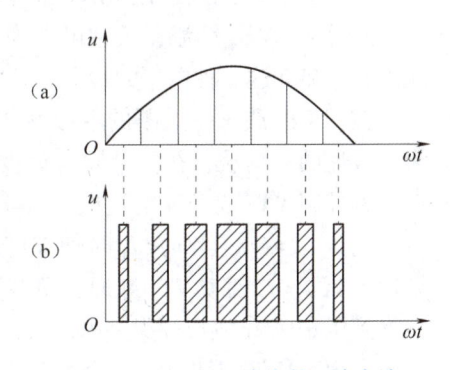

图 6.21　用 PWM 波代替正弦半波

1. 单相桥式 PWM 变频电路的工作原理

单相桥式 PWM 变频电路如图 6.22 所示，是采用 IGBT 作为逆变电路的开关器件。设负载为电感性，控制方法有两种，即单极性与双极性。

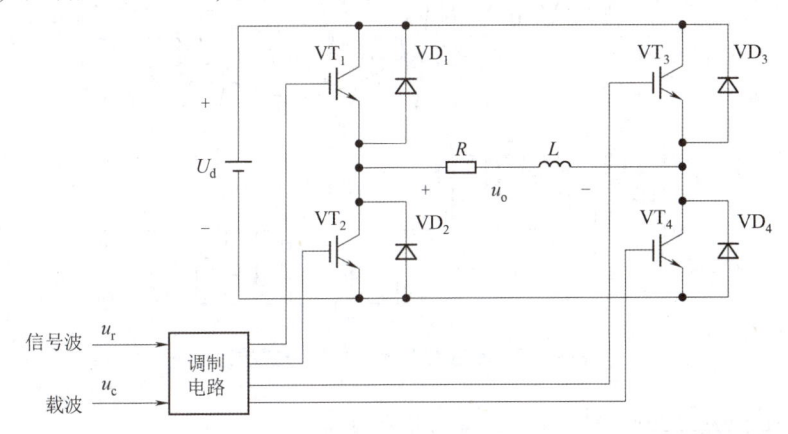

图 6.22　单相桥式 PWM 变频电路

1）单极性 PWM 控制

根据 PWM 的控制原理，在给出了逆变电路正弦波输出频率、幅值和半个周期内的脉冲数后，PWM 波形中各脉冲的宽度和间隔就可以准确计算出来了。然后按照计算结果控制逆变电路中各开关器件的通断，就可以得到所需要的波形，这种方法称为计算法。但计算法很烦琐，当正弦波的频率、幅值等变化时，结果都要变化。在实际应用中，通常采用的是调制法，即把希望得到的波形作为调制信号 u_r，把接受调制的信号作为载波信号 u_c，通过对载波的调制得到所希望的 PWM 波形。

通常采用的载波信号是等腰三角形波，因为等腰三角形的宽度与高度呈线性关系且左右对称，当它与任何一个平缓变化的调制信号相交时，如在交点时刻控制电路中开关器件的通断，就可以得到宽度正比于信号波幅值的脉冲，这正好符合 PWM 控制的要求。当调制信号为正弦波时，所得到的就是 SPWM 波形。对各 IGBT 的控制按下面的规律进行。

(1) 在正半周期，让 IGBT 管 VT_1 一直保持导通，而让 VT_4 交替通断。当 VT_1 和 VT_4 同时导通时，负载上所加的电压为直流电源电压 U_d。当 VT_1 导通而使 VT_4 关断后，由于电感性负载中的电流不能突变，负载电流将通过二极管 VD_3 续流，负载上所加电压为 0 V。

(2) 在负半周期，让 IGBT 管 VT_2 一直保持导通。当 VT_3 导通时，负载电压为 $-U_d$；当 VT_1 关断时，VD_4 续流，负载电压为 0 V。这样，在一个周期内，逆变器输出的 PWM 波形就由 $\pm U_d$ 和 0 这 3 种电平组成。

控制 VT_3 或 VT_4 通断的单极性 PWM 方法如图 6.23 所示，载波 u_c 在调制波 u_r 的正半周为正极性的三角波，在负半周为负极性的三角波。调制信号 u_r 为正弦波，在 u_r 和 u_c 的交点时刻控制 VT_3 或 VT_4 的通断。在 u_r 的正半周，VT_1 保持导通，当 $u_r > u_c$ 时使 VT_4 导通，负载电压 $u_o = U_d$；当 $u_r < u_c$ 时使 VT_4 关断，$u_o = 0$ V。在 u_r 的负半周，VT_1 关断，VT_2 保持导通，当 $u_r < u_c$ 时使 VT_3 导通，负载电压 $u_o = -U_d$；当 $u_r > u_c$ 时使 VT_3 关断，$u_o = 0$ V。这样，就得到了 SPWM 波形 u_o。如图 6.23 所示虚线 u_{o1} 表示 u_o 中的基波分量。像这种在 u_r 的半个周期内三角波载波只在一个方向变化，所得到的 PWM 波形也只在一个方向变化的控制方式称为单极性 PWM 控制方式。

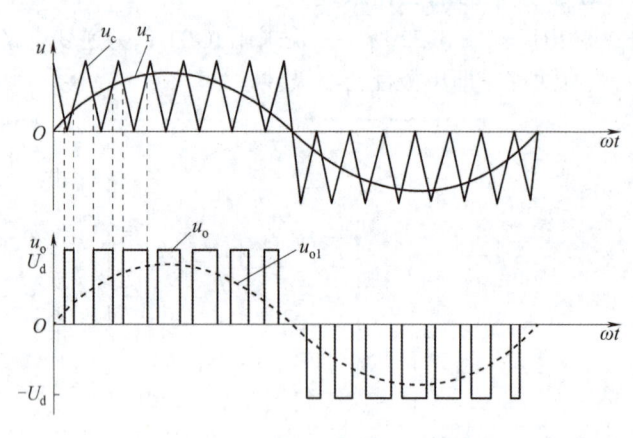

图 6.23 单极性 PWM 控制方式原理

2) 双极性 PWM 控制

图 6.22 所示的单相桥式逆变电路，在采用双极性 PWM 控制方式时原理如图 6.24 所示。在双极性方式中，在 u_r 的半个周期内，三角形载波是在正负两个方向变化的，所得到的 PWM 波形也是在两个方向变化的。在 u_r 的一周期内，输出的 PWM 波形只有 $\pm U_d$ 两种电

平，仍然在调制信号 u_r 和载波信号 u_c 的交点时刻控制各开关器件的通断。在 u_r 的正负半周，对各开关器件的控制规律相同。当 $u_r > u_c$ 时，给 VT_1、VT_4 以开通信号，给 VT_2、VT_3 以关断信号，输出电压 $u_o = U_d$；当 $u_r < u_c$ 时，给 VT_2、VT_3 以开通信号，给 VT_1、VT_4 以关断信号，输出电压 $u_o = -U_d$。可以看出，同一半桥的上下两个桥臂 IGBT 的驱动信号极性相反，处于互补工作方式。在电感性负载的情况下，若 VT_1 和 VT_4 处于导通状态时，给 VT_1 和 VT_4 以关断信号，而给 VT_2 和 VT_3 以开通信号后，则 VT_1 和 VT_4 立即关断；因电感性负载电流不能突变，VT_2 和 VT_3 并不能立即导通，二极管 VD_2 和 VD_3 导通续流。当电感性负载电流较大时，直到下一次 VT_1 和 VT_4 重新导通前，负载电流方向始终未变，二极管 VD_2 和 VD_3 持续导通，而 VT_2 和 VT_3 始终未导通。当负载电流较小时，在负载电流下降到零之前，VD_2 和 VD_3 续流，之后 VT_2 和 VT_3 导通，负载电流反向。不论 VD_2 和 VD_3 导通，还是 VT_2 和 VT_3 导通，负载电压都是 $-U_d$。从 VT_2 和 VT_3 导通向 VT_1 和 VT_4 导通切换时，情况也类似。

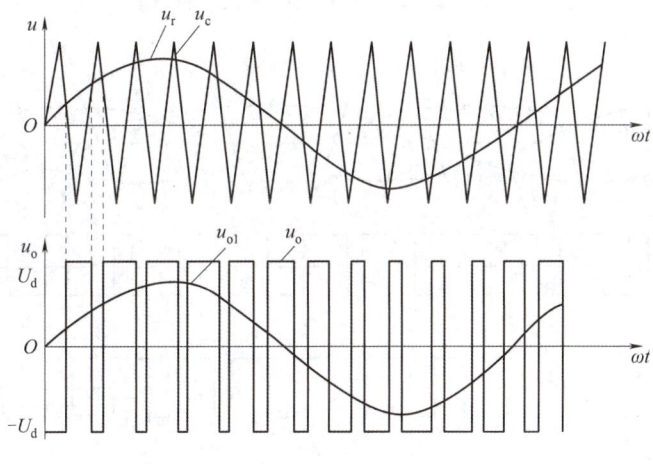

图 6.24 双极性 PWM 控制方式原理

在双极性 PWM 控制方式中，同一相的上下两个臂的驱动信号都是互补的。但实际上为了防止上下两个桥臂直通而造成短路，在给一个桥臂施加关断信号后，再延迟 Δt 时间（即通常所说的死区时间），才给另一个桥臂施加导通信号。延迟时间的长短主要由功率开关器件的关断时间决定。这个延迟时间将会给输出的 PWM 波形带来影响，使其偏离正弦波，所以在保证安全可靠换流的前提下，延迟时间应尽可能小。

2. 三相桥式 PWM 变频电路的工作原理

图 6.25 所示为用 6 只 IGBT 组成的电压型三相桥式 PWM 变频电路。其控制方式只能采用双极性控制方式。U、V、W 三相的 PWM 控制通常公用一个三角波载波信号 u_c，三相正弦波调制信号 u_{rU}、u_{rV}、u_{rW} 的幅值和频率相等，相位依次相差 120°。由于 U、V、W 三相的 PWM 控制规律相同，现以 U 相为例加以说明。当 $u_{rU} > u_c$ 时，给上桥臂 VT_1 导通信号，给下桥臂 VT_4 关断信号，则 U 相相对于直流电源假想中点 N' 的输出电压为 $u_{UN'} = U_d/2$，当 $u_{rU} < u_c$ 时，给 VT_4 导通信号，给 VT_1 关断信号，则 $u_{UN'} = -U_d/2$。V 相和 W 相的控制方式与 U 相相同。电路的工作波形如图 6.26 所示，图中线电压 u_{UV} 波形可由 $u_{UN'} - u_{VN'}$ 得到。从图 6.26 可以看出，$u_{UN'}$、$u_{VN'}$ 和 $u_{WN'}$ 的 PWM 波形都只有 $\pm U_d/2$，而输出线电压的波形由 $\pm U_d$ 和 0 这 3 种电平构成。

183

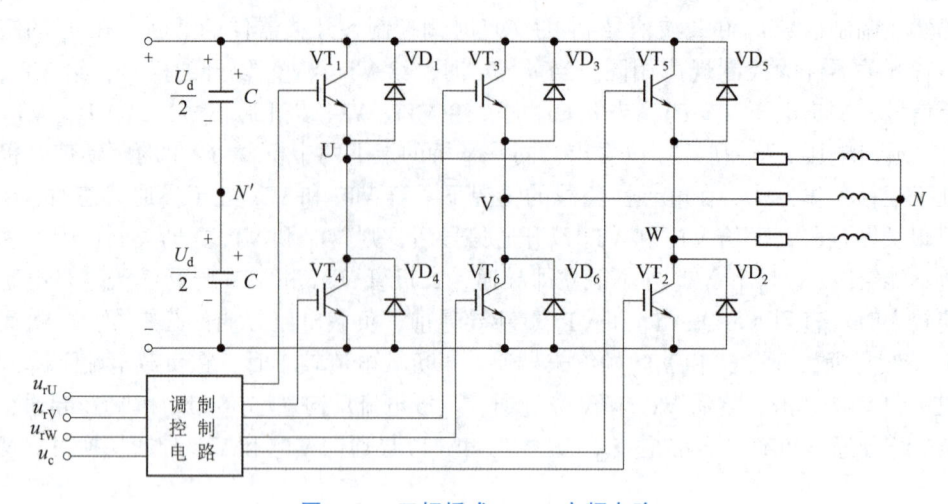

图 6.25 三相桥式 PWM 变频电路

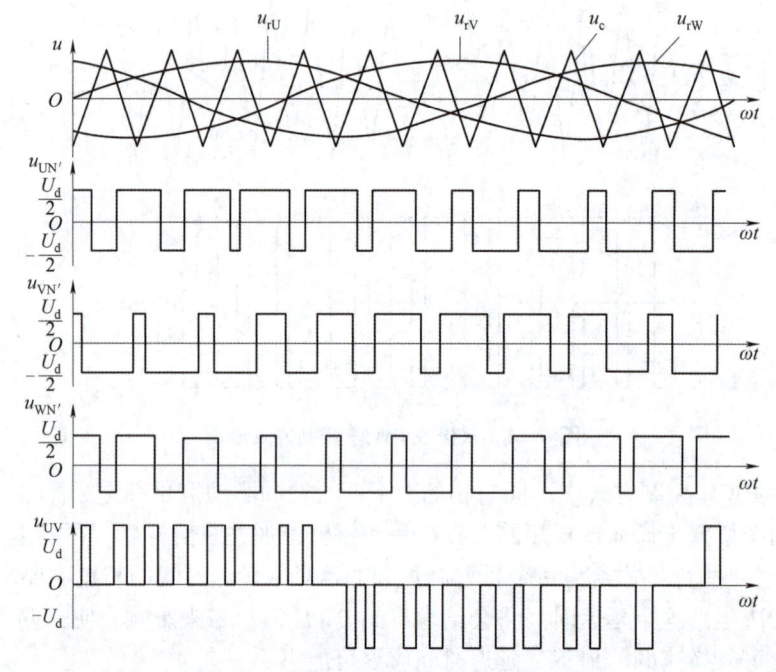

图 6.26 三相桥式 PWM 变频电路的波形

任务实施

（1）分析无源逆变电路的工作原理。

（2）说明电压型逆变电路的主要特点。

（3）说明电流型逆变电路的主要特点。

（4）分析单相桥式 PWM 变频电路的工作原理。

任务评价

1. 小组互评

小组互评任务验收单

任务名称	三相电压型桥式逆变电路的电路图及输出电压波形	验收结论	
验收负责人		验收时间	
验收成员			
任务要求	设计三相电压型桥式逆变电路的电路图。请根据任务要求绘制三相电压型桥式逆变电路的电路图，分析输出电压波形		
实施方案确认			
文档接收清单	接收本任务完成过程中涉及的所有文档		
	序号	文档名称	接收人	接收时间
验收评分	配分表		
	评价标准	配分	得分
	能够正确列出三相电压型桥式逆变电路中用到的电气元件。每处错误扣 5 分，扣完为止	20 分	
	能够正确画出三相电压型桥式逆变电路中电气元件的电气符号。每处错误扣 5 分，扣完为止	30 分	
	能够正确绘制三相电压型桥式逆变电路的电路图。每处错误扣 5 分，扣完为止	30 分	
	能够正确描述三相电压型桥式逆变电路的输出电压。描述模糊不清楚或不达要点不给分	20 分	
效果评价			

2. 教师评价

教师评价任务验收单

任务名称	三相电压型桥式逆变电路的电路图及输出电压波形		验收结论	
验收负责人			验收时间	
验收成员				
任务要求	设计三相电压型桥式逆变电路的电路图。请根据任务要求绘制三相电压型桥式逆变电路的电路图，分析输出电压波形			
实施方案确认				
文档接收清单	接收本任务完成过程中涉及的所有文档			
	序号	文档名称	接收人	接收时间
验收评分	配分表			
	评价标准		配分	得分
	能够正确列出三相电压型桥式逆变电路中用到的电气元件。每处错误扣5分，扣完为止		20分	
	能够正确画出三相电压型桥式逆变电路中电气元件的电气符号。每处错误扣5分，扣完为止		30分	
	能够正确绘制三相电压型桥式逆变电路的电路图。每处错误扣5分，扣完为止		30分	
	能够正确描述三相电压型桥式逆变电路的输出电压。描述模糊不清楚或不达要点不给分		20分	
效果评价				

拓展训练

（1）按逆变后能量馈送去向不同来分类，电力电子元件构成的逆变器可分为_____逆变器与_____逆变器两大类。

（2）电压型三相桥式逆变电路的基本工作方式是_____导电型。同一相上下两个桥臂交替导电，各相开始导电的时间依次相差_____。

（3）电流型三相桥式逆变电路的基本工作方式是_____导电型，任一瞬间有_____桥臂导通。

（4）单相桥式PWM变频电路，控制方法有两种，即_____与_____。

任务 6.2　有源逆变电路的分析

任务目标

[知识目标]
- 掌握有源逆变电路的工作原理、逆变实现的条件与逆变角。

[技能目标]
- 掌握三相半波有源逆变电路和三相桥式有源逆变电路的工作原理及其应用。

[素养目标]
- 具有良好的职业道德和职业素养。
- 具有质量意识、环保意识、安全意识、信息素养、工匠精神和创新思维。

知识链接

知识点 1　有源逆变电路的工作原理

整流与有源逆变的根本区别就表现在两者能量传送方向的不同。一个相控整流电路，只要满足一定条件，也可工作于有源逆变状态。这种装置称为变流装置或变流器。

1. 直流发电机-电动机之间电能的交换

图 6.27 所示为直流发电机-电动机之间电能的交换，其中 G 为发电机，M 为电动机，R 为回路的总电阻，图中未画出励磁回路。控制发电机电动势的大小和极性，可以实现电动机四象限运行。

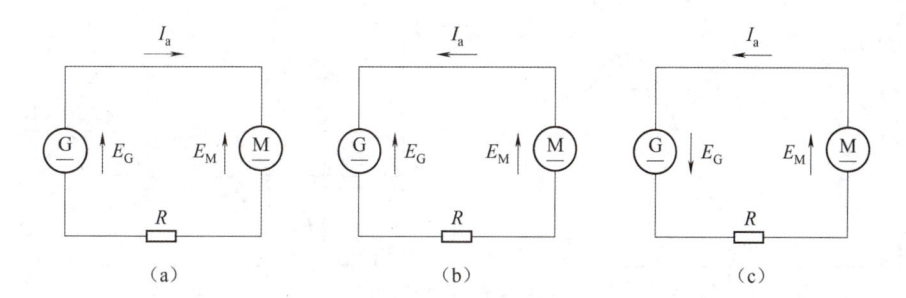

图 6.27　直流发电机-电动机之间电能的交换
（a）两个电动势同极性连接（$E_G>E_M$）；（b）两个电动势同极性连接（$E_M>E_G$）；（c）两个电动势反极性连接

在图 6.27（a）中，$E_G>E_M$，则电流 I_a 从 G 流向 M，其大小为

$$I_a=\frac{E_G-E_M}{R} \tag{6-21}$$

由于 I_a 和 E_G 同方向，与 E_M 反方向，因此发电机 G 输出电功率 $P_G=E_G \cdot I_a$，电能由 G 流向 M；M 吸收功率 $P_M=E_M \cdot I_a$，再转变为机械能；电动机运行于电动状态，R 上是热耗。

在图 6.27 (b) 中，电动机运行于回馈制动状态，此时 M 作发电运转，$E_M > E_G$，则电流 I_a 从 M 流向 G，其大小为

$$I_a = \frac{E_M - E_G}{R} \tag{6-22}$$

此时，I_a 与 E_M 同方向，与 E_G 反方向，因此 M 输出电功率，G 吸收电功率，R 上是热耗，电能由 M 流向 G。

在图 6.27 (c) 中，两电动势顺向串联，向电阻 R 供电，G 和 M 均输出功率，由于 R 仅为回路电阻，一般都很小，实际上相当于两电源短路，这种情况在实际使用过程中必须禁止发生。通过上述分析可知以下几点。

(1) 两电动势同极性相连时，电流总是从电动势高的流向电动势低的。电流的大小取决于电动势差和回路总电阻。

(2) 与电流同方向的电动势输出功率，而与电流反方向的电动势则吸收功率。

(3) 两电动势反极性相连时，由于回路电阻很小，则回路电流会非常大，形成电源短路，因此这种情况在实际应用中应避免发生。

2. 有源逆变电路的工作原理

以下以单相全波可控整流电路给直流电动机负载供电为例，说明有源逆变的工作原理，如图 6.28 所示。为了便于分析，假设平波电抗器的电感量足够大，以保证电流连续平稳。为了方便分析，忽略变压器漏抗、晶闸管正向压降等的影响。

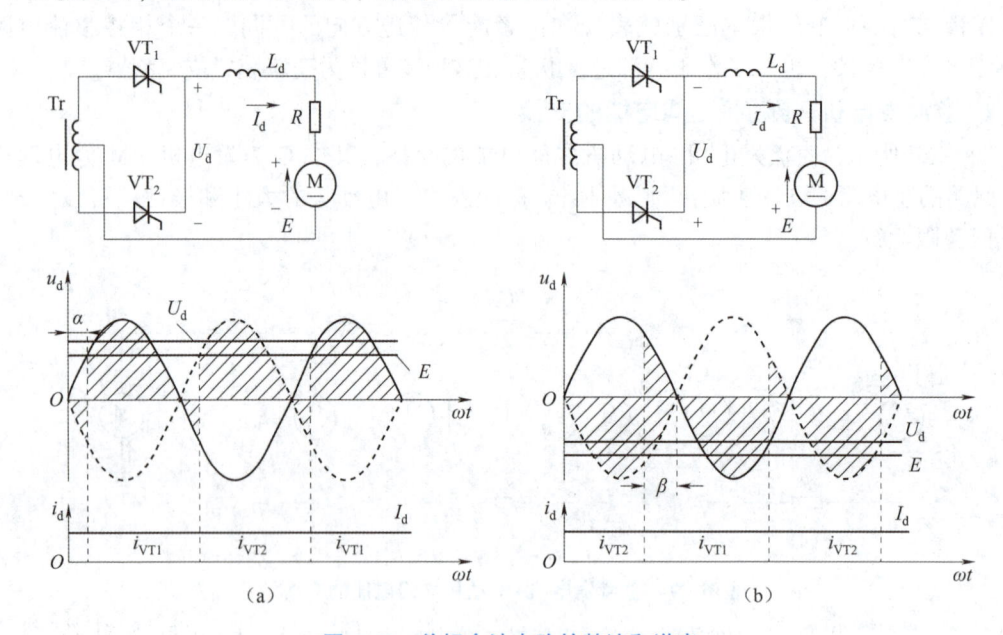

图 6.28 单相全波电路的整流和逆变
(a) 整流工作状态；(b) 逆变工作状态

1) 变流器工作于整流状态 ($0 \leq \alpha \leq \pi/2$)

单相全波可控整流电路的分析方法、结论与波形和单相桥式全控整流电路相同。在图 6.28 (a) 中，设变流器工作于整流状态，电动机 M 作电动机运行。大电感负载在整流状态 $U_d = 0.9 U_2 \cos\alpha$，控制角 α 的移相范围为 $0 \sim \pi/2$，直流侧输出电压 U_d 为正值，且 $U_d >$

E，波形如图 6.28（a）所示，则回路电流 $I_d=(U_d-E)/R$，方向如图 6.28（a）所示。此时交流电网输出功率，电动机输入功率。在整流状态下，晶闸管大部分时间工作于电源电压的正半周，承受的阻断电压主要为反向阻断电压，且其正向阻断时间对应着晶闸管的触发延迟角 α。

2）变流器工作于逆变状态（$\pi/2<\alpha<\pi$）。

在图 6.28（b）中，设电动机 M 作发电回馈制动运行，由于晶闸管的单向导电性，回路电流 I_d 的方向不变。为了改变电能的输送方向，只有改变电动机电流的流动方向，即改变电动机端电压的极性；为防止两电动势顺向串联，U_d 的极性也必须反过来，即 U_d 应为负值，且电动机的电动势 $|E|>|U_d|$，才能使电能从直流侧送到交流侧，实现逆变。这时回路电流 $I_d=(E-U_d)/R$。此时电能的流向与整流时相反，电动机输出功率，交流电网吸收功率，实现有源逆变。

那么，怎样才能使 U_d 的极性反过来呢？从整流电路的分析可知，在电流连续条件下，整流电路输出平均电压 U_d 与触发延迟角 α 的关系为

$$U_d = U_{d0}\cos\alpha \tag{6-23}$$

由此可见，当 $\pi/2<\alpha<\pi$ 时，$U_d<0$，即正半波面积小于负半波面积，正适合于逆变工作的范围。在逆变工作状态下，晶闸管大部分时间都工作于交流电源的负半周，承受的阻断电压主要为正向阻断电压，且其反向阻断时间对应着晶闸管的逆变角 $\beta(\beta=\pi-\alpha)$。

知识点 2　逆变实现的条件与逆变角

1. 逆变实现的条件

从上述分析可知，要实现有源逆变必须满足两个条件。

（1）外部条件：直流侧必须外接一个直流电源势，其极性与晶闸管的导通方向一致，且其值应稍大于直流侧平均电压。

（2）内部条件：要求晶闸管的触发延迟角 $\alpha>\pi/2$，使 U_d 为负值。

两者必须同时具备才能实现有源逆变状态。

必须注意的是，对于半控桥或带续流二极管的变流电路，由于其整流电压 U_d 不会出现负值，也不允许直流侧有负极性的电动势，因此不能实现有源逆变。

由上面的分析可以看出，整流和逆变、交流和直流在晶闸管变换器中互相联系，并在一定条件下可以互相转换，同一个变流器，既可以作整流器，又可以作逆变器，其关键是内部条件和外部条件。逆变电路的工作原理、参量关系以及分析方法等都和整流电路密切相关，并在很多方面是一致的。

2. 逆变角

由图 6.28 可知，在整流和逆变范围内，如果电流连续，则每个晶闸管的导通角都是 π，所以直流侧输出电压 U_d 与 α 之间的关系，可根据对输出电压 u_d 波形进行积分得到

$$U_d = \frac{2}{2\pi}\int_{\alpha}^{\alpha+\pi}\sqrt{2}U_2\sin(\omega t)\,d(\omega t) = 0.9U_2\cos\alpha = U_{d0}\cos\alpha \tag{6-24}$$

式中：U_2 为变压器二次相电压有效值。

由于逆变运行时触发延迟角 $\alpha>\pi/2$，$U_d<0$，为了分析和计算方便，引入逆变角 β。一般规定逆变角 β 以触发延迟角 $\alpha=\pi$ 时刻作为计量的起始点（$\beta=0$），而任意时刻 β 与 α 满

足关系式 α+β=π。则有

$$U_d = U_{d0}\cos\alpha = U_{d0}\cos(\pi-\beta) = -U_{d0}\cos\beta \quad (6-25)$$

由此可知，在逆变工作过程中，当 β=0 时，输出电压 U_d 的绝对值最大，随着角度的增加，U_d 的绝对值逐渐减小，当 β=π/2 时，U_d=0。β 的范围为 0~π/2。

例题 单相桥式变流电路如图 6.29 所示，其中 U_2=220 V，E=110 V，R=2 Ω，当 β=π/3 时能否实现有源逆变？如果能，那么电动机的制动电流为多大？试画出晶闸管 VT_1 两端的电压以及输出电压的波形。

解：根据式（6-25）可得

$$U_d = -0.9U_2\cos\beta = -0.9 \times 220 \times \cos\frac{\pi}{3} = -99(V)$$

$|E|>|U_d|$，且两个电压同极性相接，方向与晶闸管导通方向一致，满足外部条件；β=π/3<π/2，满足内部条件。即合起来满足有源逆变实现的条件。则电动机的制动电流为

$$I_d = \frac{E-U_d}{R} = \frac{110-99}{2} = 5.5(A)$$

VT_1 两端的电压以及输出电压波形如图 6.30 所示。

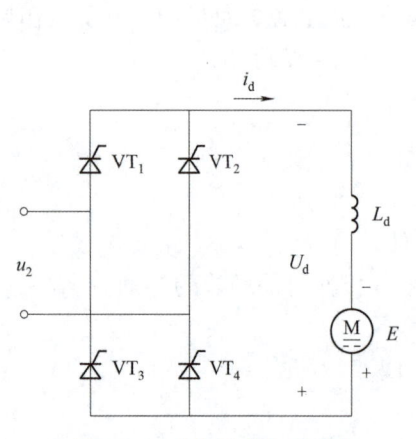

图 6.29 单相桥式变流电路

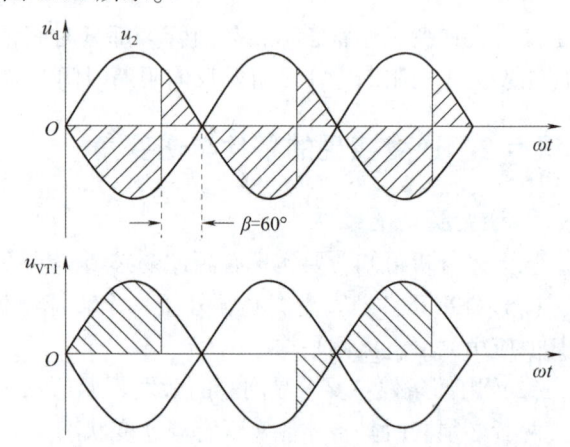

图 6.30 单相桥式逆变电路输出电压波形

知识点 3　三相有源逆变电路

除单相全控桥式电路外，三相半波和三相桥式有源逆变电路也是常用的有源逆变电路。下面分别对三相半波和三相桥式有源逆变电路的工作原理进行分析。

1. 三相半波有源逆变电路

三相半波有源逆变电路有共阴极和共阳极两种接法，工作原理相同，现以共阴极接法为代表来讨论。图 6.31（a）所示为三相半波有源逆变电路。电动机的电动势 E 的极性为上负下正，当 α>π/2 即 β=(π-α)<π/2 时，且满足 $|E|>|U_d|$，则电路符合有源逆变条件，可实现有源逆变。逆变器输出直流电压 U_d 的极性按整流状态时的规定，从上至下为 U_d 的正方向，U_d 的计算公式为

$$U_d = U_{d0}\cos\alpha = -U_{d0}\cos\beta = -1.17U_2\cos\beta \quad (\alpha>90°) \quad (6-26)$$

其中，U_d 的"-"号说明其实际方向与假定方向相反。输出直流电流平均值为

$$I_{d} = \frac{E - U_{d}}{R} \tag{6-27}$$

式中：R 为回路的总电阻。

电流从 E 的正极流出，流入 U_d 的正端，表示 E 输出电能，经过晶闸管装置将电能送给电网。

现以 $\beta = 60°$ 为例分析其工作过程。当 $\alpha = 120°$ 时，即 ωt_1 时刻，给 VT_1 加上触发脉冲 U_{g1}，此时，在 $\omega t_1 \sim \omega t_2$ 时间内，即使 U 相电压为零或负值，但由于 E 的作用，仍使 VT_1 承受正压而导通。有电流 i_d 流过 VT_1，同时有 $u_d = u_U$ 的电压波形输出。与整流时一样，按电源相序每隔 120° 发出脉冲轮流触发相应的各晶闸管使之导通，同时关断其前面导通的晶闸管，依次换相，每个晶闸管导通 120°。因此，就得到图 6.31（b）中有阴影部分的电压波形，其直流平均电压（阴影部分正负面积之和）为负值。由于电路中接有大电感 L_d，因而 i_d 为一平直连续的直流电流 I_d。

逆变时晶闸管两端电压波形的画法与整流时一样，图 6.31（c）中画出了晶闸管 VT_1 承受电压 u_{T1} 的波形。在一个电源周期内，VT_1 管首先导通 120°，导通期间其端电压为零，紧接着后面的 120° 内 VT_2 导通，VT_1 关断，VT_1 承受线电压 u_{UV}，再后的 120° 内 VT_3 导通，VT_1 管承受线电压 u_{UW}。由 VT_1 两端电压波形可见，有源逆变时晶闸管所承受的电压与整流时比较，逆变时正面积总是大于负面积，而整流时则相反，正面积总是小于负面积，当 $\alpha = \beta$ 时，正负面积才相等，管子承受的最大正反向电压均为 $\sqrt{6} U_2$。

逆变电路中晶闸管的换相与整流电路晶闸管的换相是一样的，晶闸管也是靠阳极承受反向电压或电压过零来实现。在图 6.31（b）中，VT_1 导通 120° 后，在 ωt_2 时刻，触发 VT_2，则 VT_2 导通，此时 VT_1 承受线电压 u_{UV}。由于 $u_{UV} < 0$，使 VT_1 承受反向电压而被迫关断，完成了由 VT_1 向 VT_2 的换相过程，如图 6.31（c）所示。其他晶闸管的换相与前述相同。

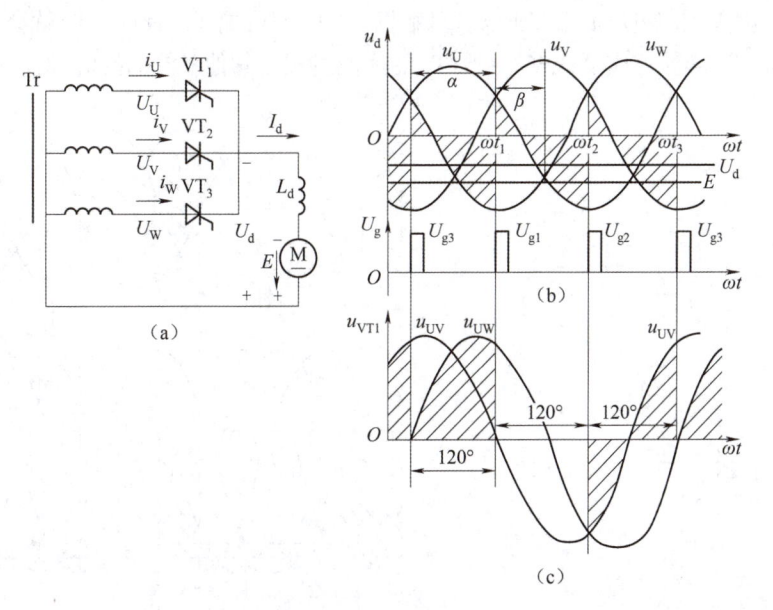

图 6.31 三相半波有源逆变电路与波形

2. 三相桥式有源逆变电路

三相桥式变流电路可分为三相半控桥式和三相全控桥式变流电路。由于三相半控桥式变流电路不能实现逆变,因此下面主要介绍三相全控桥式逆变电路。图6.32(a)所示为三相全控桥式有源逆变电路与波形。为满足逆变条件,电动机电动势 E 上负下正,回路中串有大电感 L_d,逆变角 $\beta<90°$。该电路与三相全控桥式整流电路相似,也由两组组成,一组为共阴极连接(VT_1、VT_3、VT_5),另一组为共阳极连接(VT_2、VT_4、VT_6),相当于两个三相半波电路。与三相半波逆变电路相比,三相全控桥式有源逆变电路提高了变压器的利用率,消除了变压器的直流磁化问题。该电路逆变时输出直流电压的计算公式为

$$U_d = U_{20}\cos\alpha = 2.34 U_{2\varphi}\cos\alpha = -2.34 U_{2\varphi}\cos\beta \quad (\alpha>90°) \tag{6-28}$$

输出直流电流平均值为

$$I_d = \frac{E - U_d}{R} \tag{6-29}$$

式中:R 为回路的总电阻。三相全控桥式有源逆变电路的工作过程与整流时一样,为保证同一时刻上、下两组不同相的两个管子同时导通,逆变电路对触发装置的要求是加宽脉冲(脉冲宽度大于60°),或采用双窄脉冲。双窄脉冲要求每隔60°依次触发两个管子,每个管子导通120°,管子导通的顺序为 $VT_1 \rightarrow VT_2 \rightarrow VT_3 \rightarrow VT_4 \rightarrow VT_5 \rightarrow VT_6$。

现以 $\beta=30°$ 为例分析其工作过程。图6.32(b)所示为 $\beta=30°$ 时三相全控桥式直流输出电压 u_d 的波形。共阴极组晶闸管 VT_1、VT_3、VT_5 分别在脉冲 U_{g1}、U_{g3}、U_{g5} 触发时换流,由阳极电位低的管子导通换到阳极电位高的管子导通,因此相电压波形在触发时上跳;共阳极组晶闸管 VT_2、VT_4、VT_6 分别在脉冲 U_{g2}、U_{g4}、U_{g6} 触发时换流,由阴极电位高的管子导通换到阴极电位低的管子导通,因此相电压波形在触发时下跳。

逆变电路中晶闸管的换流过程分析如下:设触发脉冲为双窄脉冲。在 VT_5、VT_6 导通期间,发出触发脉冲 U_{g1}、U_{g6},则 VT_6 继续导通,而 VT_1 在被触发之前,由于 VT_5 处于导通状态,使 VT_1 承受正向电压 u_{UW},所以一旦触发,VT_1 即可导通。此时 VT_5 就会因承受反向电压 u_{WU} 而关断,这样就完成了从 VT_5 到 VT_1 的换流过程。其他各管的换流过程与前述相同。

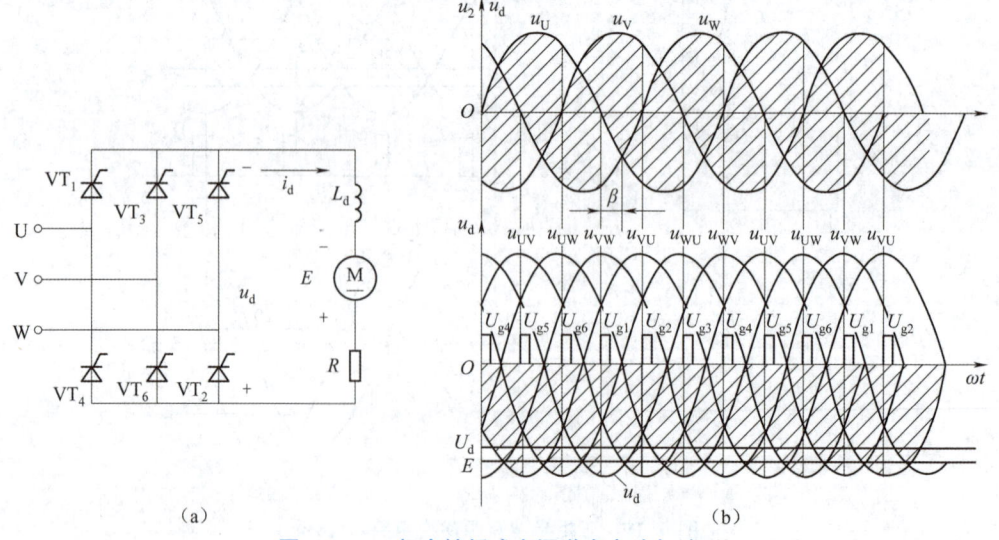

图6.32 三相全控桥式有源逆变电路与波形
(a) 电路图;(b) 波形

通过上面分析，可知三相全控桥式有源逆变电路具有以下特点。
晶闸管触发顺序为：

$$\rightarrow VT_1 \rightarrow VT_2 \rightarrow VT_3 \rightarrow VT_4 \rightarrow VT_5 \rightarrow VT_6 \rightarrow$$

晶闸管导通过程见表 6.4。

表 6.4 晶闸管导通过程

导通晶闸管	直流侧电压 u_d	导通角度
VT_1、VT_6	u_{UV}	60°
VT_1、VT_2	u_{UW}	60°
VT_3、VT_2	u_{VW}	60°
VT_3、VT_4	u_{VU}	60°
VT_5、VT_4	u_{WU}	60°
VT_5、VT_6	u_{WV}	60°

3. 逆变失败与最小逆变角的确定

电路在逆变状态运行时，如果出现晶闸管换流失败，则变流器输出平均电压 U_d 与直流电动势 E 将顺向串联，由于回路电阻很小，必将产生很大的短路电流，以至可能将晶闸管和变压器烧毁，上述事故称为逆变失败或逆变颠覆。这种现象在逆变电路中是绝对不允许的。

1）逆变失败的原因

以图 6.31（a）所示的三相半波有源逆变电路为例，分析造成逆变失败的原因，主要有以下几种情况。

（1）触发电路工作不可靠。因为触发电路不能适时、准确地供给各晶闸管触发脉冲，造成脉冲丢失或延迟以及触发功率不够，均可导致换流失败。如图 6.33（a）所示，当 U 相晶闸管 VT_1 导通到 ωt_1 时刻，正常情况时 U_{g2} 触发 VT_2 管，电流换到 V 相，如果在 ωt_2 时刻触发脉冲 U_{g2} 遗漏，VT_1 管不承受反向电压而关不断，U 相晶闸管 VT_1 将继续导通到正半周，使电源瞬时电压与直流电动势顺向串联，形成短路。图 6.33（b）中示出了脉冲延迟的情况，U_{g2} 延迟到 ωt_2 时刻才出现，此时 U 相电压 u_U 已大于 V 相电压 u_V，晶闸管 VT_2 承受反向电压不能被触发导通，晶闸管 VT_1 也不能关断，相当于 U_{g2} 遗漏，形成短路。

（2）晶闸管出现故障。如果晶闸管参数选择不当，如额定电压选择裕量不足或者晶闸管存在质量问题，都会使晶闸管在应该阻断的时候丧失阻断能力，而应该导通时却无法导通，如图 6.33（c）所示。在 ωt_1 时刻之前，由于 VT_3 承受的正向电压等于 E 和 u_W 之和，特别是当逆变角 β 较小时，这一正向电压较高，若 VT_3 的断态重复峰值电压裕量不足，到达 ωt_1 时刻，应该由 VT_1 换相到 VT_2，但因为 VT_3 的误导通，使 VT_2 承受反向电压而无法导通，造成逆变失败。

（3）换相裕量角不足。有源逆变电路的控制电路在设计时，应充分考虑到变压器漏电感对晶闸管换流的影响，以及晶闸管由导通到关断存在着关断时间的影响，否则将由于逆变角 β 太小造成换流失败，从而导致逆变颠覆的发生。下面以 VT_1 和 VT_2 的换相过程为例加以分析，设电路变压器漏电感引起的换相重叠角为 γ，当逆变电路工作在 $\beta>\gamma$ 时，经过换相过程后，V 相电压 u_V 仍高于 U 相电压 u_U，所以换相结束后，能使 VT_1 承受反向电压而关断。从图 6.33（d）中可以看出，如果换相的裕量角不足，即当 $\beta<\gamma$ 时，当换相还未结

束时，电路的工作状态到达 P 点之后，U 相电压 u_U 将高于 V 相电压 u_V，晶闸管 VT_2 将承受反向电压而重新关断，可是应该关断的 VT_1 还承受正向电压而继续导通，而且 U 相电压越来越高，导致逆变失败。

（4）交流电源出现异常。从逆变电路电流公式（6-27）可以看出，电路在有源逆变状态下，如果交流电源突然断电或者电源电压过低，公式中的 U_d 都将为零或减小，从而使电流 I_d 增大以致使直流电动势经过晶闸管形成短路，发生电路逆变失败。

为了保证逆变电路正常工作，必须选用可靠的触发器，合理选择晶闸管的参数，并且采取必要的措施，减小电路中 du/dt 和 di/dt 的影响，以免发生误导通。为了防止意外事故，与整流电路一样，电路中一般应装有快速熔断器或快速开关，以提供保护。另外，为了防止逆变失败，逆变角的最小值也应严格限制，不能太小。

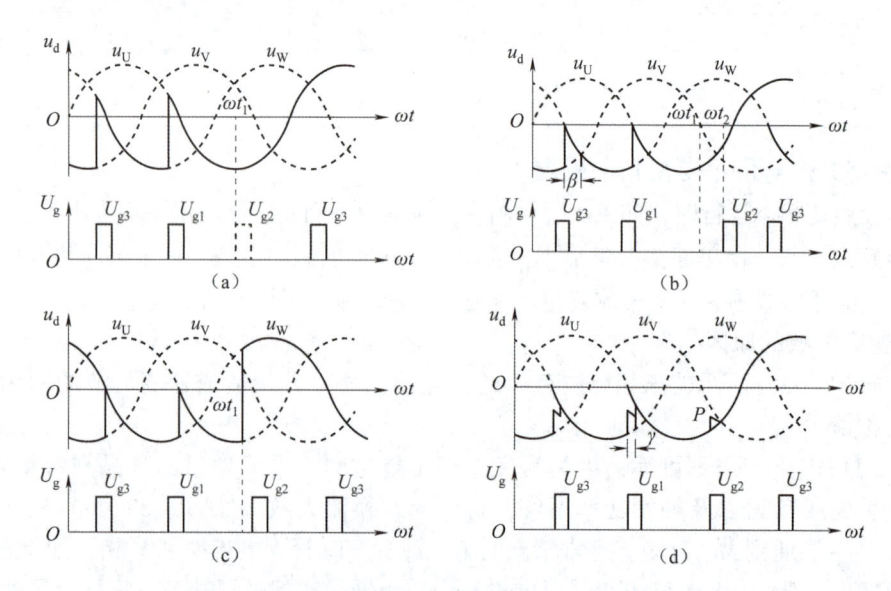

图 6.33 三相半波有源逆变电路逆变失败波形分析
(a) 触发脉冲丢失；(b) 脉冲延迟；(c) 晶闸管正向阻断能力不足；(d) 换相裕量角不足

2）最小逆变角 $\beta_{\min}$ 的限制

逆变时允许采用的最小逆变角 $\beta_{\min}$ 应满足

$$\beta_{\min} = \delta + \gamma + \theta' \tag{6-30}$$

式中：δ 为晶闸管的关断时间 t_q 所对应的电角度，考虑晶闸管关断时间，主要是为了保证本该关断的管子完全恢复阻断，一般 t_q 需 200～300 μs，对应的电角度 δ 为 5°左右；γ 为换相重叠角，γ 的大小与电路的形式、工作电流大小有关，一般取 15°～25°；θ' 为安全裕量角，主要是考虑到脉冲间隔不对称、电网波动、畸变及温度等可能产生的影响而留出的安全裕量角，一般 θ' 值约取 10°。

综上所述，最小逆变角为

$$\beta_{\min} = 30° \sim 35° \tag{6-31}$$

为了可靠防止 $\beta < \beta_{\min}$，在要求较高的场合，可在触发电路中设置保护电路，使 β 减小时移不到 $\beta_{\min}$ 区域内。还可在 $\beta_{\min}$ 处设置产生附加安全脉冲的装置，安全脉冲设在 $\beta_{\min}$ 处。万一当工作脉冲移入 $\beta_{\min}$ 区域内时，则安全脉冲保证在 $\beta_{\min}$ 处触发晶闸管，防止逆变失败。

任务实施

（1）说明直流发电机-电动机之间电能的交换。

（2）说明逆变实现的条件。

（3）说明逆变失败的原因。

任务评价

1. 小组互评

小组互评任务验收单

任务名称	单相全波逆变电路的电路图及输出电压与电流波形分析		验收结论	
验收负责人			验收时间	
验收成员				
任务要求	设计单相全波逆变电路的电路图。请根据任务要求绘制单相全波逆变电路的电路图，分析输出电压与电流波形			
实施方案确认				
文档接收清单	接收本任务完成过程中涉及的所有文档			
	序号	文档名称	接收人	接收时间
验收评分	配分表			
	评价标准		配分	得分
	能够正确列出单相全波逆变电路中用到的电气元件。每处错误扣5分，扣完为止		20分	
	能够正确画出单相全波逆变电路中电气元件的电气符号。每处错误扣5分，扣完为止		30分	
	能够正确绘制单相全波逆变电路的电路图。每处错误扣5分，扣完为止		30分	
	能够正确描述单相全波逆变电路的输出电压与电流波形。描述模糊不清楚或不达要点不给分		20分	
效果评价				

2. 教师评价

教师评价任务验收单

任务名称	单相全波逆变电路的电路图及输出电压与电流波形分析	验收结论	
验收负责人		验收时间	
验收成员			
任务要求	设计单相全波逆变电路的电路图。请根据任务要求绘制单相全波逆变电路的电路图,分析输出电压与电流波形			
实施方案确认				
文档接收清单	接收本任务完成过程中涉及的所有文档			
	序号	文档名称	接收人	接收时间
验收评分	配分表			
	评价标准		配分	得分
	能够正确列出单相全波逆变电路中用到的电气元件。每处错误扣5分,扣完为止		20分	
	能够正确画出单相全波逆变电路中电气元件的电气符号。每处错误扣5分,扣完为止		30分	
	能够正确绘制单相全波逆变电路的电路图。每处错误扣5分,扣完为止		30分	
	能够正确描述单相全波逆变电路的输出电压与电流波形。描述模糊不清楚或不达要点不给分		20分	
效果评价				

拓展训练

(1) 整流与有源逆变的根本区别就表现在两者_____的不同。一个相控整流电路,只要满足一定条件,也可工作于有源逆变状态,这种装置称为_____。

(2) 电路在逆变状态运行时,如果出现晶闸管换流失败,则变流器输出平均电压 U_d 与直流电动势 E 将_____,可能将晶闸管和变压器烧毁,上述事故称为_____。

(3) _____换流是利用全控型电力电子器件本身所具有的自关断能力实现换流。由电网提供换流电压称为_____换流。

(4) 简述最小逆变角的确定方法。

任务 6.3　有源逆变电路的应用

任务目标

[知识目标]
- 掌握高压直流输电系统的原理及应用。

[技能目标]
- 掌握直流可逆电力拖动系统、绕线式异步电动机晶闸管串级调速的原理及应用。

[素养目标]
- 具有良好的职业道德和职业素养。
- 具有质量意识、环保意识、安全意识、信息素养、工匠精神和创新思维。

知识链接

知识点 1　直流可逆电力拖动系统

随着电力电子技术的发展，有源逆变电路的应用领域将会更加广泛。有源逆变电路的典型应用有直流可逆电力拖动系统、绕线式异步电动机的串级调速以及高压直流输电等方面，下面分别加以介绍。

很多生产机械，如矿井提升机、电梯、龙门刨床等，在生产过程中均要求电动机能频繁地启动、制动、反向和调速，因而直流可逆电力拖动系统要求变流器能给电动机提供四象限工作方式的电源，即要求直流侧能输出具有两种极性的连续可调电压。

控制他励直流电动机可逆运转的方法有两种：一种是改变励磁电压的方向；另一种是改变电枢电压的方向。由于前者励磁回路电磁惯性大，过渡过程时间长且控制较复杂，一般用于大容量、快速性要求不高的可逆系统中；后者快速性好、控制较简单，但需要设备容量大些，一般用于中小容量和要求快速性高的可逆系统中。

电动机电枢电压极性可变的可逆拖动系统的电路如图 6.34 所示。电动机的磁场方向不变，而电动机电枢两端由两组三相桥式逆变电路的变流器反并联供电，习惯上称为两组变流装置反并联的可逆电路。其中电动机正转时由 Ⅰ 组变流器供电，反转时由 Ⅱ 组变流器供电，且一组工作时，另一组被封

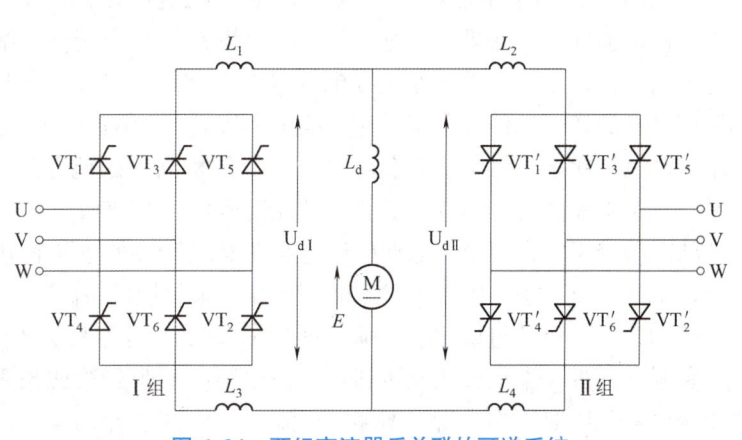

图 6.34　两组变流器反并联的可逆系统

锁，这样可以抑制环流（即不通过负载而在两变流器中流过的电流）的产生。对应于4个象限，两组变流器的工作方式和电动机的运行状态如图6.35所示。

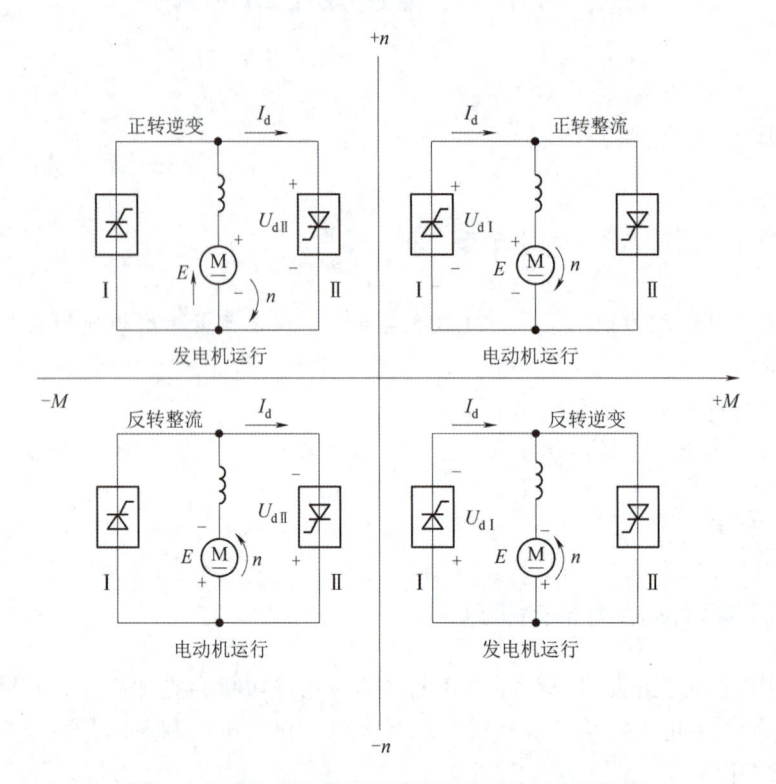

图 6.35　两组变流器反并联的可逆系统四象限运行

在图6.35中，电动机由电动运行转变为发电制动运行，相应地，变流器由整流转换成逆变，这个过程不是在同一组桥内实现的。具体分析如下：设电动机开始运行于第一象限，此时Ⅰ组工作在整流状态，电动机电动运行，转速为正，电动机从Ⅰ组桥获得能量。如果需要反转，首先应使电动机迅速制动，因而必须改变电动机电枢的电流方向，但对Ⅰ组桥来说，电流不能倒流，所以只能切换到Ⅱ组桥工作，同时使Ⅱ组桥工作于逆变状态。

电动机由正转到反转：改变触发装置的控制电压，将Ⅰ组桥触发脉冲后移到$\alpha_I>90°$，由于机械惯性，电动机的转速n与反电动势E暂时未变。Ⅰ组桥的晶闸管在E的作用下本应关断，但由于i_d迅速减小，在电抗器L_d中产生下正上负的感应电动势e_L，且$e_L>E$，使回路满足有源逆变条件进入有源逆变状态，将L_d中的能量逆变反送回电网，此时电动机仍处于电动运行状态。由于逆变发生在原工作的桥路，因此称为"本桥逆变"。当i_d下降到零时，将Ⅰ组晶闸管封锁，改变Ⅱ组触发延迟角α_{II}，使$U_{dII}<E$，Ⅱ组桥的晶闸管进入有源逆变状态，处于第二象限，电动机运行在发电制动状态，将系统的惯性能量逆变反送回电网，电动机进一步减速。由于此时逆变发生在原来封锁的桥路，因此称为"他桥逆变"。当转速下降到零时，将Ⅱ组桥的触发脉冲移至$\alpha_{II}<90°$，Ⅱ组桥进入整流状态，电动机反转进入第三象限。同理，电动机从反转到正转是由第三象限经第四象限再到第一象限。任何时刻两组变流器不同时工作，所以不存在环流。

通过上述分析可知以下几点。

第一象限，变流器Ⅰ的触发延迟角 $\alpha_Ⅰ<90°$，$U_{dⅡ}>E$，Ⅰ组工作在整流状态，电动机正转电动运行。

第二象限，变流器Ⅱ的触发延迟角 $\alpha_Ⅱ>90°$，$U_{dⅡ}<E$，Ⅱ组工作在有源逆变状态，电动机正转发电制动运行。

第三象限，变流器Ⅱ的触发延迟角 $\alpha_Ⅱ<90°$，$U_{dⅡ}>E$，Ⅱ组工作在整流状态，电动机反转电动运行。

第四象限：变流器Ⅰ的触发延迟角 $\alpha_Ⅰ>90°$，$U_{dⅠ}<E$，Ⅰ组工作在有源逆变状态，电动机反转发电制动运行。

而无环流反并联可逆系统控制比较复杂并且动态性能较差，在中小容量的可逆拖动中，有时采用有环流反并联可逆系统。该系统中，反并联的两组变流器同时都有触发脉冲的作用，两组桥在工作中都能保持连续导通状态。为了防止在两组变流器之间出现直流环流，当一组工作在整流状态时，另一组必须工作在逆变状态，并且保持 $\alpha=\beta$，才能使两组直流侧电压大小相等、方向相反。

在反并联可逆系统中，存在着对环流的处理方式及两组变流器之间的切换问题，这是可逆控制的关键技术。有关各种有环流或无环流的可逆调速系统，将在后续课程中进一步分析和讨论。

知识点 2　绕线式异步电动机晶闸管串级调速

绕线式异步电动机晶闸管串级调速，主要是通过在绕线式异步电动机的转子回路中串联晶闸管逆变器，借以引入附加可调电动势，从而控制电动机转速的一种调速方法。它的优点是能将电动机的转差功率回馈电网，其效率较高、结构简单、价格较低。考虑到变流器的容量不宜太大，故其调速范围一般不大于 2~3，因此晶闸管串级调速适用于调速范围较小的电动机，如风机和泵类负载等装置上，以作为一种有效的节能措施。目前，国内外许多著名的电气公司都生产串级调速系列的产品。

绕线式异步电动机晶闸管串级调速系统主电路原理图如图 6.36 所示。电动机的启动通常采用接触器控制接在转子回路的频敏变阻器来实现。当电动机转速稳定，忽略直流回路电阻时，则整流桥的直流电压 U_d 与逆变侧电压 $U_{d\beta}$ 大小相等，方向相反。当逆变变压器二次侧线电压有效值为 U_{21} 时，则

$$U_{d\beta}=1.35U_{21}\cos\beta=U_d=1.35sE_{20} \qquad (6-32)$$

所以，有

$$s=\frac{U_{21}}{E_{20}}\cos\beta \qquad (6-33)$$

式中：E_{20} 为异步电动机转子开路时的线电压有效值；s 为异步电动机转差率，有

$$s=\frac{n_0-n}{n_0}$$

式中：n_0 和 n 分别为电动机的同步转速和实际转速。

由此可见，改变逆变角 β 的大小即可改变电动机的转差率 s，从而达到调速的目的。这种调速的实质是将逆变电压 $U_{d\beta}$ 看成转子回路的反电动势，改变 β 值即改变反电动势的大小，反送回电网的功率随着改变。调速过程如下。

(1) 启动：闭合 KM$_1$、KM$_2$ 接触器，利用频敏变阻器 R_f 使电动机启动。当电动机启动完成后，断开 KM$_2$，接通 KM$_3$，系统转入串级调速运行。

(2) 调速：电动机稳定运行在某一转速 n，此时 $U_{d\beta}=U_d$。若要使电动机转速升高，则将 β 角增大，$U_{d\beta}$ 减小，使转子电流瞬时增大，电动机产生加速转矩，使转速 n 升高，转差率 s 减小，当 U_d 减小到与 $U_{d\beta}$ 相等时，电动机将稳定运行在较高的转速上。反之，减小 β 角，则电动机转速下降。所以，改变 β 角可以很平滑方便地进行调速。

(3) 停车。先分断 KM$_1$，使定子断电，然后延时断开 KM$_3$，电动机停车。

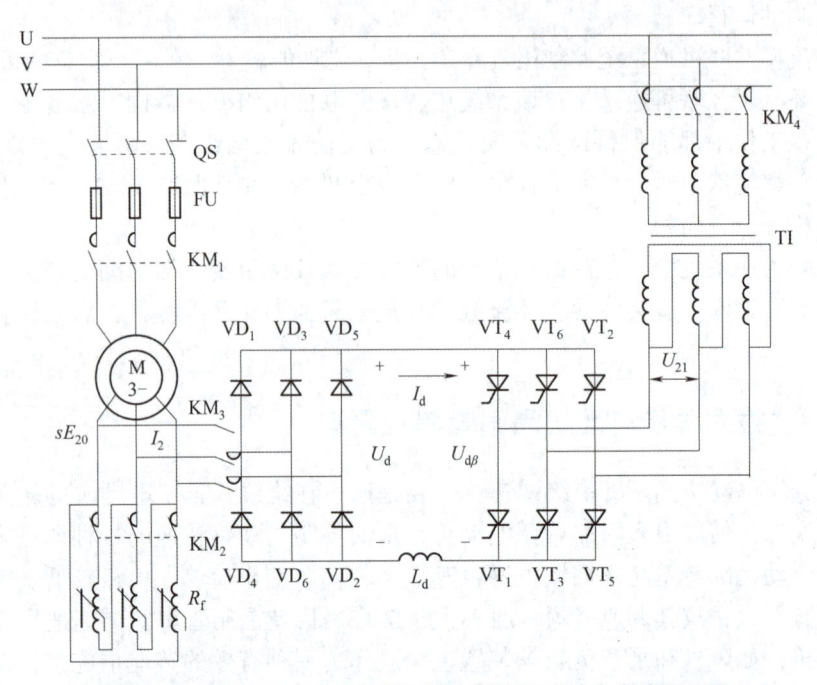

图 6.36 绕线式异步电动机晶闸管串级调速系统主电路原理图

晶闸管串级调速的不足之处是功率因数低、产生高次谐波而影响供电质量。为此，可以采用斩波式逆变器串级调速，它不仅功率因数高、高次谐波分量小，而且无功损耗低，线路也比较简单。

知识点 3　高压直流输电

高压直流输电在跨越江河、海峡输电，大容量远距离输电，联系两个不同频率的交流电网，同频率两个相邻交流电网的非同步并联等方面发挥着重要作用。高压直流输电能够减少输电线的能量损耗，增加电网的稳定性，提高输电效益，同时随着电力技术的发展，高压直流输电得到了迅速的发展。

图 6.37 所示为高压直流输电系统原理图。两组晶闸管变流器的交流侧分别与两个交流系统 u_1、u_2 连接，变流器的直流侧相互关联，中间的直流环节未接有负载，起着传递功率的作用。通过分别控制两组变流器的工作状态，就可控制电功率的流向。例如，控制左边变流器工作于整流状态，得到高压直流电源，然后通过两极输电线路送到目的地，经右边变流器逆变成交流电接入电力系统，达到将电功率从 u_1 向 u_2 传送的目的。其中左边变流器

工作于整流状态,右边变流器工作于有源逆变状态。

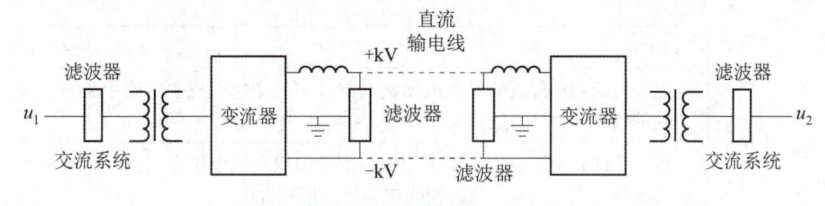

图 6.37 高压直流输电系统原理图

任务实施

(1) 对于直流可逆电力拖动系统,分析电动机在 4 个象限的运行情况。

(2) 分析高压直流输电系统的工作原理。

任务评价

1. 小组互评

小组互评任务验收单

任务名称	绕线式异步电动机晶闸管串级调速系统主电路的设计	验收结论	
验收负责人		验收时间	
验收成员			
任务要求	设计绕线式异步电动机晶闸管串级调速系统主电路的电路图。请根据任务要求绘制绕线式异步电动机晶闸管串级调速系统主电路的电路图,分析其调速过程		
实施方案确认			
文档接收清单	接收本任务完成过程中涉及的所有文档		
	序号	文档名称	接收人	接收时间

续表

验收评分	配分表		
	评价标准	配分	得分
	能够正确列出绕线式异步电动机晶闸管串级调速系统主电路中用到的电气元件。每处错误扣5分，扣完为止	20分	
	能够正确画出绕线式异步电动机晶闸管串级调速系统主电路中电气元件的电气符号。每处错误扣5分，扣完为止	30分	
	能够正确绘制绕线式异步电动机晶闸管串级调速系统主电路的电路图。每处错误扣5分，扣完为止	30分	
	能够正确描述绕线式异步电动机晶闸管串级调速系统主电路的调速过程。描述模糊不清楚或不达要点不给分	20分	
效果评价			

2. 教师评价

教师评价任务验收单

任务名称	绕线式异步电动机晶闸管串级调速系统主电路的设计		验收结论	
验收负责人			验收时间	
验收成员				
任务要求	设计绕线式异步电动机晶闸管串级调速系统主电路的电路图。请根据任务要求绘制绕线式异步电动机晶闸管串级调速系统主电路的电路图，分析其调速过程			
实施方案确认				
文档接收清单	接收本任务完成过程中涉及的所有文档			
	序号	文档名称	接收人	接收时间
验收评分	配分表			
	评价标准		配分	得分
	能够正确列出绕线式异步电动机晶闸管串级调速系统主电路中用到的电气元件。每处错误扣5分，扣完为止		20分	
	能够正确画出绕线式异步电动机晶闸管串级调速系统主电路中电气元件的电气符号。每处错误扣5分，扣完为止		30分	
	能够正确绘制绕线式异步电动机晶闸管串级调速系统主电路的电路图。每处错误扣5分，扣完为止		30分	
	能够正确描述绕线式异步电动机晶闸管串级调速系统主电路的调速过程。描述模糊不清楚或不达要点不给分		20分	
效果评价				

💡 拓展训练

（1）晶闸管串级调速的不足之处是功率因数低、产生_____而影响供电质量。为此可以采用_____串级调速。

（2）直流可逆电力拖动系统要求变流器能给电动机提供_____工作方式的电源，即要求直流侧能输出具有_____极性的连续可调的电压。

（3）如果逆变发生在原工作的桥路，则称为_____，如果逆变发生在原来封锁的桥路，则称为_____。

（4）高压直流输电能够_____输电线的能量损耗，_____电网的稳定性，提高输电效益。

💡 小贴士

近几年，我国的高压直流输电在国际上已处于领先地位，与高铁齐名，通过学习增强学生们的民族自豪感和爱国情怀，鼓励学生学以致用，报效国家，为祖国的繁荣昌盛而不懈努力。

🎯 项目总结

◆ 逆变电路包括无源逆变电路和有源逆变电路。无源逆变是将直流电变成某一频率或可变频率的交流电直接供给负载使用，主要用于变频电路、不间断电源（UPS）、开关电源、逆变电焊机等方面。有源逆变是将直流电变成和电网同频率的交流电并送回到交流电网去的过程，常用于直流电动机的可逆调速、绕线式异步电动机的串级调速、高压直流输电等方面。

◆ 无源逆变电路是本项目的重点内容。在无源逆变电路中应掌握无源逆变电路的分类、换流方式。逆变电路按照直流侧电源性质，可分为电压型逆变电路和电流型逆变电路两类。要正确理解这两类电路的特点、工作原理及波形分析，了解无源逆变电路的应用。

◆ PWM控制技术是一项很重要的技术，它广泛应用于各种变流电路，应掌握PWM的基本控制原理。

◆ 有源逆变是可控整流的延续。整流与逆变是晶闸管变流装置的两种工作状态，在一定条件下可以互相转换。实现有源逆变的条件是在变流装置的直流侧要接有与晶闸管导通方向一致的直流电源，而且数值应大于变流器的直流输出电压 U_d，变流装置的逆变角 β 应小于90°，这样才能将直流功率逆变为交流功率反送回电网。有源逆变与整流不同，触发脉冲丢失、脉冲延迟、晶闸管正向阻断能力不足、换相裕量角不足、交流电源突然缺相等都会导致逆变的失败，因此逆变电路对触发脉冲与主电路的可靠性要求更高，对最小逆变角必须加以限制。

◆ 常用的有源逆变电路有单相全控桥式、三相半波及三相桥式有源逆变电路。

📶 拓展强化

（1）什么是逆变？逆变分为几类？

（2）逆变器换流方式有哪几种？各有什么特点？

（3）电压型逆变电路中反馈二极管的作用是什么？

（4）简要说明单相电压型半桥逆变电路的工作原理。

（5）简述 PWM 控制的基本原理。

（6）什么是同步调制？什么是异步调制？两者各有什么特点？

（7）单极性 PWM 调制和双极性 PWM 调制有哪些区别？

（8）简要说明单相桥式 PWM 逆变电路采用单极性方式的工作原理。

（9）在三相桥式 PWM 型逆变电路中，输出相电压（输出端相对于直流电源中点的电压）和输出线电压的 PWM 波形各有几种电平？

（10）在图 6.38 中，两个电动机一个工作在整流电动机状态，另一个工作在逆变发电制动状态。

①标出 U_d、E 及 i_d 的方向。

②说明 E 与 U_d 的大小关系。

③当 α 与 β 的最小值均为 30°时，触发延迟角 α 的移相范围是多少？

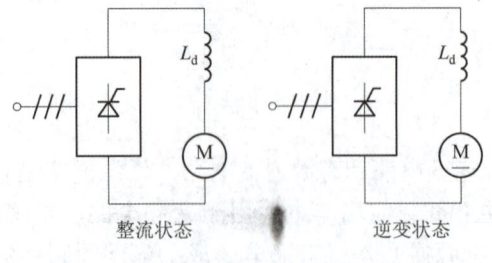

图 6.38 题（10）图

（11）试画出三相半波共阴极接法，$\beta = 60°$时的 u_d 与 u_{VT1}（VT_1 管两端的电压）的波形。

（12）如图 6.39 所示电路，其中 $U_2 = 220$ V，$E = 100$ V，电枢回路总电阻 $R = 4\ \Omega$。当逆变角 $\beta = 60°$时，电路能否进行有源逆变？计算此时电动机的制动电流，并画出输出电压波形以及 VT_1 两端的电压波形（设电流连续）。

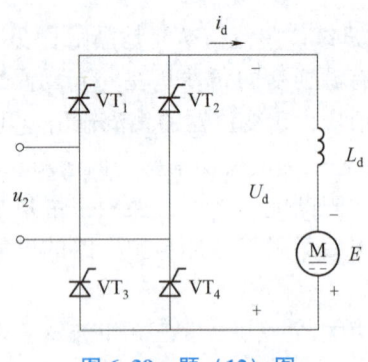

图 6.39 题（12）图

项目 7

变频器的应用

引导案例

西门子公司生产的 MM420 型变频器如图 7.1 所示,这种先进的变频器有什么常用功能?又是如何使用的呢?

图 7.1 西门子 MM420 型变频器

项目描述

本项目分为 4 个任务模块,分别是变频器的基础知识、通用变频器的结构和工作原理、变频器的常用参数与功能、变频器在恒压供水系统中的应用。整个实施过程中涉及变频器的发展、变频器的基本类型、变频器的应用概况、变频器的结构、变频器的工作原理、变频器的频率参数、变频器的主要功能及预置、变频器的运行功能及预置、变频器的优化特性功能及保护功能、水泵供水的基本模型与主要参数、供水系统的节能原理分析、恒压供水系统的构成与工作过程等方面的内容。通过学习了解变频器的基础知识,掌握通用变频器的结构、工作原理,熟悉变频器的常用功能设定,了解变频器的工程应用,以便更好地使用变频器。

知识准备

变频器是一种静止的频率变换装置,可将电压、频率固定的交流电变换为电压、频率连续可调的交流电,作为电动机或其他需要可变频率的用电负载的电源。它以电力电子器件构成其功率变换的主电路，以单片机或数模混合集成电路为主构成其控制系统。变频器的问世，使电气传动领域发生了一场技术革命，即用交流调速取代直流调速，使原来只能用于恒速传动的交流电动机实现了变速控制。变频器目前在国内外使用广泛，使用变频器可以调速、节能、提高产品质量和劳动生产率等。本项目主要介绍：变频器的基础知识，通用变频器的结构、工作原理，变频器的常用功能设定，以及在实际工程中的使用方法。

任务 7.1　变频器的基础知识

任务目标

[知识目标]
- 掌握变频器的发展、变频器的类型、变频器应用概况。

[技能目标]
- 掌握变频器的基本类型。

[素养目标]
- 具有良好的职业道德和职业素养。
- 具有质量意识、环保意识、安全意识、信息素养、工匠精神和创新思维。

知识链接

知识点 1　变频器的发展

在实际的生产过程中离不开电力传动。生产机械通过电动机的拖动来进行预定的生产方式。20 世纪 50 年代前，电动机运行的基本方式是转速不变的不变速拖动。对于控制精度要求不高以及无调速要求的许多场合，不变速拖动基本能够满足生产要求。随着工业化进程的发展，对传动方式提出了可调速拖动的更高要求。

直流传动具有优良的调速和启动性能，在 20 世纪的大部分年代里，高性能可调速传动都采用直流电动机，但直流电动机体积大、造价高，而且无节能效果。而约占电气传动总容量 80% 的不变速传动则采用交流电动机。交流电动机具有体积小、价格低、性能优良、质量轻的优点。使用调速技术后，生产机械的控制精度可以大大提高，劳动生产率和产品质量也得到了大幅度提高，生产过程的自动化也得以实施。20 世纪 70 年代变频器的问世彻底打破了交直流传动按调速分工的格局，经过近半个世纪的研究，变频技术从晶闸管（SCR）发展到今天的大功率晶体管（IGBT、IGCT）和耐高压大功率晶体管（HV-IGBT），控制技术也发展到今天的矢量控制和直接转矩控制，且已全部数字化，其机械特性硬度能满足具有一定硬性负载的调速要求。

目前交流变频调速传动装置已有很好的运行特性，并可作为现场级与自动化级连接在一起，应用更灵活，通信更自由，对供电系统也可实现无干扰，应用范围几乎涉及整个工业领域。变频器在中国有巨大的需求潜力，国外许多优秀的大变频器生产公司已大举云集中国市场，外资变频器一度占据了 95% 以上的中国变频器市场份额。

日本变频器进入中国比较早，最初的日本品牌变频器占据中国变频器市场的绝大部分份额。有关资料显示，20 世纪 80 年代，仅富士、三菱两家就占据当时中国变频器市场的 90%以上份额。日本品牌变频器还包括安川、欧姆龙、松下、日立、东芝及三肯等。随着欧美知名变频器品牌进入中国市场，日本变频器在中国市场的霸主地位受到威胁。虽然如此，日本品牌的变频器在中国市场仍优势明显。

欧美品牌变频器增长迅速。欧美公司进入中国市场比较晚，但产品档次比较高、容量大，价格也比较高，其市场占有情况上升很快。从市场产品构成来看，大功率变频器占市场份额的 5%~10%，中小功率变频器占 90%~95%。欧美品牌的变频器多集中在大功率变频器方面，20 kW 以上的变频器基本由德国西门子，美国 AB、GE、罗宾康，瑞士 ABB，法国的施耐德等所垄断。而中小容量变频器的 85%为日本产品占领。抢占市场，实力品牌各显其能。

目前国内的变频器品牌主要有汇川变频器、森兰变频器、台达变频器、英威腾变频器、伟创变频器等。我国在变频器所用的元器件生产技术、成套设备的生产技术方面与国外先进技术相比，虽然还有较大的差距，但就目前的发展来看，相信我国的变频调速技术及应用在不久的将来一定会赶超国际先进水平。

进入 21 世纪，电力电子的基片已从 Si（硅）转变为 SiC（碳化硅），使电力电子器件进入高电压、大容量、组件模块化、小型化、智能化和低成本时代；多种适宜变频调速的新型电动机正在研发之中；计算机技术和控制理论也在不断创新发展。这些与变频器相关的技术都在影响着变频器的发展趋势。

（1）专业化。根据某类负载的机械特性，有针对性地制造出专业化的变频器，不但有利于对负载电动机进行有效控制，而且可以降低制造与应用成本。例如，风机、水泵专用变频器，起重机械专用变频器，电梯专用变频器，地铁机车专用变频器，以及空调专用变频器等。

（2）模块化。将与变频器相关的功能部件，如参数识别系统、PID 调节器、PLC 以及通信单元等有选择地与变频器集成到一起，组成一体化机，使其功能大为增强，系统的可靠性明显提高。

（3）智能化。智能化变频器应用到拖动系统后，不需要很多的功能设定就可以进行操作，还能实现故障的自诊断和排除。利用互联网可以遥控并监视其工作状态，实现多台变频器按工艺要求联动，形成最优化的变频器综合管理控制系统。

（4）环保化。新型变频器更加节能和环保；抗干扰技术的应用使变频器噪声低，并降低了对电网的影响以及对其他电气设备的影响。

知识点 2　变频器的基本类型

目前变频器的种类很多，可按以下几种方式进行分类。

1. 按变换环节分类

（1）交-交变频器。它是把频率固定的交流电源直接变换成频率连续可调的交流电源。其主要优点是没有中间环节，变频效率高，但其连续可调的频率范围窄，一般为额定频率的一半以下。它主要用于容量较大的低速拖动系统中。

通用变频器的结构和工作原理

（2）交-直-交变频器。它是先把频率固定的交流电变成直流电，再把直流电逆变成频率可调的三相交流电。在此类装置中，用不可控整流电路，则输入功率因数不变；用PWM逆变，则输出谐波减小。由于把直流电逆变成交流电的环节较易控制，因此，这种交-直-交变频器在频率的调节范围，以及改善变频后电动机的特性等方面都具有明显的优势。通用变频器就属于这种形式。

2. 按电压的调制方式分类

（1）PAM（脉幅调制）。变频器输出电压的大小通过改变直流电压的大小来进行调制。在中小容量变频器中，这种方式很少采用。

（2）PWM（脉宽调制）。变频器输出电压的大小通过改变输出脉冲的占空比来进行调制。目前普遍应用的是占空比按正弦规律变化的正弦脉宽调制方式，即SPWM方式。

3. 按直流环节的储能方式分类

（1）电流型变频器。在交-直-交变频器装置中，当中间直流环节采用大电感滤波时，输出交流电流是矩形波或阶梯波，如图7.2（a）所示。

（2）电压型变频器。在交-直-交变频器装置中，当中间直流环节采用大电容滤波时，直流电压波形比较平直，输出交流电压是矩形波或阶梯波，如图7.2（b）所示。

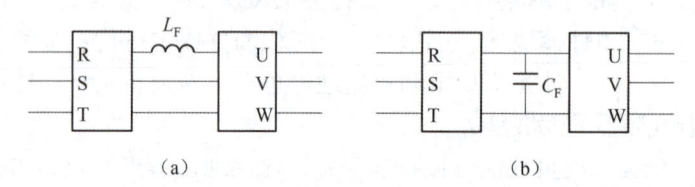

图 7.2 电流型与电压型变频器
（a）电流型；（b）电压型

电压型变频器比电流型变频器性能优越，采用电压型变频器能使变频器的性能包括输出波形、功率因数、效率、可靠性及动态性能进一步提高。

4. 按工作原理分类

（1）U/f 控制的变频器。U/f 控制是对变频器输出的电压和频率同时进行控制，通过使 U/f 的值保持一定而得到所需的转矩特性。U/f 控制的变频器控制电路结构简单、成本低。它是转速开环控制，无须速度传感器，多用于对精度要求不高的通用变频器，也是目前通用变频器中使用较多的一种控制方式。

（2）转差频率控制变频器。这种控制需要由安装在电动机上的速度传感器检测出电动机的转速，构成速度闭环，速度调节器的输出为转差频率，而变频器的输出频率则由电动机的实际转速与所需转差频率之和决定。由于通过控制转差频率来控制转矩的电流，与 U/f 控制相比，其加、减速特性和限制过电流的能力得到提高。

（3）矢量控制变频器。这是一种高性能异步电动机控制方式，其将异步电动机的定子电流分为产生磁场的电流分量（励磁电流）和与其垂直的产生转矩的电流分量（转矩电流），并分别加以控制。采用矢量控制方式的目的主要是为了提高变频调速的动态性能。

（4）直接转矩控制变频器。直接转矩控制是交流传动的一种新型电动机控制方式，不需在电动机的转轴上安装脉冲编码器来反馈转子的位置，而是具有精确转速和转矩，电路中的 PWM 调制器不需要分开的电压控制和频率控制。在高速状态下，其控制水平与矢量控制没有差别；但在低速状态下，其转矩控制不稳定，易引起传动轴系振荡。直接转矩控制是继矢量控制之后，在交流传动控制理论上的又一次飞跃，它避免了对电动机参数的强烈依赖性，特别是不受转子参数的影响，控制器结构简单，具有良好的动、静态性能。

5. 按用途分类

（1）通用型变频器。通常指没有特殊功能、要求不高的变频器。低频下能输出大力矩功能，载频任意可调，调节范围为 1~12 kHz，有很强的抗干扰能力，噪声小。通用型变频器是用途最为广泛的变频器，绝大多数变频器都可归于这一类中。

（2）风机、水泵用变频器。这类变频器具有无水、过电压、过电流、过载等保护功能。具有闭环控制 PID 调节功能，并具有"一控多"的切换功能。

（3）具有电源再生功能的变频器。当变频器中直流母线上的再生电压过高时，能将直流电逆变成三相交流电反馈给电网，这种变频器主要用于电动机长时间处于再生状态的场合，如起重机械的吊钩电动机等。

（4）高性能变频器。通常指具有矢量控制并能进行四象限运行的变频器，主要用于对机械特性和动态响应要求较高的场合。

（5）其他专用变频器。如电梯专用变频器、纺织专用变频器、空调专用变频器、地铁机车变频器和中频变频器等。

知识点 3　变频器的应用概况

变频调速已被公认为最理想、最有发展前途的调速方式之一。它的应用主要在节能、自动控制系统及提高工艺水平和产品质量等方面。

新能源发电系统-光伏发电系统

1. 变频器在节能方面的应用

风机、泵类负载采用变频调速后，节电率可以达到 20%~60%，这是因为风机、泵类负载的耗电功率基本与转速的 3 次方成比例。当用户需要的平均流量较小时，风机、泵类采用变频调速使其转速降低，节能效果非常可观，而传统的风机、泵类采用挡板和阀门进行流量调节，电动机转速基本不变，耗电功率变化不大。在此类负载上使用变频调速装置具有非常重要的意义，因此在这类负载中变频器应用最多。目前应用比较成熟的有恒压供水系统、各类风机、中央空调等系统的变频调速。近年来，家用电器也开始广泛采用变频技术。变频家电已经成为新一代家用电器的发展趋势。变频器的生产与应用，已成为最具发展前景的高新技术产业之一。

2. 变频器在自动控制系统中的应用

变频器的控制核心是微型计算机。由于变频器内置有 32 位或 16 位的微处理器，具有多种算术逻辑运算、存储记忆和智能控制功能，输出频率精度高达 0.01%~0.1%，还设置有完善的检测、报警及保护环节，因此在自动控制系统中获得广泛的应用。例如，化纤工业中的卷绕、拉伸、计量、导丝，玻璃门工业中的平板玻璃退火炉、玻璃窑搅拌、拉边机、制瓶机，电弧炉内自动加料、配料系统以及机床、电梯等行业进行速度控制，都用到变频器。

3. 变频器在提高工艺水平和产品质量方面的应用

变频器还可以广泛应用于传送、起重、挤压和机床等各种机械设备控制领域，它可以提高工艺水平和产品质量，减少设备的冲击和噪声，延长设备的使用寿命。采用变频调速控制后，可以使机械设备简化，操作和控制更加方便。有的甚至可以改变原有的工艺规范，从而提高了整个设备的功能。例如，把变频器应用在注塑设备、轧钢设备、造纸设备、灌装设备以及各类机床中，可使它们的产品质量获得明显提高。在家电产品的研发中，变频器也得到应用，如应用在家用空调与中央空调设备、电梯设备、洗衣机、冰箱、电磁炉中，可降低设备的噪声，延长设备的使用寿命，使设备控制方便，使用效率明显提高。

任务实施

（1）简述变频器的发展趋势。

（2）简述变频器的分类方式。

（3）简述变频器的主要应用领域。

任务评价

1. 小组互评

小组互评任务验收单

任务名称	变频器的基本类型分析	验收结论	
验收负责人		验收时间	
验收成员			
任务要求	按变换环节、电压的调制方式等对变频器进行分类。请根据任务要求分析变频器的基本类型			
实施方案确认				
文档接收清单	接收本任务完成过程中涉及的所有文档			
^	序号	文档名称	接收人	接收时间
^				
^				
^				
^				
^				

续表

	配分表		
验收评分	评价标准	配分	得分
	能够正确描述按变换环节对变频器进行分类的类型。每处错误扣5分，扣完为止	20分	
	能够正确描述按电压的调制方式和按直流环节的储能方式对变频器进行分类的类型。每处错误扣5分，扣完为止	30分	
	能够正确描述按工作原理对变频器进行分类的类型。每处错误扣5分，扣完为止	30分	
	能够正确描述按用途对变频器进行分类的类型。描述模糊不清楚或不达要点不给分	20分	
效果评价			

2. 教师评价

教师评价任务验收单

任务名称	变频器的基本类型分析	验收结论	
验收负责人		验收时间	
验收成员			
任务要求	按变换环节、电压的调制方式等对变频器进行分类。请根据任务要求分析变频器的基本类型		
实施方案确认			
文档接收清单	接收本任务完成过程中涉及的所有文档		
	序号	文档名称	接收人	接收时间

	配分表		
验收评分	评价标准	配分	得分
	能够正确描述按变换环节对变频器进行分类的类型。每处错误扣5分，扣完为止	20分	
	能够正确描述按电压的调制方式和按直流环节的储能方式对变频器进行分类的类型。每处错误扣5分，扣完为止	30分	
	能够正确描述按工作原理对变频器进行分类的类型。每处错误扣5分，扣完为止	30分	
	能够正确描述按用途对变频器进行分类的类型。描述模糊不清楚或不达要点不给分	20分	
效果评价			

拓展训练

(1) 在交-直-交变频器装置中,当中间直流环节采用_____滤波时,直流电压波形比较平直,输出交流电压是矩形波或_____。

(2) 在交-直-交变频器装置中,当中间直流环节采用_____滤波时,输出交流电流是矩形波或_____。

(3) U/f 控制是对变频器输出的_____同时进行控制,通过使 U/f 的值_____而得到所需的转矩特性。

(4) 风机、泵类负载采用变频调速后,节电率可以达到_____,这是因为风机、泵类负载的耗电功率基本与_____成比例。

任务 7.2　通用变频器的结构和工作原理

任务目标

[知识目标]
- 掌握变频器的结构。

[技能目标]
- 掌握变频器的工作原理。

[素养目标]
- 具有良好的职业道德和职业素养。
- 具有质量意识、环保意识、安全意识、信息素养、工匠精神和创新思维。

知识链接

知识点 1　变频器的结构

变频器的实际电路非常复杂,变频器的内部组成框图如图 7.3 所示。

由图 7.3 可以看出,变频器主要由以下几部分组成。

1. 主电路

1) 整流器

电网电压由输入端 R、S、T 接入变频器,经整流器转换成直流电压。

2) 逆变器

其常见结构形式是利用 6 个半导体主开关器件组成三相桥式逆变电路。有规律地控制逆变器中主开关器件的通与断,可以得到电压、频率可调的交流电压,从输出端 U、V、W 输出到交流电动机。

2. 中间直流环节

由于逆变器的负载一般为电动机,属于电感性负载。无论电动机处于电动还是发电制

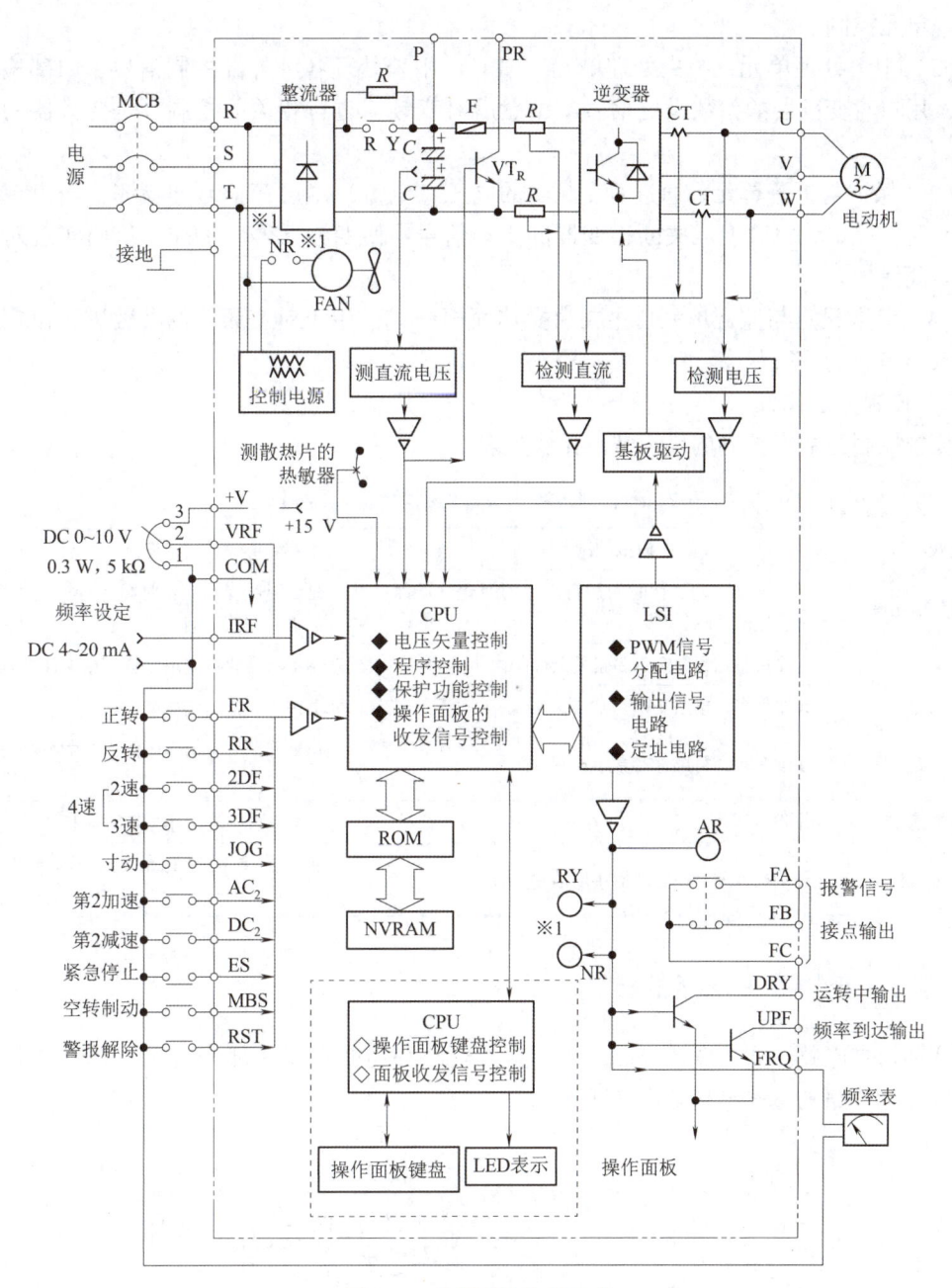

图 7.3 变频器的内部组成

动状态，其功率因数总不会为 1。因此，在中间直流环节和电动机之间总会有无功功率的交换。这种无功能量要靠中间直流环节的储能元件（电容器或电抗器）来缓冲。

3. 控制电路

其主要任务是完成对逆变器的开关控制、对整流器的电压控制以及完成各种保护功能等，控制方法可以采用模拟控制或数字控制。

1）控制电路的构成

（1）驱动控制单元。驱动控制单元（LSI）主要是产生逆变器开关管的驱动信号，受中央处理单元控制。

（2）中央处理单元。中央处理单元（CPU）用来处理各种外部控制信号、内部检测信号以及用户对变频器的参数设定信号等，然后对变频器进行相关的控制，是变频器的控制中心。

（3）保护与报警单元。通过对变频器的电压、电流、温度等信号的检测，当出现故障或异常时，该单元将改变或关断逆变器的驱动信号，使变频器停止工作，从而实现对变频器的自我保护。

（4）参数设定与监视单元。主要由操作面板组成，用于对变频器的参数进行设定和监视变频器当前的运行状态。

2）控制方法比较

模拟控制与数字控制的优、缺点比较见表 7.1。

表 7.1 模拟控制与数字控制的优、缺点比较

比较项目	模拟控制	数字控制
稳定性、精度	易受温度变动、长时间运行产生的变化、器件的参差性的影响	不易受温度变动、长时间运行产生的变化、器件的参差性的影响
整定	需要再整定，整定点多且复杂，需微调	基本上不需要再整定，整定点少且容易
电路组成	元器件多，电路复杂	元器件少，电路较简单
分辨率	连续变化，可以进行微小控制	受位数限制，分辨率较低，在微小控制的场合要注意
运算速度	并联运算，高速	为离散系统，取决于离散时间和处理时间
抗干扰性	抗干扰性差，用滤波器难以消除干扰	抑制在数字 IC 变化水平以下，则不易受影响

知识点 2　变频器主电路的结构

变频器主电路主要由整流电路、中间直流电路和逆变电路 3 部分组成。电压型交-直-交变频器主电路的基本结构如图 7.4 所示。

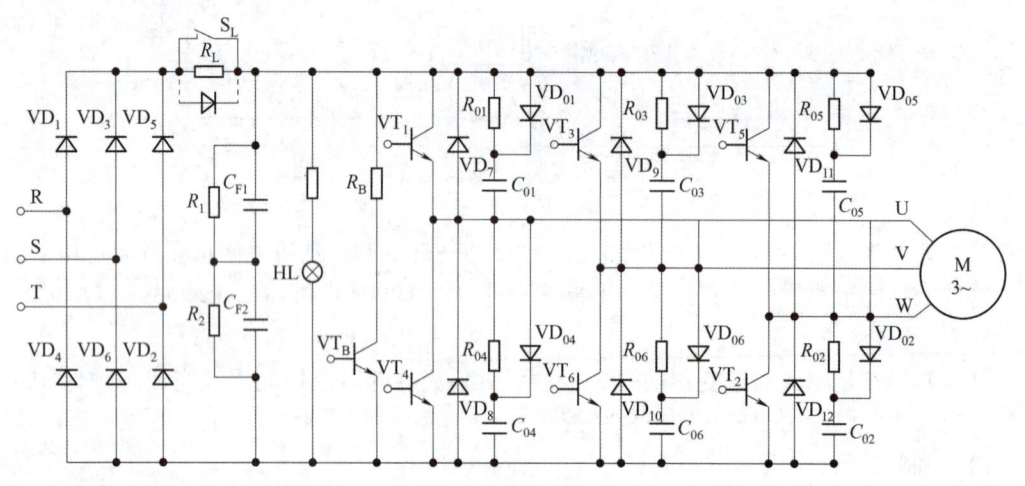

图 7.4　电压型交-直-交变频器主电路的基本结构

1. 交-直部分

1）整流电路

整流电路由 $VD_1 \sim VD_6$ 组成三相不可控整流桥，将电源的三相交流电整流成直流电。整流电路因变频器输出功率大小不同而不同。小功率的整流电路，输入电源多用单相 220 V，整流电路为单相全波整流电桥；大功率的整流电路，一般用三相 380 V 电源，整流电路为三相桥式全波整流电路。

设电源的线电压有效值为 U_L，那么平均直流电压可用下式计算，即

$$U_D = 1.35 U_L = 1.35 \times 380 = 513(\text{V}) \tag{7-1}$$

2）滤波电容 C_F

整流电路输出的整流电压式脉动直流电压必须加以滤波。滤波电容 C_F 的主要作用是滤除整流后的电压波纹，另外，它还在整流电路与逆变器之间起去耦合作用，以消除相互干扰。给电感性负载的电动机提供必要的无功功率，同时还具有储能作用。

3）限流电阻 R_L 与开关 S_L

在变频器接通电源时，滤波电容 C_F 的充电电流很大。过大的冲击电流能使三相整流桥损坏，还可能形成对电网的干扰。为了保护整流桥，在变频器刚接通电源的一段时间里，电路串入限流电阻 R_L，以限制电容的充电电流。当滤波电容 C_F 充电到一定程度时，S_L 接通，将 R_L 短接。

4）电源指示 HL

HL 的主要作用是显示电源是否接通，还有一个作用，即变频器切断电源后，显示滤波电容 C_F 上存储的电能是否已经释放完毕。

2. 直-交部分

1）逆变电路

由逆变管 $VT_1 \sim VT_6$ 组成逆变桥，$VT_1 \sim VT_6$ 交替导通，把 $VD_1 \sim VD_6$ 整流后的直流电变成频率、幅值都可调的交流电。这是变频器实现变频的执行环节，是变频器的核心部分。目前，常用的逆变管有绝缘栅双极型晶体管（IGBT）、可关断晶闸管（GTO）、大功率晶体管（GTR）、功率场效应晶体管（MOSFET）、集成门极换流晶闸管（IGCT）等。

2）续流二极管

续流二极管 $VD_7 \sim VD_{12}$ 的主要功能有以下几项。

（1）由于电动机是电感性负载，其电流具有无功分量。工作时 $VD_7 \sim VD_{12}$ 为无功电流返回直流电源提供通道。

（2）当频率下降时，电动机处于再生制动状态，$VD_7 \sim VD_{12}$ 为再生电流返回直流电源提供通道。

（3）逆变管 $VT_1 \sim VT_6$ 交替导通，共同完成逆变的基本工作过程。同一桥臂的两个逆变管处于不停的交替导通和截止状态，在切换过程中，$VD_7 \sim VD_{12}$ 为线路的分布电感提供释放能量的通道。

3）缓冲电路

由 $R_{01} \sim R_{06}$、$VD_{01} \sim VD_{06}$ 及 $C_{01} \sim C_{06}$ 构成，其功能如下。

逆变管 $VT_1 \sim VT_6$ 每次由导通状态切换成截止状态的关断瞬间，集电极和发射极间的电压 U_{CE} 由 0 V 迅速上升到直流电压 U_D，过高的电压增长率将导致逆变管被损坏。因此，

$C_{01} \sim C_{06}$ 的功能就是减小 $VT_1 \sim VT_6$ 在每次关断时的电压增长率。

逆变管 $VT_1 \sim VT_6$ 每次由截止状态切换为导通状态的瞬间，$C_{01} \sim C_{06}$ 上所充的电压将向 $VT_1 \sim VT_6$ 放电，此放电电流很大，能导致逆变管 $VT_1 \sim VT_6$ 被损坏。因此，电路中增加了 $R_{01} \sim R_{06}$，其功能是限制放电电流的大小。

$VD_{01} \sim VD_{06}$ 的接入，使 $VT_1 \sim VT_6$ 在关断过程中 $R_{01} \sim R_{06}$ 不起作用；而在 $VT_1 \sim VT_6$ 的接通过程中，又迫使 $C_{01} \sim C_{06}$ 的放电电流流经 $R_{01} \sim R_{06}$。这样就可以避免 $R_{01} \sim R_{06}$ 的接入对 $C_{01} \sim C_{06}$ 工作的影响。

3. 制动电阻和制动单元

1）制动电阻 R_B

电动机在工作频率下降时处于再生制动状态，拖动系统的动能要反馈到直流电路中，使直流电压 U_D 不断上升，可能导致危险。因此，必须将再生到直流电路的能量消耗掉，使 U_D 保持在允许的范围内。制动电阻 R_B 就是用来消耗这部分能量的。

2）制动单元 VT_B

制动单元 VT_B 一般由大功率晶体管 GTR（或 IGBT）及其驱动电路构成。其功能是控制流经 R_B 的放电电流 I_B。

知识点 3　变频器的工作原理

由电动机理论可知，交流异步电动机转子绕组的作用是产生感生电动势和感生电流。在定子绕组旋转磁场作用下，产生电磁转矩，使转子转动。转子的旋转速度 n 也就是电动机的转速，它总是小于同步转速 n_0。因此，电动机转速与同步转速之间存在转速差。

三相交流异步电动机的转速表达式为

$$n = n_0(1-s) = \frac{60f}{p}(1-s) \tag{7-2}$$

式中：n 为电动机转速（r/min）；n_0 为同步转速（r/min）；f 为交流电的频率（Hz）；s 为转差率；p 为磁极对数。

由式（7-2）可知，当磁极对数 p 和转差率 s 一定时，转子转速 n 与电源频率 f 成正比。只要平滑地调节交流电源频率 f，就可以平滑地改变异步电动机的转子转速 n。变频器就是通过改变电动机的电源频率实现速度调节的。

三相逆变电路原理图如图 7.5 所示。由逆变管 $VT_1 \sim VT_6$ 组成三相逆变桥，$VT_1 \sim VT_6$ 交替导通，将整流后的直流电变成相位相差 120° 的交流电。只要调节逆变管的通断速度，即可调节交流电的频率 f。

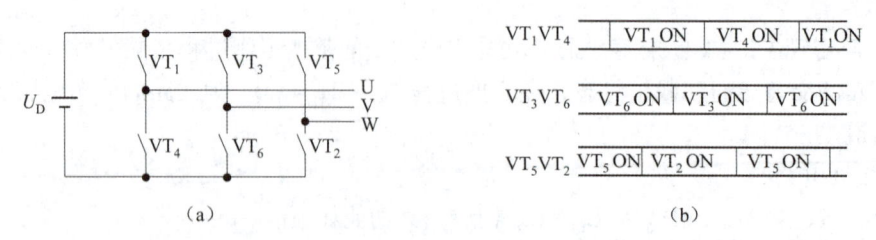

图 7.5　三相逆变电路原理图及电压波形

(a) 三相逆变电路的结构图；(b) 逆变开关管的通断顺序

(c)

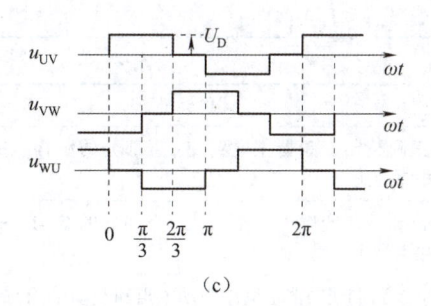

图 7.5　三相逆变电路原理图及电压波形（续）

（c）三相逆变电路的电压波形图

任务实施

（1）简述变频器的结构组成。

（2）简述电压型交–直–交变频器主电路的基本结构。

（3）简述变频器的工作原理。

任务评价

1. 小组互评

小组互评任务验收单

任务名称	变频器主电路的结构分析	验收结论	
验收负责人		验收时间	
验收成员			
任务要求	绘制分析变频器主电路的结构组成及各部分的主要作用。请根据任务要求绘制并分析变频器主电路的组成部分及各部分的主要作用		
实施方案确认			
文档接收清单	接收本任务完成过程中涉及的所有文档		
	序号	文档名称	接收人	接收时间

续表

验收评分	配分表		
	评价标准	配分	得分
	能够正确绘制变频器主电路交-直部分的结构。每处错误扣5分，扣完为止	20分	
	能够正确绘制变频器主电路直-交部分的结构。每处错误扣5分，扣完为止	30分	
	能够正确绘制变频器主电路制动电阻和制动单元的结构。每处错误扣5分，扣完为止	30分	
	能够正确分析变频器主电路组成部分及各部分的主要作用。描述模糊不清楚或不达要点不给分	20分	
效果评价			

2. 教师评价

教师评价任务验收单

任务名称	变频器主电路的结构分析	验收结论	
验收负责人		验收时间	
验收成员			
任务要求	绘制分析变频器主电路的结构组成及各部分的主要作用。请根据任务要求绘制并分析变频器主电路的组成部分及各部分的主要作用		
实施方案确认			
文档接收清单	接收本任务完成过程中涉及的所有文档		
	序号	文档名称	接收人	接收时间

验收评分	配分表		
	评价标准	配分	得分
	能够正确绘制变频器主电路交-直部分的结构。每处错误扣5分，扣完为止	20分	
	能够正确绘制变频器主电路直-交部分的结构。每处错误扣5分，扣完为止	30分	
	能够正确绘制变频器主电路制动电阻和制动单元的结构。每处错误扣5分，扣完为止	30分	
	能够正确分析变频器主电路组成部分及各部分的主要作用。描述模糊不清楚或不达要点不给分	20分	
效果评价			

拓展训练

（1）变频器主电路主要由_____、中间直流电路和_____三部分组成。
（2）变频器中_____的主要任务是完成对逆变器的开关控制、对整流器的_____控制以及完成各种保护功能等。
（3）交流异步电动机转子的旋转速度 n 也就是电动机的转速，它总是_____同步转速 n_0。因此，电动机转速与同步转速之间存在_____。
（4）简述变频器控制电路的构成及各部分的作用。

任务 7.3　变频器的常用参数与功能

任务目标

[知识目标]
- 掌握变频器的频率参数。

[技能目标]
- 掌握变频器的运行功能及预置、变频器的优化特性功能及保护功能。

[素养目标]
- 具有良好的职业道德和职业素养。
- 具有质量意识、环保意识、安全意识、信息素养、工匠精神和创新思维。

知识链接

知识点 1　变频器的频率参数

通用变频器的功能单元根据变频器生产厂家的不同而有一定的差别，变频器具有多种可供用户选择的控制功能，用户在使用前，需要根据生产机械拖动系统的特点和要求对各种功能进行设置。这种预先设定功能参数的工作称为功能预置。准确、细致地预置变频器的各项功能和参数，对于正确使用变频器和保证变频调速系统可靠工作是至关重要的。

各种不同类型的变频器，其参数名称和代码以及菜单不同，但功能基本相同。变频器需要对相关参数进行预置，才能使变频后的电动机特性满足生产机械的要求。

1. 给定频率

其为用户根据生产工艺的需求所设定的变频器输出频率。给定频率是与给定信号相对应的频率，设置方式有两种：一种是用变频器的操作面板来输入频率值；另一种是从控制接线端用外部给定（电流或电压）信号进行调节，最常见的形式是通过外接电位器来完成。西门子 MM420 变频器是通过参数 P1000 来设定给定频率的信号源。

2. 输出频率

其为变频器实际输出的频率。当电动机所带的负载变化时，为了使拖动系统稳定，此时变频器的输出频率会根据系统情况不断地调整。因此，输出频率是在给定频率附近经常变化的。从另一个角度来说，变频器的输出频率就是整个拖动系统的运行频率。

3. 基准频率

变频器在模拟量输入时，设定频率给定线所用的参考频率，就是基准频率。西门子MM420变频器用参数P2000来设定基准频率，默认值为50 Hz。

4. 上限频率和下限频率

上限频率、下限频率是指变频器输出的最高、最低频率，常用f_H和f_L来表示。根据拖动系统所带的负载不同，有时要对电动机的最高、最低转速给予限制，以保证拖动系统的安全和产品的质量。常用的方法就是给变频器的上限频率和下限频率赋值。一般的变频器均可通过参数来预置其上限频率f_H和下限频率f_L，当变频器的给定频率高于上限频率或者低于下限频率时，变频器的输出频率将被限制在f_H或f_L。西门子MM420变频器的上限频率、下限频率分别用参数P1080和P1082来设定。

例如，预置f_H=60 Hz，f_L=20 Hz。若给定频率为50 Hz或30 Hz，则输出频率与给定频率一致；若给定频率为70 Hz或10 Hz，则输出频率被限制在60 Hz或20 Hz。

5. 跳跃频率（回避频率）

1）机械谐振与消除

任何机械都有其固有的振荡频率，它取决于机械的结构、质量等方面的因素。机械在运行过程中，实际振荡频率与运行转速有关。在拖动系统无级调速过程中，当机械的实际振荡频率与机械的固有频率相等时，将引起机械谐振。这时，机械振幅较大，可能导致机械磨损和损坏。消除机械谐振的方法有两个：一是改变机械的固有频率，但这种方法可实现性极小；二是避开可能导致发生机械谐振的频率。

在变频调速系统中，应使拖动系统跳跃可能引起机械谐振的转速频率，这个跳跃段的频率称为跳跃频率，也称回避频率，即不允许变频器连续输出的频率，常用f_J表示，如图7.6所示。

2）跳跃频率的设置方法

通过设置可能发生谐振的跳跃（回避）频率区域的上、下限频率来实现跳跃。下限频率是在频率上升过程中开始进入跳跃（回避）区域的频率，上限频率是在频率上升过程中退出跳跃（回避）区域的频率。变频器在预置跳跃频率时通常预置一个跳跃区间，区间的下限为f_{J1}、上限为f_{J2}，如果给定频率处于f_{J1}和f_{J2}之间，则变频器的输出频率将被限制在f_{J1}。大部分的变频器都提供了多个跳跃区间。西门子MM420变频器最多可设置4个跳跃区间，分别由P1091~P1094设定跳跃区的中心点频率，参数设置范围为0~650 Hz，由P1101设定跳跃的频带宽度。国产变频器有的可设置多个跳跃区域。如图7.6所示，如果P1091=14 Hz、P1101=2 Hz，则变频器在12~16 Hz范围内不可能连续稳定运行，而是跳跃过去。

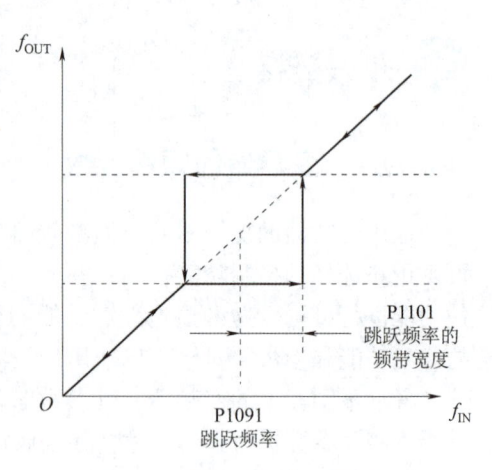

图7.6 跳跃（回避）频率区

6. 点动频率

点动频率是指变频器在点动时的给定频率。生产机械在调试以及每次新的加工过程开始前常需进行点动，以观察整个拖动系统各部分的运转是否良好。为防止意外，大多数点动运转的频率都较低。如果每次点动前都需将给定频率修改成点动频率是很麻烦的，所以一般的变频器都提供了预置点动频率的功能。如果预置了点动频率，则每次点动时，只需将变频器的运行模式切换至点动模式即可，不必再改动给定频率了。

西门子 MM420 变频器的正向点动频率用参数 P1058 设定，反向点动频率用参数 P1059 设定，并用 P1060 设置点动所用的加速时间，用 P1061 设置点动所用的减速时间。

7. 载波频率（PWM 频率）

PWM 变频器的输出电压是一系列脉冲，脉冲的宽度和间隔均不相等，其大小取决于调制波（基波）和载波（三角波）的交点。因此，电压脉冲序列的频率与载波频率相等，使电流波形是脉动的，与载波频率一致。载波频率越高，一个周期内脉冲的个数越多，也就是说，脉冲的频率越高，电流波形的平滑性就越好，但会使变频器的平均输出电流变小，对其他设备的干扰也越大。载波频率如果预置不合适，还会引起电动机铁芯的振动而发出噪声。一般的变频器都提供了 PWM 频率调整的功能，用户在一定的范围内可以调节该频率，从而减小系统噪声，使波形的平滑性最好，干扰最小。

西门子 MM420 变频器的载波频率用参数 P1800 设定，该载波频率每级可改变 2 kHz。

8. 启动频率

启动频率是指电动机开始启动时的频率，常用 f_s 表示。该频率可以从 0 开始，但是对于惯性较大或是摩擦转矩较大的负载，需加大启动转矩。此时可使启动频率加大至 f_s，则启动电流也较大。一般的变频器都可以预置启动频率，一旦预置启动频率，变频器对小于启动频率的运行频率将不予理睬。启动频率的设置以在启动电流不超过允许值的前提下，拖动系统能够顺利启动为宜。

9. 多挡转速频率

由于工艺上的要求，很多生产机械在不同阶段需要在不同的转速下运行。为了方便这种负载，大多数变频器都提供了多挡频率控制功能。它是通过几个开关的通、断组合来选择不同的运行频率。常见的形式是用变频器控制端子中的 3 个输入端来选择 7~8 挡频率，也可以利用变频器的操作面板直接设定或步进设定。

知识点 2　变频器的主要功能及预置

1. 变频器的运行功能及预置

1）加速和启动

变频启动时，启动频率可以很低，加速时间可以自行给定，这样就能够有效地解决启动电流大和机械冲击问题。一般的变频器都可给定加速时间和加速方式。

（1）加速时间。加速时间有两种定义：一种是指变频器的输出频率从 0 Hz 上升到基本频率 f_b 所需要的时间；另一种是指变频器的输出频率从 0 Hz 上升到最高频率 f_H 所需要的时间。在大多数情况下，最高频率和基本频率是一致的，用户可根据拖动系统的情况自行给定一个加速时间。变频器都提供了在一定范围内可任意给定加速时间的功能。在加速时间内，通常不进行生产活动。因此，从提高生产力的角度出发，加速时间越短越好。但是加速时间越短，频率上升越快，越容易"过电流"。加速时间越长，启动电流就越小，启动也越平缓，但是延长了拖动系统的过渡过程。对于某些频繁启动的机械来说，将会降低生产效率。所以，预置加速时间的基本原则是在电动机不过电流的前提下，加速时间越短越好。通常，可先将加速时间预置得长一些，观察拖动系统在启动过程中电流的大小，如果启动电流较小，可逐渐缩短加速时间，直至启动电流接近最大允许值时为止。

（2）加速方式。不同的生产机械对加速过程的要求是有差异的。变频器根据各种负载的不同要求，给出了各种不同的加速曲线（方式）供用户选择。常见的曲线分为线性方式、S形方式和半S形方式等，如图7.7所示。

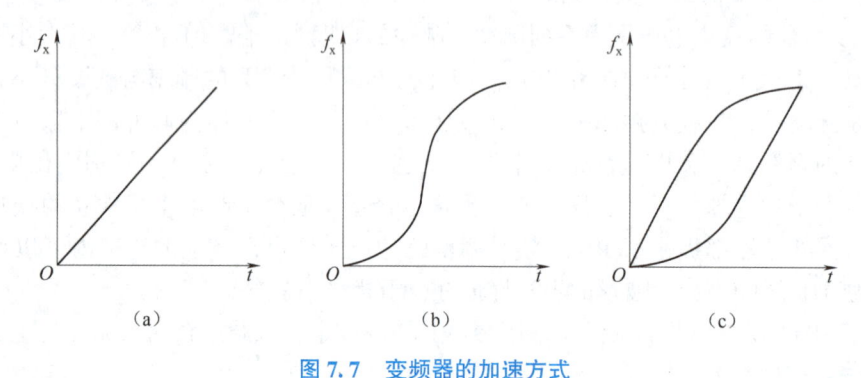

图 7.7　变频器的加速方式
(a) 线性方式；(b) S形方式；(c) 半S形方式

①线性方式：变频器的输出频率随时间成正比上升，如图 7.7 (a) 所示。大多数负载可设置这种方式。

②S形方式：在加速的起始阶段和结束阶段，频率的上升较缓，加速过程呈S形，如图 7.7 (b) 所示。这种方式适用于电梯、传送带等机械的升速过程。如在电梯开始启动以及转入等速运行时，从考虑乘客的舒适度出发应减缓速度的变化，以采用该种加速方式为宜。

③半S形方式：加速时一半为S形方式，另一半为线性方式，如图 7.7 (c) 所示。对于风机和泵类负载，低速时负载较轻，加速过程可以快一些。随着转速的升高，其阻力转矩迅速增加，加速过程应适当减慢。反映在图上，就是加速的前半段为线性方式，后半段为S形方式。而对于一些惯性较大的负载，加速初期加速过程较慢，到加速的后半段可适当提高其加速过程。反映在图上，就是加速的前半段为S形方式，后半段为线性方式。

西门子 MM420 变频器用参数 P1120（斜坡上升时间）设定加速时间，由参数 P1130（斜坡上升曲线的起始段圆弧时间）和 P1131（斜坡上升曲线的结束段圆弧时间）直接设置加速模式曲线。

（3）启动前直流制动。如果电动机在启动前，拖动系统的转速不为零，而变频器的输出频率从 0 Hz 开始上升，则在启动瞬间，将引起电动机的过电流。因此，可在启动前先在电动机的定子绕组内通入直流电流，以保证电动机在零速的状态下开始启动。

2）减速和制动

变频调速时，减速是通过逐步降低给定频率来实现的。由于在频率下降的过程中，电动机将处于再生制动状态。如果拖动系统的惯性较大，频率下降又很快，电动机将处于强烈的再生制动状态，从而产生过电流和过电压，使变频器跳闸。避免上述情况的发生主要是在减速时间和减速方式上进行合理选择。

（1）减速时间。同加速时间一样也有两种定义：一种是指变频器的输出频率从基本频率 f_b（也叫基准频率，一般以电动机的额定频率作为基准频率）减至 0 Hz 所需要的时间；另一种是指变频器的输出频率从最高频率 f_H 减至 0 Hz 所需要的时间。在大多数情况下，最高频率和基本频率是一致的。减速时间的给定方法同加速时间一样，其值的大小主要应考虑到系统的惯性。惯性越大，减速时间也越长。一般情况下，加、减速选择同样的时间。

（2）减速方式。减速方式设置与加速方式设置相似，也要根据负载情况而定。也有线性、S 形和半 S 形等几种方式，应用场合和加速时相同。

西门子 MM420 变频器用参数 P1121（斜坡下降时间）设定减速时间，由参数 P1132（斜坡下降曲线的起始段圆弧时间）和 P1133（斜坡下降曲线的结束段圆弧时间）直接设置减速方式曲线。

（3）直流制动。在减速的过程中，当频率降至很低时，电动机的制动转矩也随之减小，对于惯性较大的拖动系统，由于制动转矩不足，常在低速时出现停不住的爬行现象。因此，可在频率降到一定程度时，向电动机绕组中通入直流电，以使电动机迅速停止。

西门子 MM420 变频器直流制动由参数 P1230（使能直流制动）、P1232（直流制动电流）、P1233（直流制动的持续时间）和 P1240～P1254（直流电压控制器）设置。

（4）变频停机方式。在变频调速系统中，电动机的停机方式有 3 种：①减速停机，即按预置的减速时间和方式停机。在减速过程中，电动机容易处于再生制动状态。②在低频状态下短暂运行后停机。当频率下降到接近 0 Hz 时，先在低速下运行一个短时间，然后再将频率下降为 0 Hz。在负载的惯性大时，可以消除滑行现象。③自由停机，也称惯性停机。即变频器通过停止输出来停机。这时，拖动系统处于自由制动状态，停机时间的长短将由拖动系统的惯性决定。

MM420 变频器的停机方式有 3 种，即按斜坡函数曲线停机 OFF1、按惯性自由停机 OFF2 和按斜坡函数曲线快速停机 OFF3。

3）程序控制

对于一个需要多挡速度控制的系统来说，除可用外部输入端子组合切换外，也可采用变频器内部的定时器来自动完成切换。这种自动运行方式称为程序控制，也称为简易 PLC 控制。程序控制设置的步骤一般分为以下几步。

（1）制定运行程序。首先根据工艺要求，制定拖动系统的运行程序。图 7.8 所示为某拖动系统的运行程序。

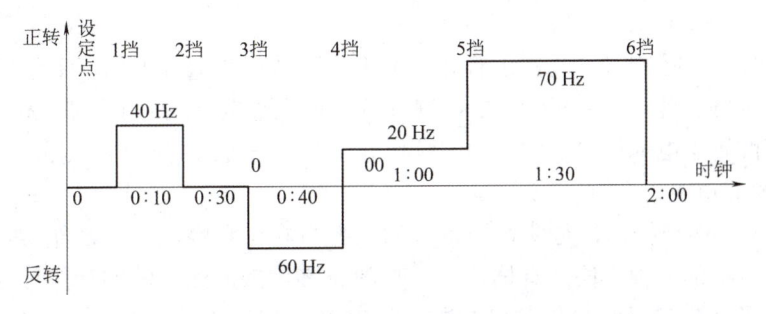

图 7.8　某拖动系统的运行程序

在该程序中转速分 5 挡。

第 1 挡转速：正转，40 Hz，10 s。

第 2 挡转速：停止，30 s。

第 3 挡转速：反转，60 Hz，40 s。

第 4 挡转速：正转，20 Hz，1 min。

第 5 挡转速：正转，70 Hz，1 min 30 s。

变频器一般都提供了 2~3 个运行组，以供用户根据不同的负载用外部开关在各运行组中进行切换，从而选择不同的运行程序。其中运行组是用来存放一个运行程序所有数据单元的。

（2）程序给定。根据制定的拖动系统的运行程序，将程序中各种参数用变频器提供的功能码进行预置。预置的步骤一般为：①选择程序运行的时间单位，可以在"min/s"之间选择；②选择一个运行组，将运行程序中各程序段的旋转方向、运行频率、持续时间输入到所对应的指令中去。

（3）运行组的选择和切换。在变频器的控制端子中选择 3 个开关，即 X_1、X_2、X_3，在运行组之间进行切换，若 X_1 闭合，选择第 1 运行组；若 X_2 闭合，选择第 2 运行组；若 3 个开关都闭合，则 3 个运行组依次执行一遍。

2. 变频器的优化特性功能及保护功能

1）节能功能

该功能主要用于冲压机械和精密机床，其目的是为了节能和降低振动。在利用该功能时，变频器在电动机的加速过程中将以最大输出功率运行，而在电动机进行恒速运行的过程中，则自动将功率降至设定值。

该功能对于实现精密机床的低振动化也很有效。

2）自动电压调整

自动电压调整功能，根据其英文缩写，也称为 AVR 功能。变频器的输出电压一般会随着输入电压的变化而变化，如果输入电压下降，则会引起变频器的输出电压也下降。就会影响电动机的带负载能力，而这种影响是不可控制的。若选择了 AVR 功能有效，遇到这种情况时，变频器就会适当提高其输出电压，以保证电动机的带负载能力不变。

3）电动机参数的自动调整

当变频器的配用电动机符合变频器说明书的使用要求时，用户只需要输入电动机的极数、额定电压等参数，变频器就可以在自己的存储器中找到该类电动机的相关参数。当选用的变频器和电动机不配套（如电动机型号不配套）时，变频器往往不能准确地得到电动机的参数。

在采用开环 U/f 控制时，这种矛盾并不突出。而选择矢量控制时，系统的控制是以电动机参数为依据的，此时电动机参数的准确性就显得非常重要。为了提高矢量控制的效果，很多变频器都配置了电动机参数的自动调整功能，对电动机的参数进行测试。

4）PID 调节功能

PID 控制属于闭环控制，是使控制系统的被控量在各种情况下，都能够迅速而准确地无限接近控制目标的一种手段。具体地说，是随时将传感器测量的实际信号（称为反馈信号）与被控量的目标信号相比较，以判断是否已经达到预定的控制目标。如果没有达到，则根据两者的差值进行调整,直至达到预定的控制目标为止。

图 7.9 所示为 PID 调节的恒压供水系统,供水系统的实际压力由压力传感器转换成电量(电压或电流),反馈到 PID 调节器的输入端(即 x_f),为了使供水系统的实际压力维持一定,就要求有一个与此相对应的给定信号 x_t,这个给定信号既需要有一定的值,又要与 $x_t - x_f = 0$ 相联系。下面以该系统为例介绍 PID 调节功能。

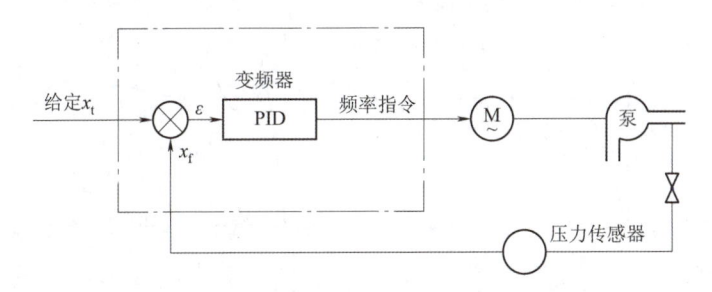

图 7.9　PID 调节的恒压供水系统

首先为 PID 调节器给定一个电信号 x_t,该给定电信号 x_t 对应着系统的给定压力,当压力传感器将供水系统的实际压力转变成电信号 x_f,送回 PID 调节器的输入端时,调节器首先将它与给定电信号 x_t 相比较,得到的偏差信号为 ε,即

$$\varepsilon = x_t - x_f \tag{7-3}$$

当 $\varepsilon > 0$ 时,给定值大于供水压力,此时水泵应升速。ε 越大,水泵的升速幅度越大。

当 $\varepsilon < 0$ 时,给定值小于供水压力,此时水泵应降速。$|\varepsilon|$ 越大,水泵的降速幅度越大。

不管控制系统的动态响应如何好,也不可能完全消除静差。静差指的是 ε 的值不可能完全降到 0,而始终有一个很小的值存在,从而使控制系统出现误差。如果 ε 的值非常小,那么反应就可能不够灵敏。为了增大控制的灵敏度,引入比例增益环节 P。

(1) 比例增益环节 P。为了使 x_t 这个给定信号既有一定的值,又与 $x_t - x_f = 0$ 相关联,所以将 ε 进行放大后再作为给定电信号。比例增益 K_P 越大,静差 ε 越小,如图 7.10(a)所示。

为了使静差 ε 减小,就要使比例增益增大。如果比例增益太大,一旦 x_t 和 x_f 之间的差值变大,供水系统的实际压力调整到给定值的速度必定很快。但由于拖动系统的惯性原因,很容易发生实际压力大于给定值的情况,这种现象称为超调。于是控制又必须反方向调节,这样就会使系统的实际压力在给定值附近来回振荡,如图 7.10(b)所示。为了缓解因比例增益功能给定过大而引起的超调振荡,可以引入积分环节 I。

(2) 积分环节 I。积分环节 I 的功能就是对偏差信号 ε 取积分后再输出,其作用是延长加速和减速的时间,以缓解因比例增益环节 P 设置过大而引起的超调。比例增益环节 P 与积分环节 I 结合,就是 PI 调节。积分环节既能防止振荡,也能有效地消除静差,如图 7.10(c)所示。但积分时间太长,又会产生当目标信号急剧变化时,被控量难以迅速恢复的情况。对于恒压供水系统来说,尽管增加积分环节 I 后使超调减少,避免了供水系统的压力振荡,但是也延长了供水压力重新回到给定值的时间。为了克服上述缺陷,又增加了微分环节 D。

(3) 微分环节 D。微分环节可根据偏差的变化趋势,提前给出较大的调节动作,从而缩短调节时间,克服了因积分时间太长而使恢复滞后的缺点,如图 7.10(d)所示。对于该系统来说，当供水压力刚开始下降时，偏差 ε 的变化率最大，D 输出也就最大，此时水泵的转速会突然增大一下。随着水泵转速的逐渐升高，供水压力会逐渐恢复，偏差 ε 的变化率会逐渐减小，D 输出也会迅速衰减，供水系统又呈现 PI 调节。

经 PID 调节后的供水压力，既保证了系统的动态响应速度，又避免了在调节过程中的振荡，因此 PID 调节功能在恒压供水系统中得到了广泛的应用。

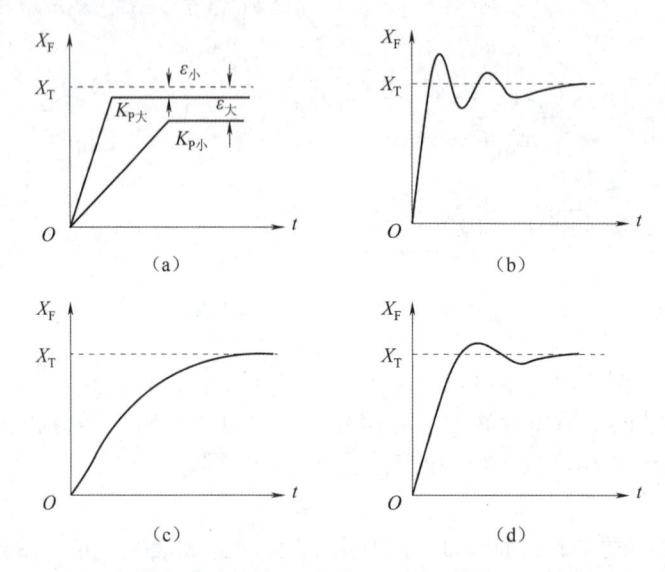

图 7.10　PID 调节各种功能波形（注：X_F 为反馈信号，X_T 为目标信号）
(a) P 调节；(b) 振荡现象；(c) PI 调节；(d) PID 调节

在许多要求不高的控制系统中，微分环节 D 可以不用。当系统运行时，被控量上升或下降后难以恢复，说明反应太慢，应加大比例增益，直至比较满意为止；在增大比例增益后，虽然反应快了，但容易在目标值附近波动，说明系统有振荡，应加大积分时间，直至基本不振荡为止。在某些对反应速度要求较高的系统中，可考虑增加微分环节 D。

西门子 MM420 变频器的 PID 参数设置如下：用参数 P2280 设置 PID 比例增益系数；用参数 P2285 设置 PID 积分时间；用参数 P2291 设置 PID 输出上限（%）；用参数 P2292 设置 PID 输出下限（%）；用参数 P2293 设置 PID 限幅的斜坡上升/下降时间（s）。

5）变频器和工频电源的切换

当变频器出现故障或电动机需要长期在工频频率下运行时，需要把电动机切换到工频电源下运行；变频器和工频电源的切换有手动和自动两种，这两种切换方式都需要配加外电路。

如果采用手动切换，只需要在适当的时候用人工来完成，控制电路比较简单。如果采用自动切换方式，除控制电路比较复杂外，还需要对变频器进行参数预置。

6）过电流保护

过电流是指变频器的输出电流的峰值超出了变频器的允许值。由于逆变器的过载能力很差，大多数变频器的过载能力都只有 150%，允许持续时间为 1 min。因此，变频器的过电流保护就显得非常重要。

过电流的原因大致分为以下 3 种。

（1）运行过程中过电流。即拖动系统在恒速运行时，由于负载或变频器的工作异常而引起的过电流，如电动机遇到了冲击、变频器输出短路等。

（2）升速中过电流。当负载的惯性较大，而升速时间又设定得比较短时，将产生过电流。

（3）降速中过电流。当负载的惯性较大，而降速时间又设定得比较短时，将产生过电流。

在大多数的拖动系统中，由于负载的变动，短时间的过电流总是不可避免的。而对变频器过电流的处理原则是尽量不跳闸以避免频繁跳闸给生产带来的不便，为此一般的变频器都设置了失速防止功能（即防止跳闸功能），只有在该功能不能消除过电流或过电流峰值过大时，变频器才会跳闸，停止输出。为此配置了防止跳闸的自处理功能（也称防止失速功能）；只有当冲击电流峰值太大，或防止跳闸措施不能解决问题时，才迅速跳闸。

限制过电流的方法有以下两种。

（1）运行过程中过电流。由用户根据电动机的额定电流和负载的具体情况设定一个电流限值I_{set}。在恒速运行过程中，当电流超过设定值I_{set}时，变频器首先将工作频率适当降低，到电流低于设定值I_{set}时，工作频率再逐渐恢复，如图7.11所示。

（2）升、降速时的过电流。在升速和降速过程中，当电流超过I_{set}时，变频器暂停升速、降速（即维持f_x不变），待电流下降到I_{set}以下时，再继续升速、降速，如图7.12所示。

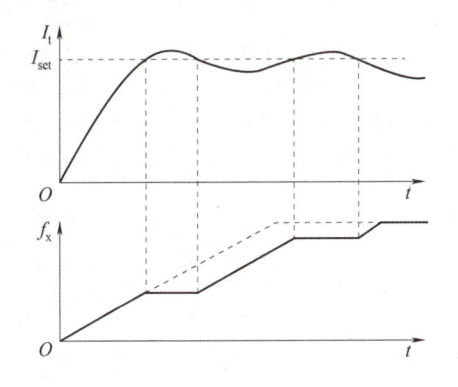

图 7.11 运行时过电流的处理 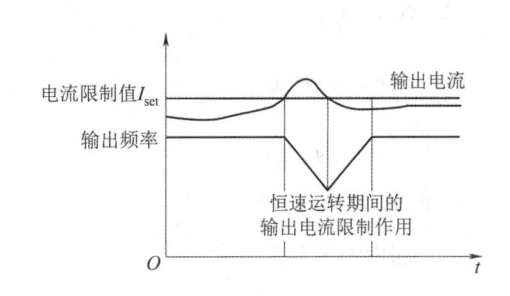　　图 7.12 升、降速时过电流的处理

7）过电压保护

产生过电压的原因大致可分为两大类：一类是在减速制动的过程中，由于电动机处于再生制动状态，若减速时间设置得太短，因再生能量来不及释放，引起变频器中间电路的直流电压升高而产生过电压；另一类是由于电源系统的浪涌电压而引起的过电压。对于电源过电压的情况，变频器规定：电源电压的上限一般不能超过电源电压的10%。

变频器的过电压信号一般是从直流部分取出的。当出现过电压信号时，微机系统将首先判别其是否正在减速，如果是，则自动延长减速时间，减缓制动过程。可以由用户给定一个电压的限值U_{set}。在减速的过程中，若出现直流电压$U_D > U_{set}$时，则暂停减速，如图7.13所示。如还不能使过电压信号很快消失时，则"跳闸"以查明原因。对于电源过电压，目前市场上的大部分变频器，一般都没有稳压装置，只能"跳闸"。

8）电子热保护

电子热保护主要是针对电动机过载进行保护，其保护的主要依据是电动机的温升。如长时间低速运行时，因电动机冷却能力下降会出现过热现象。热保护曲线如图 7.14 所示，其主要特点如下。

（1）具有反时限特性。

（2）在不同的运行频率下有不同的保护曲线。

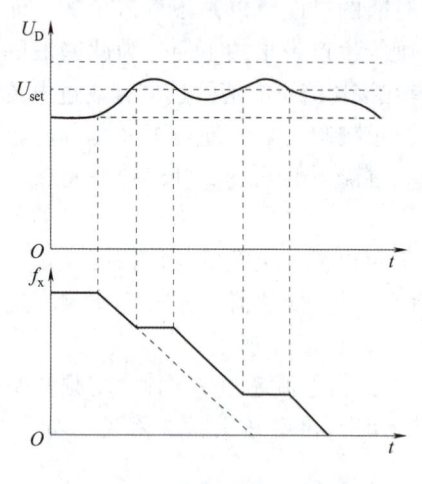

图 7.13　减速时防止跳闸功能

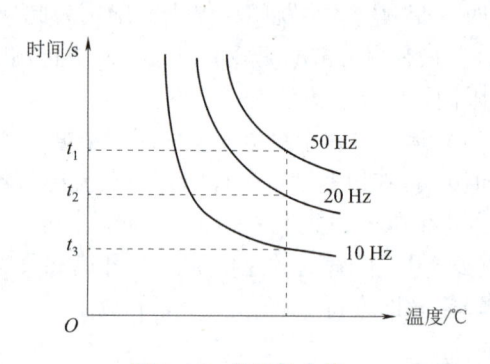

图 7.14　热保护曲线

任务实施

（1）简述变频器频率参数的设置。

（2）简述变频器的加速方式及应用场合。

（3）简述变频器过电流的原因以及限制过电流的方法。

任务评价

1. 小组互评

小组互评任务验收单

任务名称	变频器的 PID 调节功能分析	验收结论	
验收负责人		验收时间	
验收成员			
任务要求	分析 PID 调节的恒压供水系统各环节的作用和波形。请根据任务要求分析变频器 PID 调节的恒压供水系统各环节的作用和波形		
实施方案确认			
文档接收清单	接收本任务完成过程中涉及的所有文档			
	序号	文档名称	接收人	接收时间
验收评分	配分表			
	评价标准		配分	得分
	能够正确描述 PID 调节的恒压供水系统比例增益环节 P 的作用和波形。每处错误扣 5 分，扣完为止		20 分	
	能够正确描述 PID 调节的恒压供水系统积分环节 I 的作用和波形。每处错误扣 5 分，扣完为止		30 分	
	能够正确描述 PID 调节的恒压供水系统微分环节 D 的作用和波形。每处错误扣 5 分，扣完为止		30 分	
	能够正确描述 PID 调节的恒压供水系统的 PID 调节功能。描述模糊不清楚或不达要点不给分		20 分	
效果评价				

2. 教师评价

教师评价任务验收单

任务名称	变频器的 PID 调节功能分析	验收结论	
验收负责人		验收时间	
验收成员			
任务要求	分析 PID 调节的恒压供水系统各环节的作用和波形。请根据任务要求分析变频器 PID 调节的恒压供水系统各环节的作用和波形		
实施方案确认			

续表

文档接收清单	接收本任务完成过程中涉及的所有文档			
	序号	文档名称	接收人	接收时间

验收评分	配分表		
	评价标准	配分	得分
	能够正确描述 PID 调节的恒压供水系统比例增益环节 P 的作用和波形。每处错误扣 5 分，扣完为止	20 分	
	能够正确描述 PID 调节的恒压供水系统积分环节 I 的作用和波形。每处错误扣 5 分，扣完为止	30 分	
	能够正确描述 PID 调节的恒压供水系统微分环节 D 的作用和波形。每处错误扣 5 分，扣完为止	30 分	
	能够正确描述 PID 调节的恒压供水系统的 PID 调节功能。描述模糊不清楚或不达要点不给分	20 分	
效果评价			

拓展训练

（1）在变频调速的系统中，使拖动系统跳跃可能引起机械谐振的转速频率，这个跳跃段的频率称为跳跃频率，也叫_____，即不允许变频器_____的频率。

（2）PID 控制属于_____，是使控制系统的被控量在各种情况下，都能够迅速而准确地无限接近_____的一种手段。

（3）过电流是指变频器的输出电流的峰值超出了变频器的允许值。由于逆变器的过载能力很差，大多数变频器的过载能力都只有_____，允许持续时间为_____。

（4）简述在变频调速系统中电动机的停机方式。

任务 7.4　变频器在恒压供水系统中的应用

任务目标

[知识目标]
- 掌握水泵供水的基本模型、主要参数和恒压供水系统的主要参数设置。

[技能目标]
- 掌握供水系统的节能原理。

[素养目标]
- 具有良好的职业道德和职业素养。
- 具有质量意识、环保意识、安全意识、信息素养、工匠精神和创新思维。

知识链接

知识点 1　水泵供水的基本模型与主要参数

变频器在工业生产和日常生活中,特别是在供水领域的应用越来越广泛。恒压供水是指无论用户端用水量是多少,都能保持管网中水压基本恒定。这样既可以满足各部位的用户对水的需求,又不使电动机空转,造成电能浪费。为此可以利用变频器根据给定压力信号和反馈压力信号,调节水泵的转速,从而达到控制管网中水压恒定的目的。

1. 基本模型

图 7.15 所示为一生活小区供水系统的基本模型,水泵将水池中的水抽出并上扬至所需高度,以便向生活小区供水。

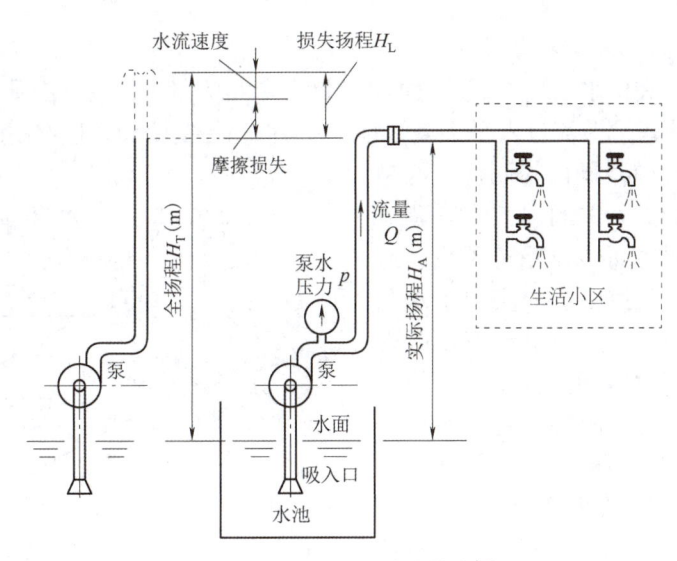

图 7.15　水泵供水系统的基本模型

2. 供水系统的主要参数

(1) 流量:是单位时间内流过管道内某一断面的水量。流量符号是 Q,常用单位是 m^3/s、m^3/min、m^3/h 等。供水系统的基本任务就是要满足用户对流量的要求。

(2) 扬程:严格地说,是单位质量的水被水泵上扬时所获得的能量。扬程符号是 H,常用单位是 m。扬程主要涉及 3 个方面:①提高水位所需的能量;②克服水在管路中的流动阻力所需的能量;③使水流具有一定的流速所需的能量。

由于在同一个管路中,上述②和③是基本不变的,在数值上也相对较小,可以认为,提高水位所需的能量是扬程的主体部分。因此,在同一管路内分析时,习惯上常用水从一个位置"上扬"到另一个位置时水位的变化量(即对应的水位差)来表示扬程。

(3) 全扬程:也称总扬程或水泵的扬程,是说明水泵泵水能力的物理量。包括把水从水池的水面上扬到最高水位所需的能量、克服管阻所需的能量和保持流速所需的能量，符号是 H_T。它在数值上等于在没有管路阻力，也不计流速的情况下，水泵能够上扬水的最大高度，如图 7.15 所示。

（4）实际扬程：是通过水泵实际提高的水位所需的能量，符号是 H_A。在不计损失和流速的情况下，其主体部分正比于实际的最高水位与水池水面之间的水位差，如图 7.15 所示。

（5）损失扬程：是全扬程与实际扬程之差，符号是 H_L。H_T、H_A 和 H_L 之间的关系为

$$H_T = H_A + H_L \tag{7-4}$$

（6）管阻：是表示管道系统（包括水管、阀门等）对水流阻力的物理量，符号是 R。因为不是常数，难以简单地用公式来定量计算，通常用扬程与流量间的关系曲线来描述。故对其单位常不提及。

（7）压力：是表明供水系统中某个位置（某一点）水压的物理量，符号是 p。其大小在静态时主要取决于管路的结构和所处的位置，而在动态情况下还与供水流量和用水流量之间的平衡情况有关。

知识点 2　供水系统的节能原理分析

1. 调节流量的方法

在供水系统中，最根本的控制对象是流量。因此，要研究节能问题必须从考虑调节流量入手。常见的方法有阀门控制法和转速控制法两种。

（1）阀门控制法。这是指通过开关阀门大小来调节流量，而转速保持不变，通常为额定转速。阀门控制法的实质是水泵本身的供水能力不变，而通过改变水路中的阻力大小来改变供水能力，以适应用户对流量的需求。这时管阻特性将随阀门开度的改变而改变，但扬程特性不变。如图 7.16 所示，设用户所需流量从 Q_A 减小为 Q_B，当通过关小阀门来实现时，管阻特性曲线②将改变为曲线③，而扬程特性则仍为曲线①，故供水系统的工作点由 A 点移至 B 点，这时流量减小了，但扬程却从 H_{TA} 增大为 H_{TB}。由图可知，供水功率 P_G 与面积 $OEBF$ 成正比。

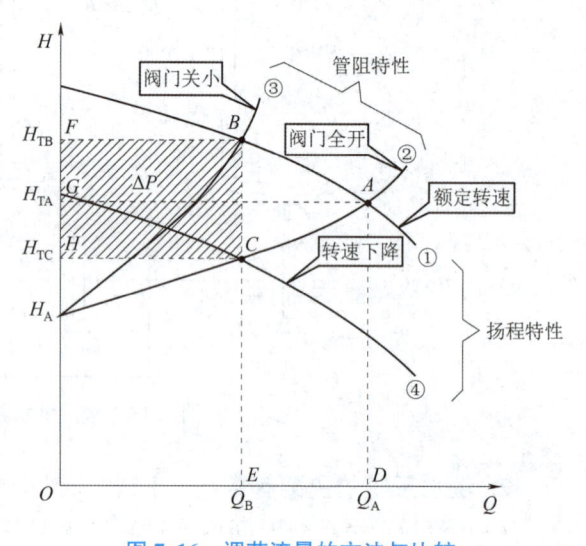

图 7.16　调节流量的方法与比较

（2）转速控制法。这是指通过改变水泵的转速来调节流量，而阀门开度则保持不变（通常为最大开度）。转速控制法的实质是通过改变水泵的全扬程来适应用户对流量的需求。当水泵的转速改变时，扬程特性将随之改变，而管阻特性则不变。

仍以图 7.16 中用户所需流量从 Q_A 减小到 Q_B 为例，当转速下降时，扬程特性下降为曲线④，管阻特性则仍为曲线②，故工作点移至 C 点。由此可见，在水量减小为 Q_B 的同时，扬程减小为 H_{TC}。供水功率 P_G 与面积 $OECH$ 成正比。

2. 转速控制法节能的几个方面

（1）供水功率的比较。比较上述两种调节流量的方法后可以看出，在所需流量小于额定流量的情况下，转速控制时的扬程比阀门控制时小得多，所以转速控制方式所需的供水功率比阀门控制方式小得多。两者之差 ΔP 就是转速控制方式节约的供水功率，它与图 7.16 中阴影部分即面积 $HCBF$ 成正比。这是变频调速供水系统具有节能效果的最基本方面。

（2）从水泵的工作效率看节能。水泵的供水功率 P_G 与轴功率 P_P 之比，就是水泵的工作效率 η_P，即

$$\eta_P = \frac{P_G}{P_P} \tag{7-5}$$

式中：P_P 为水泵的轴功率，即水泵轴上的输入功率（即电动机的输出功率），或者是水泵取用的功率；P_G 为水泵的供水功率，即根据实际供水的扬程和流量算得的功率，是供水系统的输出功率。

因此，这里所说的水泵工作效率，实际上包含了水泵本身的效率和供水系统的效率。

根据有关资料介绍，水泵工作效率相对值 η_P^* 的近似计算公式为

$$\eta_P^* = C_1 \left(\frac{Q^*}{n^*} \right) - C_2 \left(\frac{Q^*}{n^*} \right)^2 \tag{7-6}$$

式中：η_P^* 为效率；Q^* 为流量；n^* 为转速的相对值（即实际值与额定值之比的百分数）；C_1、C_2 为常数，由制造厂家提供。

C_1 与 C_2 之间通常遵循以下规律，即

$$C_1 - C_2 = 1$$

式（7-6）表明，水泵的工作效率主要取决于流量与转速之比。

由式（7-6）可知，当通过关小阀门来减小流量时，由于转速不变，$n^* = 1$，比值 $Q^*/n^* = Q^*$，其效率曲线如图 7.17 的曲线①所示。当流量 $Q^* = 60\%$ 时，其效率将降至 B 点。可见，随着流量的减小，水泵工作效率的降低是十分显著的。而在转速控制方式下，由于在阀门开度不变的情况下，流量 Q^* 和转速 n^* 是成正比的，比值 Q^*/n^* 不变。其效率曲线因转速而变化，在 $60\% n_N$ 时的效率曲线如图中的曲线②所示。当流量 $Q^* = 60\%$ 时，效率由 C 点决定，它和 $Q^* = 100\%$ 时的效率（A 点）是相等的。也就是说，采用转速控制方式时，水泵的工作效率总是处于最佳状态。所以，与阀门控制方式相比，转速控制方式下水泵的工作效率要大得多。这是变频调速供水系统具有节能效果的第二个方面。

（3）从电动机的效率看节能。水泵厂在生产水泵时，由于以下原因：①对用户的管路情况无法预测；②管阻特性难以准确计算；③必须对用户的需求留有足够余地等。因此，在决定额定扬程和额定流量时，通常裕量较大。所以，在实际运行过程中，即使在用水量的高峰期，电动机也并不常常处于满载状态，其效率和功率因数都较低。

采用了转速控制方式后，可将排水阀完全打开而适当降低转速，由于电动机在低频运行时，变频器的输出电压也将下降，从而提高了电动机的工作效率，这是变频调速供水系统具有节能效果的第三个方面。

综合起来，水泵的轴功率与流量间的关系如图 7.18 所示。图中，曲线①是调节阀门开度时的功率曲线，当流量 $Q^* = 60\%$ 时，所消耗的功率由 B 点决定；曲线②是调节转速时的功率曲线，当 $Q^* = 60\%$ 时，所消耗的功率由 C 点决定。由图可知，与调节阀门开度相比，

调节转速时所节约的功率 ΔP^* 是相当可观的。

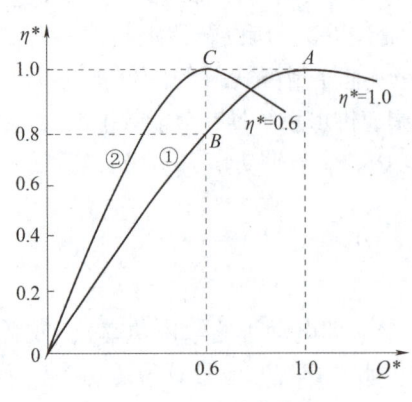

图7.17 水泵的效率曲线

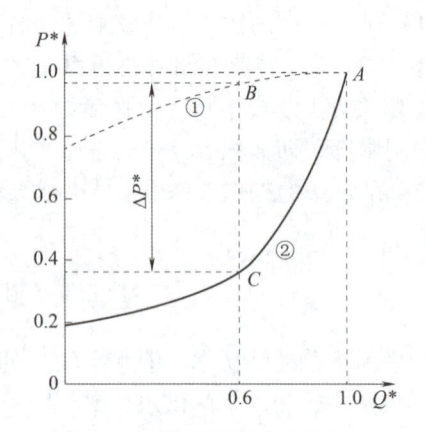

图7.18 水泵的轴功率曲线

知识点3　恒压供水系统的构成与工作过程

1. 恒压供水系统的控制目的

对供水系统进行控制，实质是为了满足用户对流量的需求，所以流量是供水系统的基本控制对象。而流量的大小取决于扬程，但扬程难以进行具体测量和控制。在动态情况下，管道中水压的大小与供水能力（用供水流量 Q_G 表示）和用水流量（用 Q_U 表示）之间的平衡情况有关。

如供水能力 Q_G 大于用水流量 Q_U，则压力上升（$P\uparrow$）。

如供水能力 Q_G 小于用水流量 Q_U，则压力下降（$P\downarrow$）。

如供水能力 Q_G 等于用水流量 Q_U，则压力不变（$P=$ 常数）。

可见，供水能力与用水需求之间的矛盾具体地反映在流体压力上的变化，因此压力成为用来作为控制流量大小的参变量。这就是说，保持供水系统中某处压力的恒定，也就保证了该处的供水能力和用水流量处于平衡状态，这就是恒压供水所要达到的控制目的。

2. 恒压供水系统的构成与工作过程

（1）恒压供水系统的构成。恒压供水系统原理图如图7.19所示。由图可知，变频器有两个控制信号，即目标信号和反馈信号。

①目标信号 X_T，即给定端 VRF 上得到的信号，该信号是一个与压力的控制目标相对应的值，通常用百分数表示。目标信号也可以由键盘直接给定，而不必通过外接电路来给定。

②反馈信号 X_F，这是压力变送器 SP 反馈回来的信号，该信号是一个反映实际压力的信号。

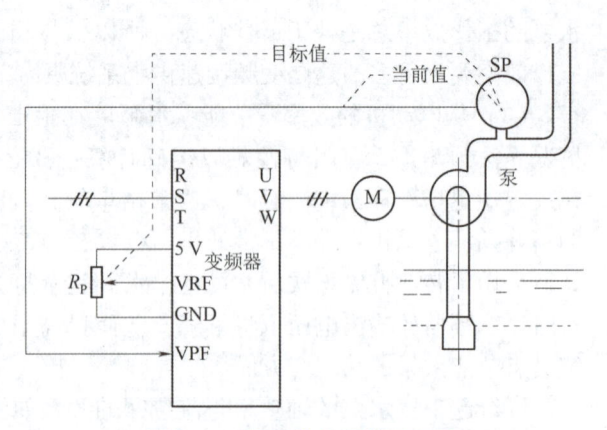

图7.19 恒压供水系统原理图

（2）恒压供水系统的工作过程。变频器一般都具有 PID 调节功能，其内部原理如图 7.20 中的点画线框所示。由图 7.20 可知，X_T 和 X_F 两者相减的合成信号 $X_D = X_T - X_F$ 经过 PID 调节处理后得到频率给定信号，决定变频器输出频率 f_x。

当用水流量减小时，供水能力 Q_G 大于用水流量 Q_U，则压力上升，$X_F \uparrow \rightarrow$ 合成信号 $(X_T - X_F) \downarrow \rightarrow$ 变频器输出频率 $f_x \downarrow \rightarrow$ 电动机转速 $n_x \downarrow \rightarrow$ 供水能力 $Q_G \downarrow \rightarrow$ 直至压力大小回复到目标值，供水能力与用水流量重新达到平衡（$Q_G = Q_U$）时为止；反之，当用水流量增加，使 Q_G 小于 Q_U 时，则 $X_F \downarrow \rightarrow (X_T - X_F) \uparrow \rightarrow f_x \uparrow \rightarrow n_x \uparrow \rightarrow Q_G \uparrow \rightarrow Q_G = Q_U$，又达到新的平衡。

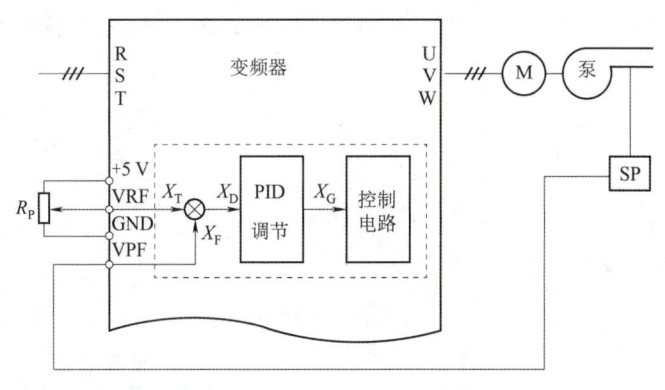

图 7.20　变频器内部控制原理

知识点 4　恒压供水系统的 PI 调节原理框图及主要参数设置

1. 变频恒压供水系统的 PI 调节原理框图

要使供水系统稳定，必须有 PID（比例积分微分）调节。由于供水系统压力要求不是很精确，故只要 PI 调节即可，变频恒压供水系统 PI 调节原理如图 7.21 所示。

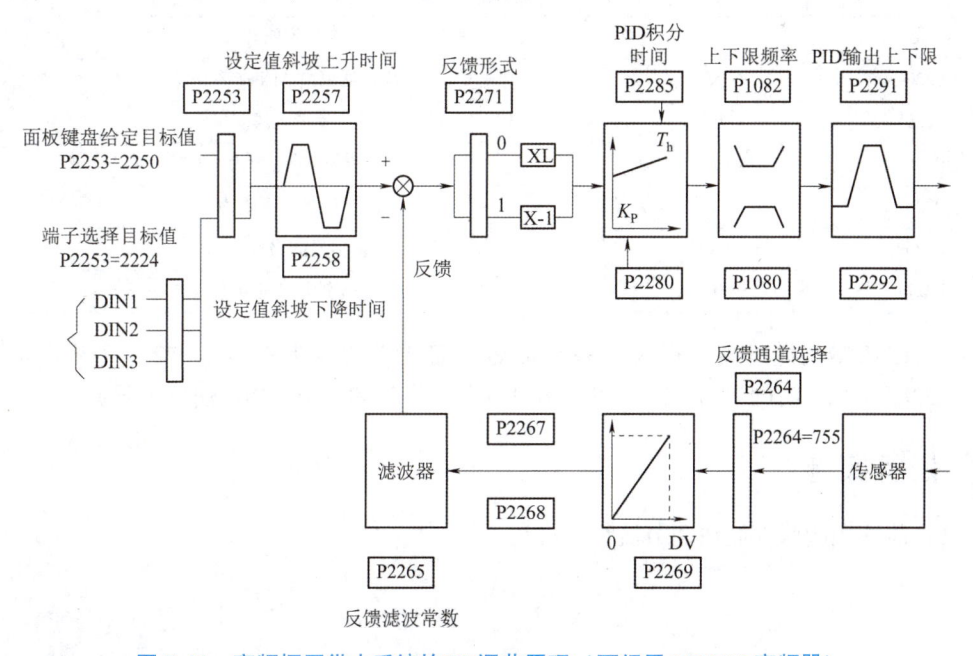

图 7.21　变频恒压供水系统的 PI 调节原理（西门子 MM420 变频器）

2. 主要参数设置（西门子 MM420 变频器）

（1）控制参数的设置见表 7.2。

表 7.2　控制参数的设置

参数号	设置值	说明
P0003	3	专家级
P0004	0	显示全部参数
P0700	2	命令由端子输入
P0701	1	由端子 DIN1 控制变频器的启/停
P1000	1	频率设定由面板设置
P1080	20	下限频率
P1082	50	上限频率
P2200	1	PID 功能有效

（2）目标参数的设置见表 7.3。

表 7.3　目标参数的设置

参数号	设置值	说明
P2253	2250	面板键盘设定目标值
P2240	70	目标值设定为 70%
P2257	1	设定值上升时间为 1 s
P2258	1	设定值下降时间为 1 s

（3）反馈参数的设置见表 7.4。

表 7.4　反馈参数的设置

参数号	设置值	说明
P2264	755	反馈通道由 AIN+端子输入
P2265	0	反馈无滤波
P2267	100	反馈信号的上限为 100%
P2268	0	反馈信号的下限为 0%
P2269	100	反馈信号的增益是 100%
P2271	0	反馈形式是正常

（4）PI 参数的设置需要视现场系统而定。需要设置以下参数：P2280（比例增益系数）、P2285（积分时间）、P2291（PID 输出上限）、P2292=0（PID 输出下限）。

任务实施

（1）简述用阀门控制法调节流量的方法。

（2）简述用转速控制法调节流量的方法。

（3）说明恒压供水系统的工作过程。

任务评价

1. 小组互评

小组互评任务验收单

任务名称	恒压供水系统的构成与工作过程分析		验收结论	
验收负责人			验收时间	
验收成员				
任务要求	设计恒压供水系统控制框图，分析系统的工作过程。请根据任务要求绘制恒压供水系统控制框图，分析系统调节过程			
实施方案确认				
文档接收清单	接收本任务完成过程中涉及的所有文档			
	序号	文档名称	接收人	接收时间
验收评分	配分表			
	评价标准		配分	得分
	能够正确分析恒压供水系统的控制目的。每处错误扣5分，扣完为止		20分	
	能够正确绘制恒压供水系统框图。每处错误扣5分，扣完为止		30分	
	能够正确描述恒压供水系统的目标信号和反馈信号。每处错误扣5分，扣完为止		30分	
	能够正确分析恒压供水系统的工作过程。描述模糊不清楚或不达要点不给分		20分	
效果评价				

2. 教师评价

教师评价任务验收单

任务名称	恒压供水系统的构成与工作过程分析	验收结论	
验收负责人		验收时间	
验收成员			
任务要求	设计恒压供水系统控制框图，分析系统的工作过程。请根据任务要求绘制恒压供水系统控制框图，分析系统调节过程		
实施方案确认			
文档接收清单	接收本任务完成过程中涉及的所有文档 	序号	文档名称	接收人	接收时间	 					 					 					 							
验收评分	配分表		
	评价标准	配分	得分
	能够正确分析恒压供水系统的控制目的。每处错误扣5分，扣完为止	20分	
	能够正确绘制恒压供水系统框图。每处错误扣5分，扣完为止	30分	
	能够正确描述恒压供水系统的目标信号和反馈信号。每处错误扣5分，扣完为止	30分	
	能够正确分析恒压供水系统的工作过程。描述模糊不清楚或不达要点不给分	20分	
效果评价			

拓展训练

（1）在供水系统中，最根本的控制对象是_____。_____是说明水泵泵水能力的物理量。

（2）全扬程也叫_____或水泵的扬程。包括把水从水池的水面上扬到_____所需的能量、克服管阻所需的能量和保持流速所需的能量。

（3）阀门控制法的实质是：水泵本身的_____不变，而是通过改变水路中的_____大小来改变供水能力，以适应用户对流量的需求。

（4）扬程主要包括哪些方面？

小贴士

目前交流电动机调速多使用变频器，变频器涉及变频电路，采用变频电路能有效地实现电动机的节能运行，有效地降低能耗。通过学习让学生意识到科学技术在生产实际中的重要作用，激发学生倾注精力、投入时间认真学习知识、技术的持续兴趣，培养学生自强不息的钻研精神。

项目总结

◆ 随着交流电动机调速控制理论、电力电子技术及数字化控制技术的发展，交流变频调速技术日趋成熟，变频器及其应用越来越广泛。本项目介绍了变频器的分类、特点、发展趋势及其应用，通用变频器的基本结构，包括主电路和控制电路，还介绍了变频器的工作原理。阐述了变频器的常用功能设定，包括变频器的常用频率参数，变频器的主要功能及预置方法。

◆ 应重点掌握变频器的结构、基本原理及常用功能设定，了解变频器在工业中的应用。

拓展强化

（1）简述变频器的概念。

（2）简述变频技术的发展历程。

（3）变频器的分类有哪些？

（4）变频技术的发展方向如何？

（5）交-交变频器与交-直-交变频器在主电路的结构和原理上有何区别？两者中哪种变频器得到了广泛应用？

（6）通用变频器是由哪些基本环节构成的？

（7）简述变频器的应用。

（8）变频器为什么要设置上限频率和下限频率？

（9）变频器为什么具有加速时间和减速时间设置功能？如果变频器的加速时间、减速时间设为0，启动时会出现什么问题？根据什么来设置加速时间、减速时间？

（10）变频器的回避频率功能有什么作用？在什么情况下要选用该功能？

（11）简述调节流量的方法。

（12）分析转速控制法的节能效果。

附 录

项目实训 1　晶闸管的简易测试与导通和关断条件

1. 实验实训目的
（1）掌握晶闸管的简易测试方法。
（2）验证晶闸管的导通条件及关断方法。

2. 实验实训设备
- 晶闸管导通关断实验电路板：1 块。
- 30 V 直流稳压电源：1 台。
- 万用表：1 块。
- 晶闸管（好、坏）：各 1 个。
- 1.5 V 干电池：3 个。
- 导线：若干。

3. 实验实训电路及内容和步骤

1）晶闸管电极的判定和简单测试

（1）晶闸管电极的判定。晶闸管若从外观上判断，3 个电极形状各不相同，无须做任何测量就可以识别。小功率晶闸管的门极比阴极细，大功率晶闸管的门极则用金属编织套引出，像一根辫子。有的在阴极上另外引出一根较细的引线，以便和触发电路连接，这种晶闸管虽有 4 个电极，也无须测量就能识别。

（2）晶闸管的简单测试。在实际使用过程中，很多时候需要对晶闸管的好坏进行简单判断，通常采用万用表法进行判别。

具体操作顺序如附图 1.1 所示。将万用表置于 $R×100\ \Omega$ 或 $R×1\ k\Omega$ 位置，用表笔测量 G、K 之间的正/反向电阻，阻值应为几百欧至几千欧。一般黑表笔接 G，红表笔接 K 时，阻值较小。由于晶闸管芯片一般采用短路发射极结构（即相当于在门极与阴极间并联了一个小电阻），所以正/反向阻值差别不大，即使测出正/反向阻值相等也是正常的。接着将万用表调至 $R×10\ k\Omega$ 挡，测量 G、A 与 K、A 之间的阻值，无论黑、红表笔怎样调换测量，阻值均应为无穷大；否则，说明晶闸管已经损坏。

将所测数据填入附表 1.1 中，以判断被测晶闸管的好坏。

附表 1.1　实验记录 1

被测晶闸管	R_{AK}	R_{KA}	R_{AG}	R_{GA}	R_{KG}	R_{GK}	结论
VT_1							
VT_2							

2）检测晶闸管的触发能力

检测电路如附图 1.2 所示。外接一个 4.5 V 电池组，将电压提高到 6~7.5 V（万用表内装电池不同）。将万用表置于 0.25~1 A 挡，为保护表头，可串入一只 $R=4.5\ \text{V}/I_{挡}\ \Omega$ 的电阻（其中：$I_{挡}$ 为所选万用表量程的电流值）。

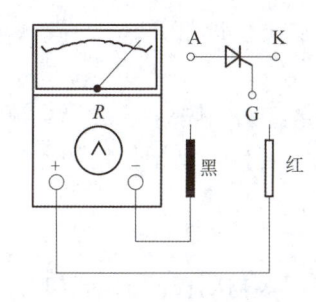

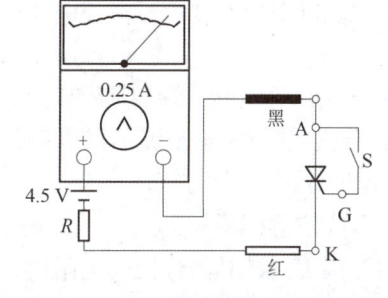

附图 1.1　判别晶闸管的好坏　　　　　附图 1.2　检测晶闸管的触发能力电路

电路接好后，在 S 处于断开位置时，万用表指针不动。然后闭合 S（S 可用导线代替），使门极加上正向触发电压，此时万用表应明显向右摆，并停在某一电流位置，表明晶闸管已经导通。接着断开开关 S，万用表指针应不动，说明晶闸管触发性能良好。

3）检测晶闸管的导通条件

按照附图 1.3 所示接线，完成以下实验。

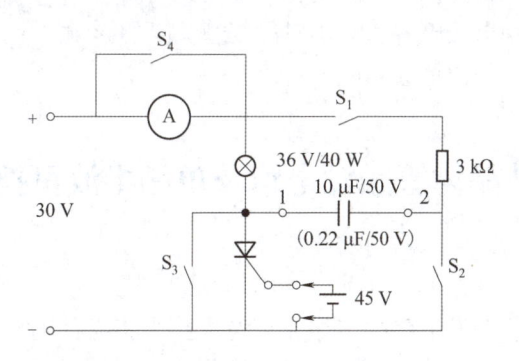

附图 1.3　晶闸管导通与关断条件实验电路

(1) 首先将 S_1~S_3 断开，闭合 S_4，加 30 V 正向阳极电压。然后让门极开路或接 -4.5 V 电压，观察晶闸管是否导通、灯泡是否亮。

(2) 加 30 V 反向阳极电压，门极开路、接 -4.5 V 或接 +4.5 V 电压观察晶闸管否导通、灯泡是否亮。

(3) 阳极、门极都加正向电压。观察晶闸管是否导通、灯泡是否亮。

(4) 灯亮以后，去掉门极电压，观察灯泡是否还亮；再给门极加 -4.5 V 的电压，观察灯泡的情况。

4）晶闸管关断条件实验（附图 1.3）

(1) 接通正 30 V 电源，再接通 4.5 V 正向门极电压使晶闸管导通，灯泡亮。然后断开门极的控制电压，观察灯泡的情况。

241

（2）去掉 30 V 阳极电压，再观察灯泡的亮灭情况。

（3）接通 30 V 正向阳极电压及正向门极电压使灯点燃，然后闭合 S_1，断开门极电压，然后再接通 S_2，看灯泡是否熄灭。

（4）在 1、2 端换接上 0.22 μF/50 V 的电容再重复步骤（3）的实验，观察灯泡的亮灭情况。

（5）再把晶闸管导通，断开门极电压，然后闭合 S_3，再立即打开 S_3，观察灯泡的亮灭情况。

（6）断开 S_4，再使晶闸管导通，断开门极电压。逐渐减小阳极电压，当电流表指针由某值突降到零时，该值就是被测晶闸管的维持电流。此时若再升高阳极电源电压，灯泡也不再发亮，说明晶闸管已经关断。

4. 实验实训注意事项

（1）用万用表测试晶闸管极间电阻时，特别在测量门极与阴极间的电阻时，不要用万用表的高阻挡，以防表内高压电池击穿门极和阴极之间的 PN 结。

（2）测维持电流时，晶闸管导通后，要去掉门极电压，再减小阳极电压。

（3）测维持电流时，电流表换挡时，注意要先插入小挡插销，再拔出大挡插销。

5. 实验实训报告要求

（1）根据实验实训内容总结出晶闸管导通条件及关断方法，并记录维持电流。回答实验中提出的问题。

（2）根据实验记录总结简易判断晶闸管好坏的方法。

（3）说明电容的作用以及电容值大小对晶闸管关断的影响。

（4）写出本实验的心得与体会。

项目实训 2　单结晶体管触发电路及单相半波可控整流电路的测试

1. 实验实训目的

（1）熟悉单结晶体管触发电路的工作原理及电路中各元件的作用，观察电路图中各点电压波形。

（2）掌握单结晶体管触发电路的调试步骤和方法。

（3）对单相半波可控整流电路在电阻负载及阻感负载时的工作进行全面分析。

（4）了解续流二极管的作用。

（5）熟悉双踪示波器的使用方法。

2. 实验实训设备

- 附图 2.1 中各元件及焊接板：1 套。
- 同步变压器 220 V/60 V：1 台。
- 灯板：1 块。
- 滑线变阻器：1 台。
- 电抗器：1 台。
- 双踪示波器：1 台。

- 万用表：1 块。
- 单结晶体管分压比测试板：1 块。

3. 实验实训电路

实验实训电路如附图 2.1 所示。

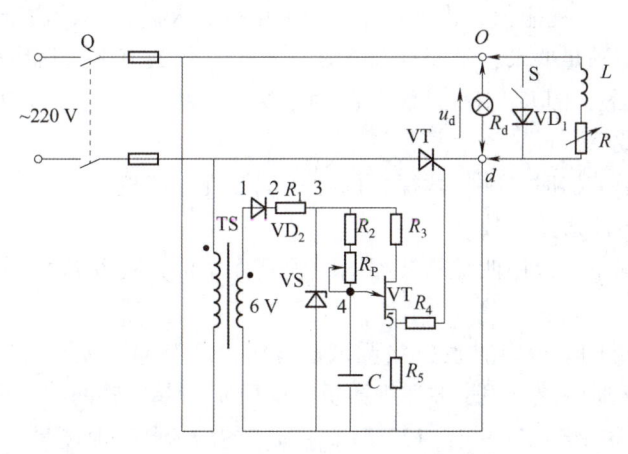

附图 2.1 单结晶体管触发的单相半波可控整流电路

4. 实验实训内容及步骤

（1）元器件测试。

①用万用表 $R\times100\ \Omega$ 挡粗测二极管、稳压管是否良好，电位器是否连续可调，用适当电阻挡检查各电阻阻值是否合适。

②参照附录测定同步变压器 TS 的极性。

③判断单结晶体管的好坏（常见单结晶体管的引脚排列如附图 2.2 所示）。首先用万用表 $R\times10\ \Omega$ 挡测试单结晶体管各极间电阻，再用单结晶体管分压比测试板来测定单结晶体管的 η 值，其测试电路如附图 2.3 所示，并将所测数据记录于附表 2.1 中。

附表 2.1　实验记录 2

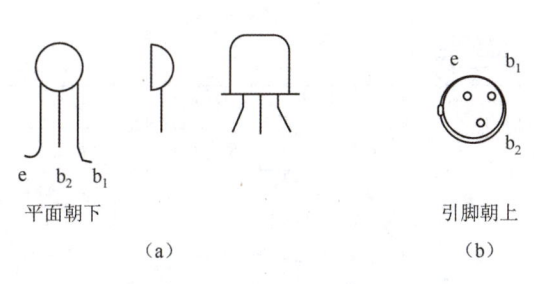

测量项目	η	r_{eb_1}	$r_{b_1 e}$	r_{eb_2}	$r_{b_2 e}$	$r_{b_1 b_2}$	$r_{b_2 b_1}$	结论
测量值								

附图 2.2　常用单结晶体管的引脚排列
（a）BT31；（b）BT32、33、35 及 5S1

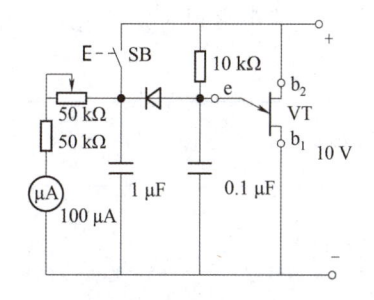

附图 2.3　单结晶体管分压比测量电路

(2) 按附图 2.1 将电路焊接好，负载暂不接。

(3) 检查电路无误后，闭合 Q，触发电路接通电源，用双踪示波器逐一观察触发电路中同步电压 u_1、整流输出电压 u_2、削波电压 u_3、锯齿波电压 u_4 以及单结晶体管输出电压 u_5 的波形。

改变移相电位器 R_P 的阻值，观察点 4 锯齿波的变化及输出脉冲波形的移相范围，看能否满足要求，如不能满足要求，可通过调节 R_2、R_P、C 的数值来达到移相范围的要求。

(4) 电路调好后，可以用双踪示波器的两个探头分别观察波形间的相位关系，验证是否与理论分析的一致。

注意使用双踪示波器时必须将两探头的地线端接在电路的同一点上，以防止因两探头的地线造成被测量电路短路事故。

在有条件的情况下可以用四踪示波器同时观察 4 个波形的相位关系，熟悉四踪示波器的使用。

(5) 电阻负载时的研究。触发电路调试正常后，断开 Q，接上电阻负载（灯泡）后，再闭合 Q，使电路接通电源。用示波器观察负载电压 u_d、晶闸管两端电压 u_{VT} 的波形。调节移相电位器 R_P，观察 $\alpha=60°$、$90°$、$120°$ 时 u_d、u_{VT} 的波形，同时测量 U_d 及电源电压 U_2 的值，并将观察测量的结果记录于附表 2.2 中。

附表 2.2　实验记录 3

α	60°	90°	120°
u_d 的波形			
u_{VT} 的波形			
U_d/V			
U_2/V			

(6) 阻感负载时的研究。

①打开 Q，换接上 L 和 R，接好后，再闭合 Q。

②不接续流二极管，把 R 调到中间值观察 $\alpha=60°$、$90°$、$120°$ 时 u_d、i_d（实际对应了 R 两端电压 u_R）、u_{VT} 的波形。把 R 调到最小及最大时，观察 i_d 的波形，分析不同阻抗角对电流波形的影响。

③闭合 S，接上续流二极管 VD_1，重复上述实验，观察续流二极管的作用。

④把上述观察到的波形记录于附表 2.3。

附表 2.3　实验记录 4

类别	α	u_d 的波形	u_{VT} 的波形	i_d 波形		
				R 中	R 最小	R 最大
不接 VD_1	60°					
	90°					
	120°					
接 VD_1	60°					
	90°					
	120°					

5. 实验实训注意事项

（1）双踪示波器在同时使用两个探头测量时，由于两探头的地线均与示波器的外壳相接，故必须将两探头的地线端接在电路的同一电位点上；否则会造成被测电路短路事故。

（2）电感性负载最好采用平波电抗器或直流电动机励磁绕组。

（3）续流二极管的极性不要接反；否则会造成短路事故。而且续流回路与负载的连线要短粗，而且要接牢，使接触电阻尽可能小，以利于续流。

6. 实验实训报告要求

（1）整理实验实训中记录的波形，回答实验实训中提出的问题。

（2）画出两种负载当 $\alpha=90°$ 时，触发电路的各点波形和 u_d、i_d、u_{VT} 的波形。

（3）作出电阻负载时 $U_d/U_2=f(\alpha)$ 曲线，并与 $U_d=0.45U_2\dfrac{1+\cos\alpha}{2}$ 进行比较。

（4）总结分析实验实训中出现的现象。

（5）写出本实验的心得与体会。

项目实训 3　锯齿波触发电路与三相全控桥整流电路的测试

1. 实验实训目的

（1）熟悉锯齿波触发电路的工作原理，了解各主要元件的作用及电路各主要点的波形。

（2）掌握锯齿波触发电路的调试方法。

（3）熟悉三相全控桥整流电路的接线，观察电阻性负载、电感性负载时输出电压、电流的波形。

（4）熟悉触发器同步定向原理，掌握调试晶闸管整流装置的方法和步骤。

2. 实验实训设备

- 锯齿波触发电路板：6 块。
- 三相全控桥整流电路板：1 块。
- 三相整流变压器：1 台。
- 三相同步变压器：1 台。
- 单、双路稳压电源：各 1 台。
- 滑线变阻器：1 台。
- 电抗器：1 台。
- 双踪示波器：1 台。
- 万用表：1 块。

3. 实验实训电路

锯齿波触发电路与三相全控桥整流电路实验实训电路如附图 3.1 和附图 3.2 所示。

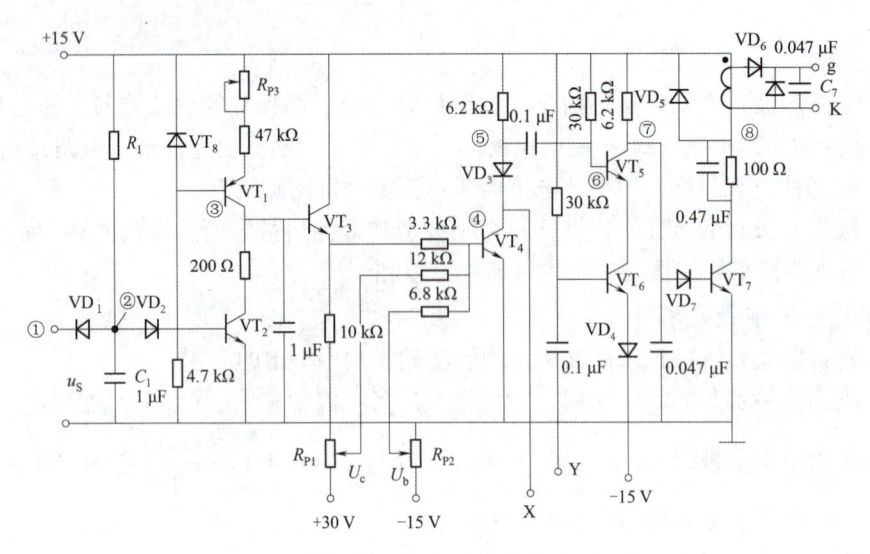

附图 3.1　锯齿波触发电路

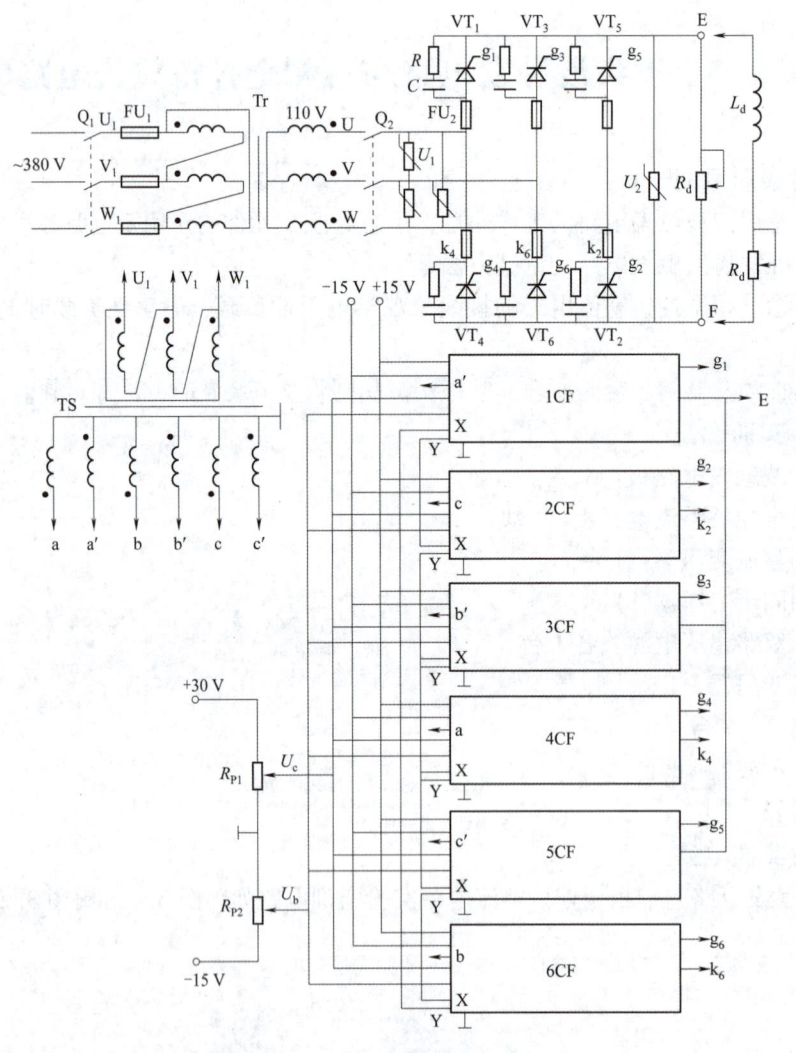

附图 3.2　三相全控桥整流实验电路

4. 实验实训内容及步骤

1) 锯齿波触发电路的测试及调节

（1）按附图 3.2 所示将触发电路的各直流电源及同步电压接好，选定其中一块触发器（如 1CF），检查电位器 R_{P1}、R_{P2} 和 R_{P3} 的作用，当顺时针方向旋转时，相应的锯齿波斜率应上升，直流偏移电压 U_b 的绝对值增加，控制电压 U_c 也应增加。

（2）用双踪示波器检查各主要点波形。

①同时观察①与②点的波形，进一步加深对 C_1 和 R_1 作用的理解。

②同时观察②与③点的波形，说明锯齿波的底宽取决于线路中什么元件的参数。

③观察④~⑧点及脉冲变压器输出电压 u_g 的波形，记录各波形的幅度和宽度，说明 u_g 的幅度、宽度与线路中什么元件参数有关。

2) 确定电源的相序

三相整流电路是按一定顺序工作的，保证相序正确是非常重要的。相序的测量方法可以用双踪示波器，也可以用带有电源同步的单线示波器。指定一根电源线为 U_1 相（附图 3.2），接到双踪示波器的 Y_1，而 Y_2 接到另一根电源线，所观察的波形若比 Y_1 波形滞后 120°则为 V_1 相，超前 120°则为 W_1 相。

也可以用其他方法确定相序：如附图 3.3 所示，把电容及灯连成星形，3 个端点分别接到三相电源上，则一个灯较亮，另一个灯较暗。如果以接电容的相为 U_1 相，则与较亮的灯相接的电源线为 V_1 相，与较暗的灯相接的为 W_1 相。

将实验所用主变压器和同步变压器的一次侧和二次侧正式标记后，根据附图 3.2 的要求把主变压器连成 Dy11，同步变压器连接成 Dyn11、Dyn5 接线组别。1CF~6CF 触发极所接同步电压的取法见附表 3.1。

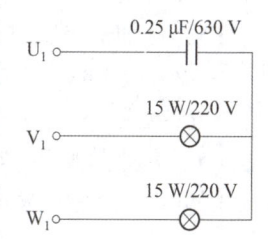

附图 3.3 指示灯确定相序的原理接线

附表 3.1 实验连接表

极别	共阴极组			共阳极组		
晶闸管元件号	VT_1	VT_3	VT_5	VT_4	VT_6	VT_2
晶闸管元件所接的相	U	V	W	U	V	W
同步电压	a′	b′	c′	a	b	c

3) 电阻性负载的研究

（1）按附图 3.2 连接线路，并调整各触发器的锯齿波斜率电位器 R_{P3}（附表 3.1），用双踪示波器依次观察相邻两块触发板的锯齿波电压波形，使各锯齿波电压的斜率基本一致，间隔各差 60°，波形如附图 3.4 所示。

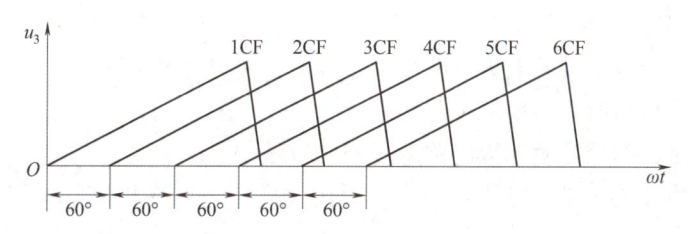

附图 3.4 锯齿波的排列波形

（2）观察各触发器的输出触发脉冲，如附图3.5所示，如果X、Y端不连接，输出的触发脉冲为单脉冲，如附图3.5（a）所示；如果X、Y端连接，输出的触发脉冲为双脉冲，如附图3.5（b）所示。

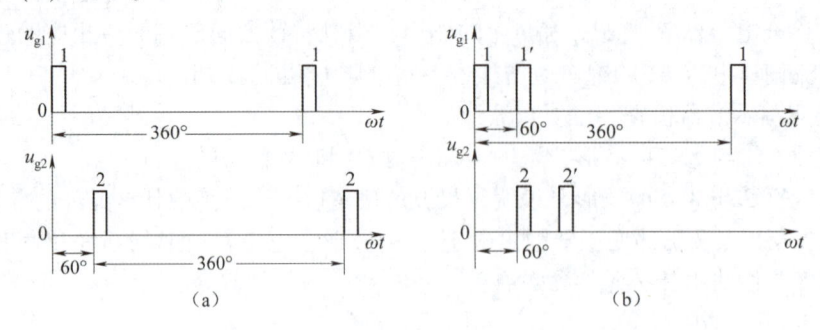

附图3.5　1CF 和 2CF 输出的触发脉冲的形式

(a) 单脉冲；(b) 双脉冲

（3）偏置直流电压 U_b 的调节。当触发电路正常后，把控制电压旋钮调到零（即 $U_c = 0\ \text{V}$），然后调节 U_b，使 $\alpha = 120°$，即初始脉冲对应整流后的直流电压为零的位置。

（4）仔细检查线路无误后，合上 Q_2，使主电路接通电源。调节 U_c，用示波器观察当 α 从 0°～120° 变化时 u_d 的波形。画出 $\alpha = 30°$、60° 及 90° 时 u_d 以及 u_{VT1} 的波形。测量并记录 u_d、u_c 的数值。

（5）去掉晶闸管 VT_1 的触发脉冲，观察并记录 u_d 以及 u_{VT1} 的波形。分析不触发的晶闸管两端电压与正常触发的晶闸管两端电压有什么不同。

（6）改变三相电源的相序，观察输出电压的波形是否正常，并分析原因。恢复三相电源的相序，对调变压器二次侧的任意两相，观察 u_d 波形是否正常，思考为什么？

4）电感性负载的研究

（1）打开 Q_2，换上电感性负载，然后将 U_c 电位器调节到 $U_c = 0\ \text{V}$，再调节 U_b 电位器使 $\alpha = 90°$，即使初始脉冲与电感性负载输出电压为零的位置相对应。

（2）合上 Q_2，接通主电路的电源，改变 U_c 的大小，观察并记录 $\alpha = 30°$、60° 及 90° 时输出 u_d 的波形、输出电流 i_d 的波形、u_{VT1} 的波形以及 u_{Ld} 的波形。

（3）改变 R_d 的数值，观察 i_d 波形脉动情况，记录如 $\alpha = 60°$ 时的波形，R_d 分别为较大和较小时输出电流 i_d 的波形。

5. 实验实训注意事项

（1）在调整锯齿波的斜率时，要注意先把双踪示波器 Y_A 和 Y_B 的灵敏度调到一样。

（2）不论是电阻性负载还是电感性负载的实验，在闭合 Q_2 前都要先把 U_c 调到零，实验中 U_c 也应连续平滑地调节。

6. 实验实训报告要求

（1）整理在实验中记录的锯齿波同步触发电路的波形和数据。

（2）讨论并分析实验中出现的现象。

（3）总结调试三相全控桥整流电路的步骤和方法。

（4）总结锯齿波同步触发电路移相范围的调试方法，讨论触发脉冲移相范围的大小与哪些元件参数有关。

项目实训 4　三相桥式有源逆变电路的测试

1. 实验实训目的

（1）研究三相桥式整流电路由整流转换到逆变状态的全过程，验证有源逆变的条件。

（2）观察逆变颠覆现象，总结防止逆变颠覆的措施。

2. 实验实训设备

- BL-Ⅰ型电力电子技术实验装置：1 台。
- 直流电动机-发电机组：1 套。
- 单相刀开关：1 个。
- 单相双投刀开关：2 个。
- 三相刀开关：2 个。
- 灯箱：1 个。
- 三相自耦调压器：1 个。
- 变阻器：1 台。
- 电抗器：1 台。
- 转速表：1 块。
- 万用表：1 块。

3. 实验实训电路

实验实训电路如附图 4.1 和附图 4.2 所示。

4. 实验原理

在直流电动机可逆系统中，要求 α 在 0°~180°范围内变化，而 α 在 0°~90°时，电路工作在整流状态，$u_d>0$，并且 $u_d>E_M$（E_M 为直流电动机电枢电动势），d_1 极性为正，d_2 极性为负，电动机正转；$\alpha= 90°~180°$（$\beta=90°~0°$）时，电路工作在有源逆变状态，$u_d<0$，并且 $u_d<E_M$，d_1 极性为负，d_2 极性为正，电动机反转；$\alpha=90°$时为中间状态，$u_d=0$，电动机不转。有源逆变条件如下：

（1）必须有一个对晶闸管为正的直流电源 E_M，并且 $|E_M|>|U_d|$；

（2）逆变角 $30°\leq\beta<90°$；

（3）负载回路中要有足够大的电感。

5. 实验实训内容及步骤

1）逆变实验准备

（1）按附图 4.1、附图 4.2 将电路接好，各刀开关均处于打开位置。

（2）闭合附图 4.1 中 Q，接通触发电路的各直流电源，检查各触发电路是否正常。

249

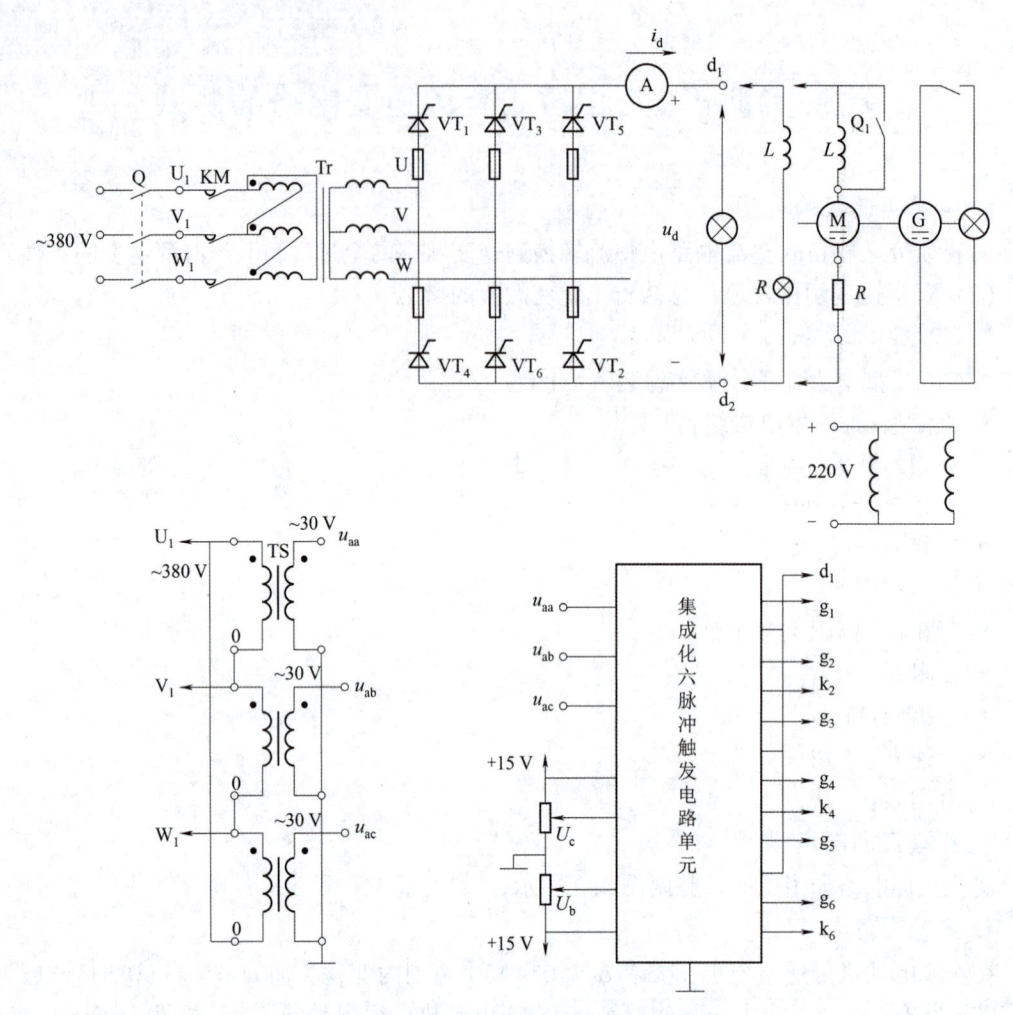

附图 4.1 三相桥式有源逆变主电路接线图 1

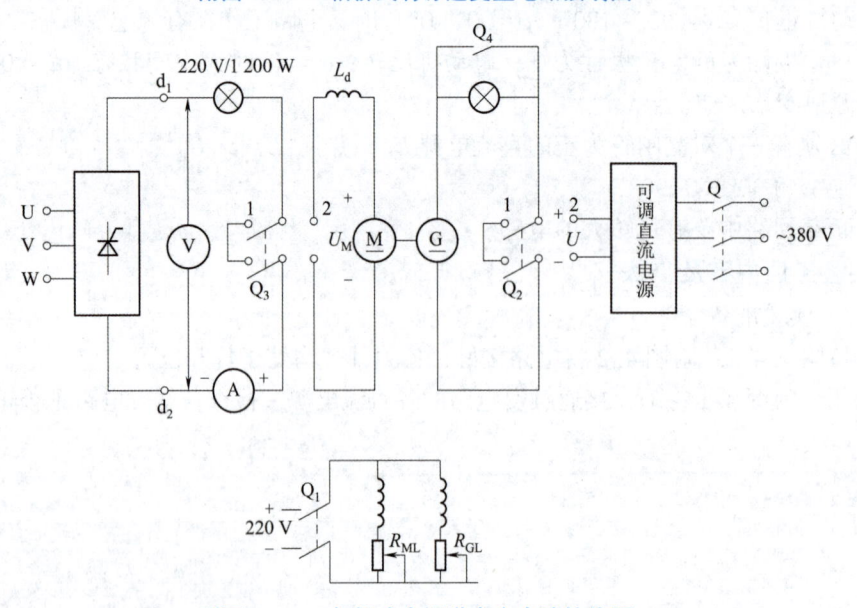

附图 4.2 三相桥式有源逆变主电路接线图 2

（3）待触发电路工作正常后，可以找出偏移电位器对应 $\alpha=150°$ 时的位置。这时可将主电路中 VT_1、VT_3、VT_5 这 3 个晶闸管暂时接成三相半波可控整流电路（注意 d_2 端断开，VT_4、VT_6、VT_2 暂不接），如附图 4.3 所示。

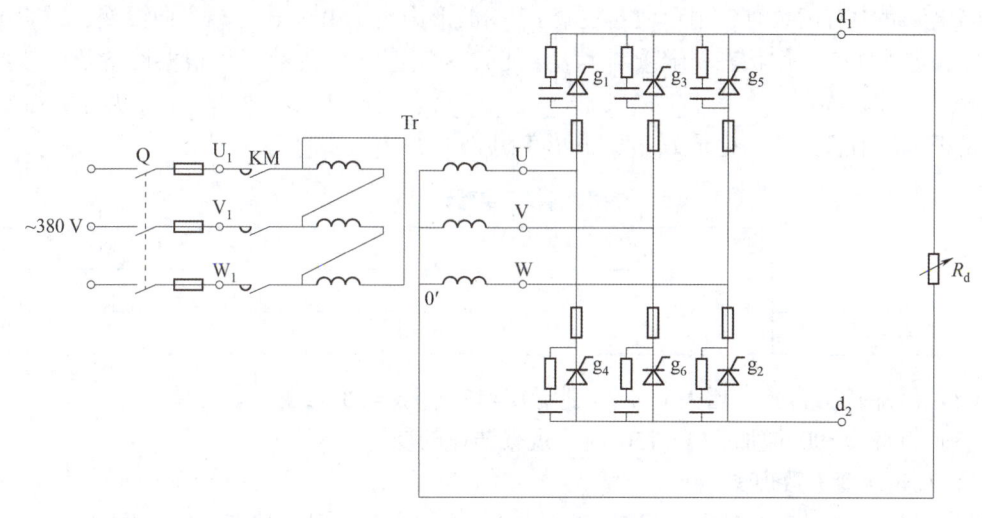

附图 4.3　找 U_b 电位器对应 $\alpha=150°$ 位置的主电路接线图

按启动按钮，主电路接通电源，做三相半波可控整流电路电阻负载实验。根据移相范围为 $150°$ 的原则，把 U_c 电位器旋钮调到零，然后调节 U_b 电位器旋钮使输出电压 U_d 刚好为零，此时说明 α 角为 $150°$。记录好这个位置，并在 U_b 电位器旋钮上做好标记。

（4）按停止按钮，使主电路切断电源，然后将主电路接成三相桥式全控整流电路。按启动按钮，KM 吸合，主电路接通电源。Q_3 合向 1（此时为电阻性负载），调节控制电压 U_c 电位器旋钮，观察 U_d 波形是否连续可调，检查三相全控桥式整流电路工作是否正常，当证明电路工作正常后，再调节 U_c 使 $\alpha=90°$。

（5）闭合 Q_1，给直流电动机、直流发电机加上额定励磁电压。Q_2 合向 1，使直流发电机接上灯泡负载。Q_3 合向 2，直流电动机接通可控整流电源。增大 U_c 使 α 角逐渐减小，U_d 由零逐渐上升到一定值（如 150 V），电动机减压启动并运转，记录好电动机的转向。

（6）保持 U_d 不变，带上一定负载，读取直流平均电压 $U_L=$ ＿＿＿＿ V、$U_R=$ ＿＿＿＿ V、直流电动机电枢两端的电压 $U_M=$ ＿＿＿＿ V，同时比较 U_d 和 U_M 的大小 ＿＿＿＿。记录 d_1、d_2 两端的极性 d_1 ＿＿＿＿、d_2 ＿＿＿＿。观察 U_d、U_L、i_d 波形，记录于附表 4.1 中。

附表 4.1　实验记录 5

U_d 波形	U_L 波形	i_d 波形

（7）断开 Q_3，闭合 Q_4，Q_2 合向 2，调节可调直流电源使 U 由零稍上升，直流发电机启动并带动直流电动机旋转，观察直流电动机是否反向旋转（与步骤（5）转向相反）。如果电动机的转向仍与步骤（5）时相同，可断开 Q_2，对调直流电动机电枢两端的接线，再闭合 Q_2，电动机即反向运转。

（8）把 U_c 调到零，此时 $\alpha=150°$。

上述步骤主要是检查电路工作是否正常，为有源逆变创造必要的条件。

2）逆变运行实验

（1）将 Q_3 合向 2，调节可调直流电源，使 U 上升，电动机升速，电动机电动势 E_M 上升，当电流表中有读数时，用示波器观察 U_d 的波形为负。由于电流 i_d 方向没变，说明可控整流电路进入逆变工作状态。继续增大 U，使 i_d 为定值（电流数值可根据设备及负载条件自行确定）。读取 $U_d=$ _____ V、$U_M=$ _____ V，是否 $U_M>U_d$？U_M、U_d 极性如何？U_M 极性是否对晶闸管为正？记录 U_d、i_d 波形于附表 4.2 中。

附表 4.2　实验记录 6

α	150°	120°	90°
U_d			
i_d			

（2）保持 i_d 为常数，增大 U_c，分别使 α=120°、α=90°重复上述实验。

（3）当将 α=90°增加到 α=150°时，观察转速的变化。

3）观察逆变失败现象

（1）将 U_c 调到零，然后再调 U_b 使 β→0°，示波器上出现一相直通的正弦波。

（2）在正常逆变工作状态时，去掉+15 V 电源使脉冲消失，观察逆变失败现象，记录逆变失败时的波形，分析造成逆变失败的原因。

（3）断开 Q_4、Q_2、Q_3、Q 及 Q_1，实验完毕。

6. 实验实训注意事项

（1）可调直流电源由三相调压器经二极管三相桥式整流获得，输出直流电压 U 由 0~220 V 可调。

（2）逆变工作时，若 U_d、U_M 顺极性串联会造成短路，则电路中会出现短路电流，损坏晶闸管元件，因此在生产中常采取一系列措施来防止这一故障发生。为了能观察到这种现象，这里人为地制造了这种故障，而串联灯泡就是为了限制这种故障电流。这显然是与实际工作电路不符的，但这样可以做到在电流 i_d 不超过允许值的情况下，通过调节 U_c，可以观察到由整流到逆变的全过程。即使这样也应注意电流不得超过规定值（本电路不得超过 1.5 A）。

（3）给电动机加到全压后，若转速仍达不到要求，可在直流电动机励磁绕组中串入电阻进行弱磁升速，操作时应小心进行。

（4）在逆变工作中 α 由 90°增加到 150°时，逆变电压 $U_β$ 要上升，在 i_d 不变的条件下，相当于直流电动机负载上升，所以转速 n 要下降。在可调直流电源的功率较小时，由于电源内阻压降引起 U 下降，使转速下降更多，在严重的条件下，甚至不能保证逆变顺利进行，在不得已的情况下，只有在逆变电压较低的条件下进行实验，或者改用二次电压较低的整流变压器。

7. 实验实训报告要求

（1）整理实验中记录的波形，回答提出的问题。

（2）总结有源逆变的条件以及应注意的问题。

（3）逆变工作时，如果 α<90°，会出现什么问题？应采取什么措施？

（4）讨论分析实验中出现的其他问题。

项目实训 5　单相交流调压电路的测试

1. 实验实训目的

（1）熟悉交流调压电路的工作原理，掌握其接线、调试方法和步骤。

（2）通过观察电阻负载与阻感负载时的输出电压、电流波形，加深对晶闸管交流调压工作原理的理解。

（3）明确阻感负载时控制角 α 限制在 $\varphi \leqslant \alpha \leqslant 180°$ 范围内调节的意义。

2. 实验实训设备

- 双向晶闸管组成的交流调压主电路板：1 块。
- 单结晶体管触发电路板：1 块。
- 同步变压器：1 台。
- 变阻器：1 只。
- 电抗器：1 只。
- 双踪示波器：1 台。

3. 实验实训电路

单结晶体管触发的双向晶闸管单相交流调压电路如附图 5.1 所示。

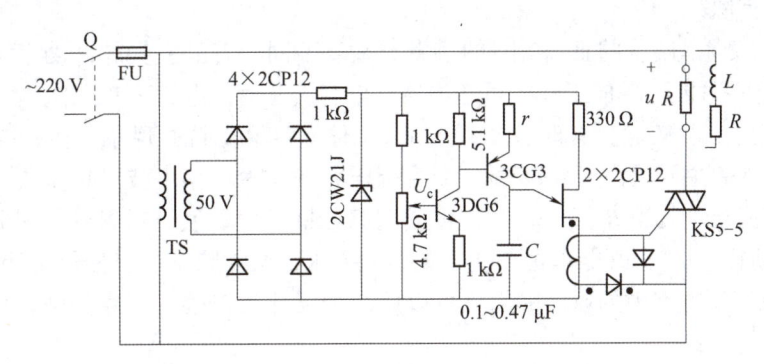

附图 5.1　双向晶闸管单相交流调压电路

4. 实验实训内容及步骤

1）调试单结晶体管触发电路

（1）脉冲变压器的输出端暂不接双向晶闸管的门极，合上 Q，用示波器观察并记录单结晶体管触发电路中各点电压波形：①整流输出端；②稳压削波端；③单结晶体管发射极；④触发脉冲输出端。

（2）通过调节 4.7 kΩ 电位器来改变 U_c 的大小，观察输出尖脉冲移相范围能否满足实验的要求。

（3）将脉冲变压器输出端以负脉冲触发方式连接到双向晶闸管的门极。

2）电阻负载实验

主电路负载端接上电阻负载变阻器 R，合上开关 Q，调节 U_c，观察并记录 $\alpha = 60°$、$90°$ 及 $120°$ 时负载两端输出电压 u、输出电流 i 以及双向晶闸管两端电压 u_{VT} 的波形。

253

3）阻感负载实验

（1）断开 Q，把负载换成电阻器 R 与电抗器 L 串联的阻感负载。

（2）合上 Q，调节 U_c 使 $\alpha=60°$。通过调节变阻器 R 来改变阻抗角 φ，观察在不同阻抗角时输出电压 u 的波形，观察并记录 $\alpha>\varphi$、$\alpha=\varphi$、$\alpha<\varphi$ 时输出电压 u 的波形。

5. 实验实训注意事项

触发电路元件参数如果选择不当，可能出现下列现象。

（1）在单结晶体管未导通时稳压管能正常削波，其两端电压为梯形波，而当单结晶体管导通时稳压管就不削波了。出现这一现象一般是由于所选稳压管的限流电阻值太大或稳压管容量不够造成的。

（2）触发电路各点波形正常而且晶闸管也是好的，但有时出现触发尖脉冲不能触通晶闸管的现象，原因可能有以下几个。

①充放电电容 C 值太小或单结晶体管的分压比太低，致使触发尖脉冲幅度太小，功率不够大等造成的。

②电阻性负载触发正常，而电感负载不能触发，这也是由于 C 值太小，尖脉冲宽度太窄，以致阳极电流还未上升到擎住电流，触发脉冲便已消失，管子又重新恢复到阻断状态。

③实验中若出现两个晶闸管的最小控制角或最大控制角不相等，当控制角调节到很小或很大时，主电路仅剩下一个晶闸管被触发导通。出现这一现象一般是由于两个晶闸管的触发电流差异较大造成的。可以采用调换触发特性相似的管子或在门极回路中串接不同阻值的电阻等来消除。

（3）由于双向晶闸管的 Ⅲ₋ 和 Ⅰ₋ 的触发灵敏度不同，若触发尖脉冲功率不够，就可能出现双向晶闸管只能 Ⅰ₋ 单向工作，可适当增大电容量从而使电路正常工作。

（4）做阻感负载实验，有时会出现当 $\alpha<\varphi$ 时，熔丝烧断的现象，而检查电路后都正常。出现这种现象主要是由于 $\alpha<\varphi$ 时，交流调压突然变为单相半波可控整流，输出电压中含有较大的直流分量，当 R 值很小时，直流电流分量很大以致烧断熔丝。因此，应将电感 L 和电阻 R 都加大一些，既能满足改变 φ 的实验要求，又能限制直流分量使其不致太大。

（5）交流调压电路中的双向晶闸管可以用两个反并联连接的普通晶闸管代替，触发电路也可采用其他形式。

（6）电抗器可以是平波电抗器、发动机的励磁绕组，也可以是单相自耦调压器。若用自耦调压器作为可变电感使用时，通过调节电感 L 的值，可以方便地观察 $\alpha>\varphi$、$\alpha=\varphi$、$\alpha<\varphi$ 这 3 种情况时的输出电压 u 和电流 i 的波形。不过，负载电流波形与教材理论分析会有所不同，原因是自耦调压器闭路铁芯的电感量将随着负载电流增大而减小，以致电流波形呈脉冲形。

6. 实验实训报告要求

（1）画出电阻负载在 $\alpha=60°$、$90°$ 及 $120°$ 时负载两端输出电压 u、双向晶闸管两端电压 u_{VT} 的波形并测量 u 及 u_{VT} 的有效值。

（2）画出阻感负载在阻抗角 $\varphi=60°$ 时，$\alpha>\varphi$、$\alpha=\varphi$、$\alpha<\varphi$ 这 3 种情况下的输出电压 u 和电流 i 的波形。

（3）总结分析实验中出现的各种现象并加以分析。

项目实训 6　双向晶闸管三相交流调压电路的测试

1. 实验实训目的
（1）熟悉双向晶闸管三相交流调压电路的工作原理。
（2）了解三相三线和三相四线制交流调压电路在电阻负载时输出的电压、电流的波形及移相特性。

2. 实验实训设备
- BL-Ⅰ型电力电子技术实验装置：1台。
- 变阻器或灯板：3只。
- 双踪示波器：3台。
- 万用表：1块。

3. 实验实训电路
双向晶闸管的三相交流调压电路如附图 6.1 所示。

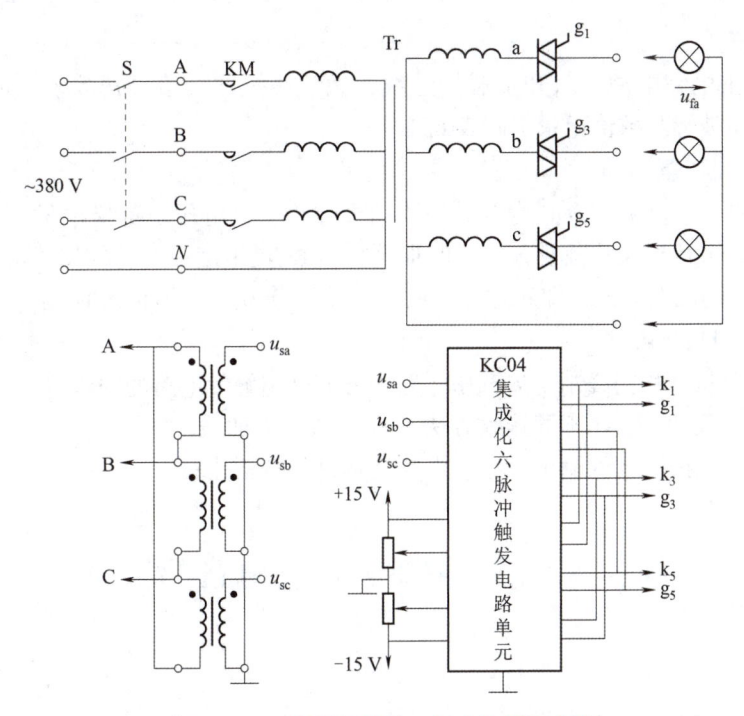

附图 6.1　双向晶闸管的三相交流调压电路

4. 实验实训原理
星形带中性线的三相交流调压电路，实际上就是 3 个单相交流调压电路的组合，其工作原理和波形均与单相交流调压电路相同。

三相三线制交流调压电路，由于没有中性线，每相电流必须与另一相构成回路。与三相全控桥一样，应采用宽脉冲或双窄脉冲触发。与三相整流电路不同的是，控制角 $\alpha=0°$ 为相应相电压过零点，而不是自然换相点。在两相间导通时是靠线电压导通的，而线电压超前相电压 30°，因此 α 角的移相范围是 30°~150°。

由附图 6.1 可看出，主电路整流变压器采用 YN、yn(y) 接法与同步变压器采用 D、yn-yn 接法即可满足上述两种调压电路的要求。

5. 实验实训内容及步骤

（1）按附图 6.1 所示把电路接好。闭合 S，接通同步电压和直流电源，用示波器检查触发电路工作是否正常。

（2）切断主电路电源，在星形带中性线的三相交流调压电路中接上电阻负载，并按启动按钮接通主电路电源，用示波器观察 α=0°、60°、90°、120°、150°时三相负载电压的波形，并把 A 相负载电压的波形和输出电压有效值记录于附表 6.1 中。

附表 6.1　实验记录 7

接法	α	0°	60°	90°	120°	150°
yn	U/V					
	u 波形					
y	U/V					
	u 波形					

（3）切断主电路电源，断开负载中性线，做三相三线交流调压实验。其步骤与（2）相同，并将电压波形与数值记录于附表 6.1 中。

6. 实验实训注意事项

双向晶闸管正、反两个方向均能导通，门极加正、负电压也都能触发。主电压和触发电压相互配合，可得到 4 种触发方式。但Ⅲ₊触发方式灵敏度最低，使用时应尽量避开，故常采用Ⅰ₋和Ⅲ₋的触发方式，即触发脉冲的输出端 K 接双向晶闸管的 G 端。

7. 实验实训报告要求

（1）讨论分析三相三线制交流调压电路中如何确定触发电路的同步电压。
（2）整理记录波形，作不同接线方法时 $U=f(α)$ 的曲线。
（3）将两种接线方式的输出电压、电流波形进行分析比较。

项目实训 7　IGBT 斩波电路的测试

1. 实验实训目的

（1）掌握斩波电路的工作原理。
（2）掌握 IGBT 器件的应用。
（3）熟悉 TL494 集成脉宽调制器的电路。
（4）了解斩波器电路的调试步骤和方法。

2. 实验实训设备

- BL-Ⅰ型电力电子技术实验装置或按附图 7.1 自制实验电路板：1 台。
- 灯箱：1 块。

- 直流伺服电动机（电枢电压 110 V、励磁电压 110 V）：1 台。
- 变阻器：1 只。
- 双踪示波器：1 台。
- 万用表：1 块。
- 转速表：1 块。

3. 实验实训电路

IGBT 斩波器实验实训电路如附图 7.1 所示。

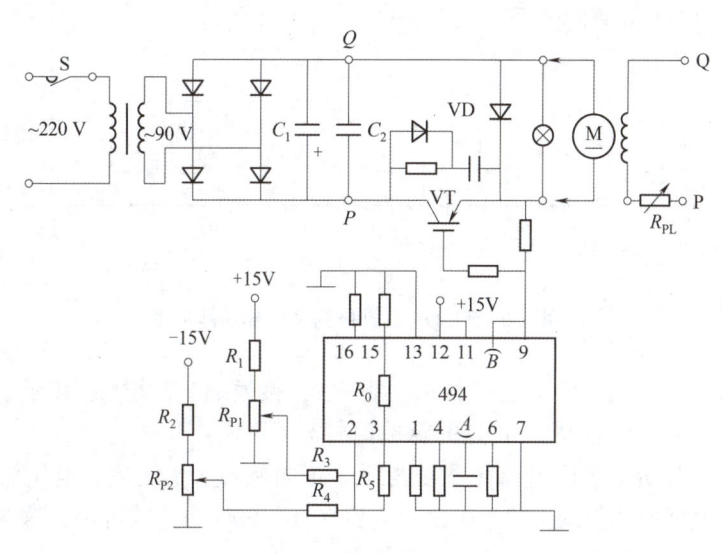

附图 7.1　IGBT 斩波器实验电路

4. 实验实训原理

如附图 7.1 所示，220 V 电源经变压器降压到 90 V，然后由二极管桥式整流、电容滤波获得直流电源。控制 IGBT 的通断就可调节占空比（t/T），从而使输出直流电压得到调节。

控制电路采用 TL494 集成脉宽调制器，其内部功能框图如附图 7.2 所示。电源 V_{CC} 的工作范围为 7 V≤V_{CC}≤40 V，实验电路中 V_{CC} 接 +15 V。TL494 内部还提供一个 +5 V 基准电压；由 14 脚引出。除差动放大器外，所有内部电路均由它提供电源。PWM 的开关频率由 C_T 端和 R_T 端决定。对地分别接入电容 C_T 和电阻 R_T，便可产生锯齿波自激振荡，振荡频率为 $f=1/(R_T C_T)$，产生的锯齿波稳定、线性度好。输出控制端（13 脚）用于控制 TL494 集成脉宽调制器的输出方式。当其接地时，两路输出三极管同时导通或截止，形成单端工作状态，可以用于提高输出电流。当输出控制端接 U_{REF}（14 脚）时，TL494 形成双端工作状态，两路输出三极管可接成两路对称反相的工作状态，交替导通和截止。本实验采用 13 脚接地方式。两个误差放大器，一个可作为电压控制使用，用于各种不同的 PWM 控制，另一个可用于保护电路。采用适当连接方式可实现 0～100% 和 50%～100% 占空比脉冲输出。

5. 实验内容及步骤

（1）对照附图 7.1 找出主电路和控制电路插板的位置，熟悉电路接线，找出 IGBT、TL494 等主要元器件。

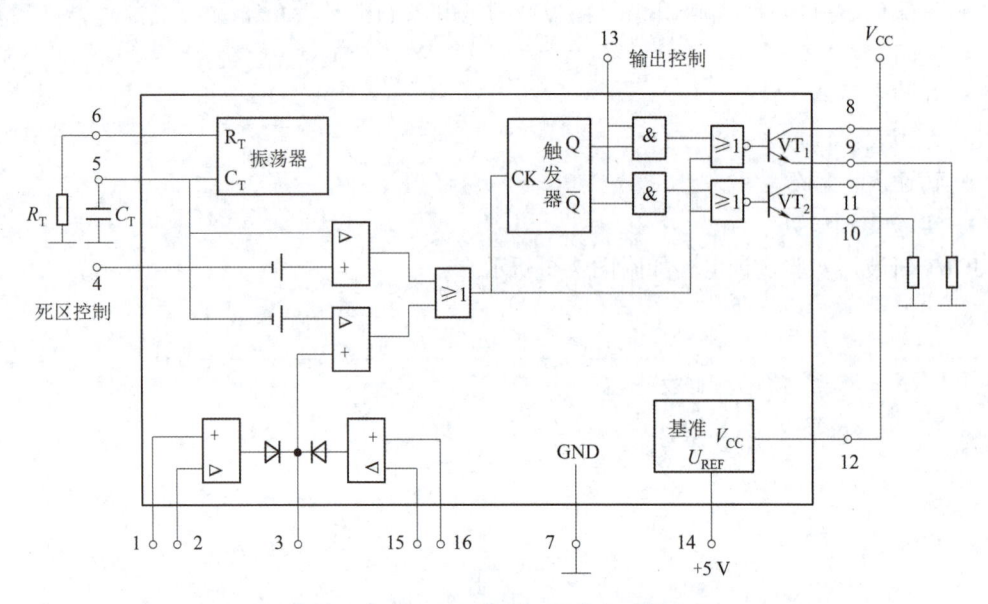

附图7.2　TL494引脚排列及内部功能框图

（2）按附图7.1接线，调节电位器R_{P1}到零位，接通±15 V电源，用示波器观察A点波形应为锯齿波，调节电位器R_{P2}，B点的脉冲输出宽度可调。

（3）调节电位器R_{P2}使输出脉冲宽度为零。正向旋转R_{P1}使控制电压由零上升，用示波器观察脉冲应逐渐变宽。调节R_{P1}应使占空比在0～100%内连续可调，这样说明控制电路工作正常。记录占空比为50%时A、B两点的电压波形。

（4）断开±15 V电源，并把电位器R_{P1}调到零位，接上灯负载（如200 W灯）。按启动按钮接通主电路交流电源，此时用万用表测量C_1（即P、Q）两端直流电压在120 V左右，说明变压器、整流桥及滤波电容工作正常。

（5）再次接通±15 V电源，增大R_{P1}，用示波器观察负载两端电压波形，占空比是否由0～100%连续可调，若为连续可调方波，说明电路工作正常，此时可记录占空比为50%及100%时负载两端电压u_o数值及u_o波形，并记入附表7.1。

附表7.1　实验记录8

负载	占空比50%		占空比100%	
	u_o/V	u_o的波形	u_o/V	u_o的波形
200 W				
100 W 左右				

改用一只100 W左右的灯泡，重复上述实验，记录占空比为50%及100%时负载两端电压u_o数值及u_o波形于附表7.1中。

（6）断开各电源，把电位器R_{P1}调到零位，拆去灯泡负载，参照附图7.1接上电动机负载（空载）。

（7）接通交流电源，在主电路有电时，调节电位器R_{P1}，使励磁绕组电压为额定值。

（8）接通±15 V电源，正旋R_{P1}，用示波器观察u_o波形及电动机转速的变化，看电动机运行是否平稳。当电动机工作正常后,可用直流电压表和转速表记录一组数据于附表 7.2 中。

附表 7.2　实验记录 9

t/T	25%	50%	75%	100%
u_o/V				
$n/(r \cdot min^{-1})$				

6. 实验实训报告要求

（1）整理记录波形,比较两种灯泡负载下 u_o 的波形有什么不同,为什么?

（2）占空比为 100%时,u_o 波形是否平直? 为什么?

（3）画出电动机负载时 $u_o = f(t/T)$ 及 $n = f(t/T)$ 的关系曲线。

项目实训 8　变频器熟悉实验

1. 实验实训目的

（1）熟悉 MM420 的面板操作运行。

（2）熟悉 MM420 的端子接线。

（3）熟悉 MM420 运行时的参数设置。

2. 实验实训设备

变频器选用 MICROMASTER420 6SE6420-2UC13-7AA1（简称 MM420）,$P_N = 0.37$ kW;电动机选用 JW7114 交流异步电动机,$P_N = 0.37$ kW,$U_N = 380$ V,$I_N = 0.05$ A,$n_N = 1\,400$ r/min,$f_N = 50$ Hz。

3. 实验实训内容及步骤

1) MM420 变频器基本操作面板 BOP 控制接线图

变频器面板给定方式时不需要外部接线,只需操作面板上的上升、下降键,就可以实现频率的设定,该方法简单,频率设置精度高,属于数字量频率设置方式,适用于单台变频器的频率设置。

MM420 变频器操作面板有基本操作面板 BOP 和高级操作面板 AOP,利用操作面板上的按钮可直接设置参数,实现电动机正转、反转和正向、反向点动控制。附图 8.1 所示为 MM420 变频器的操作面板。附图 8.2 所示为 MM420 变频器面板基本操作控制接线图。

SDP 状态显示板	BOP 基本操作面板	AOP 高级操作面板

附图 8.1　M420 变频器的操作面板

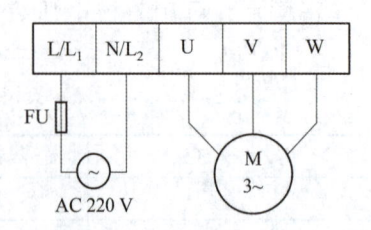

附图 8.2　MM420 变频器面板基本操作控制接线图

2) 用基本操作面板 BOP 设置参数

（1）参数复位。在变频器停机状态下，可对变频器参数复位为工厂的默认值，见附表 8.1，按下变频器操作面板Ⓟ键，开始复位，复位过程大约需 3 min。

附表 8.1　恢复变频器工厂默认值

参数号	出厂值	设置值	说明
P0010	0	30	参数为工厂的设置值
P0970	0	1	全部参数复位

（2）设置电动机参数。为了使电动机与变频器相匹配，需设置电动机参数。电动机选用型号为 JW7114，电动机的参数设置见附表 8.2。

附表 8.2　电动机的参数

参数号	出厂值	设置值	说明
P0003	1	1	用户访问级为标准级
P0010	0	1	快速调试
P0100	0	0	使用地区：欧洲 [kW]，f=50 Hz
P0304	230	380	电动机额定电压（V）
P0305	3.25	1.05	电动机额定电流（A）
P0307	0.75	0.37	电动机额定功率（kW）
P0310	50	50	电动机额定频率（Hz）

当电动机参数设置完成后，设 P0010=0，变频器当前处于准备状态，可正常运行。

（3）设置电动机正转、反转和正向、反向点动的面板基本操作控制参数，如附表 8.3 所示。

附表 8.3　面板基本操作控制参数

参数号	出厂值	设置值	说明
P0003	1	1	用户访问级为标准级
P0004	0	7	参数过滤显示命令和数字 I/O 参数
P0700	2	1	由 BOP（键盘）输入设定值（选择命令源）
P0304	230	380	电动机额定电压（V）

续表

参数号	出厂值	设置值	说明
P0004	0	10	显示设定值通道和斜坡函数发生器参数
P1000	2	1	频率设定由 BOP 的▲▼键设置
*P1080	0	0	电动机运行的最低频率（下限频率）（Hz）
*P1082	50	50	电动机运行的最高频率（上限频率）（Hz）
*P1120	10	5	斜坡上升时间（s）
*P1121	10	5	斜坡下降时间（s）
P0003	1	2	用户访问级为扩展级
*P1040	5	25	键盘设定的运行频率值（Hz）
*P1058	5	10	正向点动频率（Hz）
*P1059	5	10	反向点动频率（Hz）
*P1060	10	5	点动斜坡上升时间（s）
*P1061	10	5	点动斜坡下降时间（s）

注：标"*"号的参数可根据用户实际要求进行设置。

P1032=0 允许反向，可以用输入的设定值改变电动机的旋转方向（既可以用数字输入，也可以用键盘上的▲▼键增加/降低运行频率）。

3）用基本操作面板 BOP 对电动机进行操作控制

（1）按变频器操作面板上的运行键 ⓘ，变频器将驱动电动机升速，并运行在由 P1040 所设定的 25 Hz 频率对应的 700 r/min 的转速上。

（2）如果需要，则电动机的转速（运行频率）及旋转方向可直接通过操作面板上的▲▼键来改变。当设置 P1031=1 时，由▲▼键改变了的频率设定值将被保存在内存中。

（3）按变频器操作面板上的换向键 ⓘ，变频器将驱动电动机降速至零，然后改变转向再升速至设定值。

（4）按变频器操作面板上的停止键 ⓘ，则变频器将驱动电动机降速至零。

点动运行：按变频器操作面板上的点动键 ⓘ，则变频器将驱动电动机升速，并运行在由 P1058 所设置的正向点动 10 Hz 频率值上。当松开变频器操作面板上的点动键 ⓘ，则变频器将驱动电动机降速至零。这时，如果按变频器操作面板上的换向键 ⓘ，再重复上述的点动运行操作，电动机可在变频器的驱动下反向点动运行。

4）用基本操作面板 BOP 查看信息

（1）变频器运行中，如果在显示任何一个参数时按 ⓘ 键保持 2 s 不动，将轮流显示以下参数值：

①直流回路电压（用 d 表示，单位为 V）；

②输出电流（A）；

③输出电压（用 O 表示，单位为 V）；

④输出频率（Hz）。

（2）变频器运行中若改 P0003＝4（维修级）、P0004＝0（显示全部参数），则可以查看任一个 r×××：

r0027——输出电流实际值；

r0039——能量消耗计量表；

r2262——经滤波的 PID 设定值；

r2266——PID 经滤波的设定值反馈；

r2273——PID 设定值与反馈信号间的误差。

4. 实验实训报告要求

实验实训报告要求包含以下内容。

（1）MM420 变频器面板上各按钮的基本功能。

（2）用基本操作板 BOP 设置参数的方法。

（3）用基本操作板 BOP 对电动机操作控制的步骤。

项目实训 9 变频器的快速调试实验

1. 实验实训目的

（1）熟悉 MM420 的面板操作运行。

（2）熟悉 MM420 的端子接线。

（3）熟悉 MM420 运行时的参数设置。

2. 实验实训设备

变频器选用 MM420，P_N = 0.37 kW；电动机选用 JW7114 交流异步电动机，P_N = 0.37 kW，U_N = 380 V，I_N = 0.05 A，n_N = 1 400 r/min，f_N = 50 Hz。

3. 实验实训内容

快速调试（P0010＝1）

P0010 的参数过滤功能和 P0003 选择用户访问级别的功能在调试时是十分重要的。由此可以选定一组允许进行快速调试的参数。电动机的设定参数和斜坡函数的设定参数都包括在内。在快速调试的各个步骤都完成以后，应选定 P3900，如果它置"1"，将执行必要的电动机计算，并使其他所有的参数（P0010＝1 不包括在内）恢复为默认设置值。只有在快速调试方式下才进行这一操作。快速调试的流程图如附图 9.1 所示，该流程只适用于第 1 访问级。

4. 实验实训报告要求

变频器 MM420 快速调速的方法步骤（附图 9.1）。

附　录

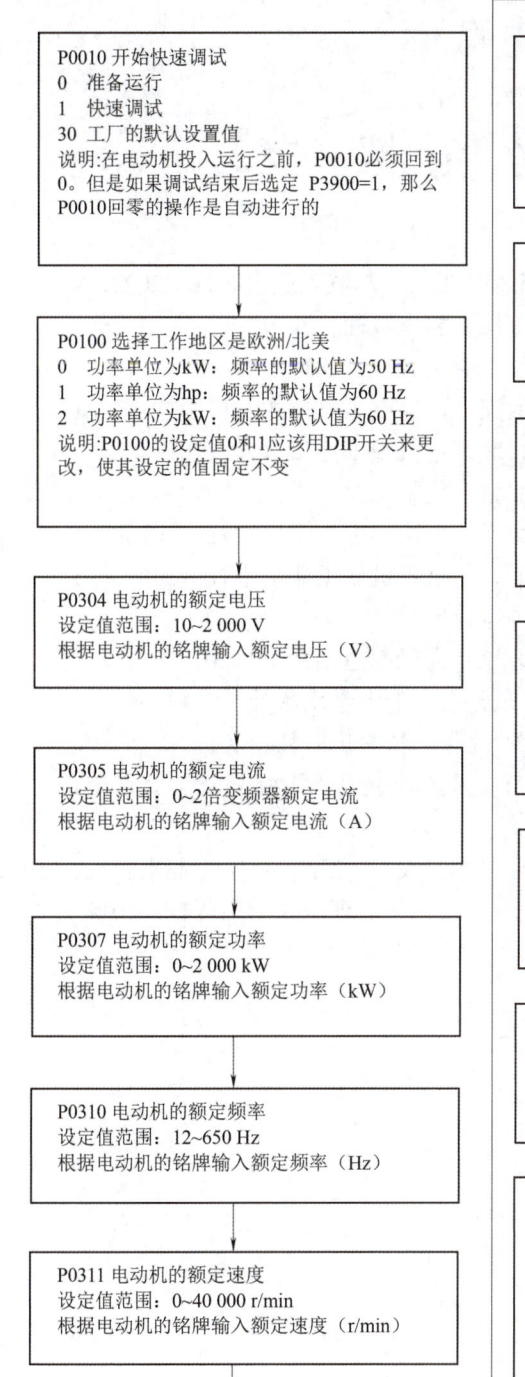

```
┌─────────────────────────────┐              ┌─────────────────────────────┐
│ P0010 开始快速调试          │              │ P0700 选择命令源            │
│  0   准备运行               │              │    接通/断开/反转           │
│  1   快速调试               │              │  0   工厂设置值             │
│  30  工厂的默认设置值       │              │  1   基本操作面板（BOP）    │
│ 说明:在电动机投入运行之前，  │              │  2   模拟输入/数字输入端子  │
│ P0010必须回到0。但是如果调试 │              └─────────────────────────────┘
│ 结束后选定 P3900=1，那么     │                            │
│ P0010回零的操作是自动进行的  │                            ▼
└─────────────────────────────┘              ┌─────────────────────────────┐
              │                              │ P1000 选择频率设定值        │
              ▼                              │  0   无频率设定值           │
┌─────────────────────────────┐              │  1   用BOP控制频率的升降    │
│ P0100 选择工作地区是欧洲/北美│              │  2   模拟设定值             │
│  0   功率单位为kW；频率的默  │              └─────────────────────────────┘
│      认值为50 Hz             │                            │
│  1   功率单位为hp；频率的默  │                            ▼
│      认值为60 Hz             │              ┌─────────────────────────────┐
│  2   功率单位为kW；频率的默  │              │ P1080 电动机最小频率        │
│      认值为60 Hz             │              │ 设定值范围：0~650 Hz        │
│ 说明:P0100的设定值0和1应该用 │              │ 该参数设置电动机的最小频率， │
│ DIP开关来更改，使其设定的值  │              │ 达到这一频率时电动机的运行  │
│ 固定不变                     │              │ 速度将与频率的设定值无关。  │
└─────────────────────────────┘              │ 这里设置的值对电动机的正/反 │
              │                              │ 转都适用                    │
              ▼                              └─────────────────────────────┘
┌─────────────────────────────┐                            │
│ P0304 电动机的额定电压      │                            ▼
│ 设定值范围：10~2 000 V      │              ┌─────────────────────────────┐
│ 根据电动机的铭牌输入额定    │              │ P1082 电动机最大频率        │
│ 电压（V）                   │              │ 设定值范围：0~650 Hz        │
└─────────────────────────────┘              │ 该参数设置电动机的最大频率， │
              │                              │ 达到这一频率时电动机的运行  │
              ▼                              │ 速度将与频率的设定值无关。  │
┌─────────────────────────────┐              │ 这里设置的值对电动机的正/反 │
│ P0305 电动机的额定电流      │              │ 转都适用                    │
│ 设定值范围：0~2倍变频器额定 │              └─────────────────────────────┘
│ 电流                        │                            │
│ 根据电动机的铭牌输入额定    │                            ▼
│ 电流（A）                   │              ┌─────────────────────────────┐
└─────────────────────────────┘              │ P1120 斜坡上升时间          │
              │                              │ 设定值范围：0~650 s         │
              ▼                              │ 电动机从静止停机加速到最大  │
┌─────────────────────────────┐              │ 电动机频率所需的时间        │
│ P0307 电动机的额定功率      │              └─────────────────────────────┘
│ 设定值范围：0~2 000 kW      │                            │
│ 根据电动机的铭牌输入额定    │                            ▼
│ 功率（kW）                  │              ┌─────────────────────────────┐
└─────────────────────────────┘              │ P1121 斜坡下降时间          │
              │                              │ 设定值范围：0~650 s         │
              ▼                              │ 电动机从其最大频率减速到静  │
┌─────────────────────────────┐              │ 止停机所需的时间            │
│ P0310 电动机的额定频率      │              └─────────────────────────────┘
│ 设定值范围：12~650 Hz       │                            │
│ 根据电动机的铭牌输入额定    │                            ▼
│ 频率（Hz）                  │              ┌─────────────────────────────┐
└─────────────────────────────┘              │ P3900 结束快速调试          │
              │                              │  0  结束快速调试，不进行电  │
              ▼                              │     动机计算或复位为工厂默  │
┌─────────────────────────────┐              │     认设置值                │
│ P0311 电动机的额定速度      │              │  1  结束快速调试，进行电动  │
│ 设定值范围：0~40 000 r/min  │              │     机计算或复位为工厂默认  │
│ 根据电动机的铭牌输入额定    │              │     设置值                  │
│ 速度（r/min）               │──────────────▶│  2  结束快速调试，进行电动  │
└─────────────────────────────┘              │     机计算和I/O复位         │
                                             │  3  结束快速调试，进行电动  │
                                             │     机计算，但不进行I/O复位 │
                                             └─────────────────────────────┘
```

附图 9.1　变频器快速调试的流程

参 考 文 献

[1] 王兆安，黄俊. 电力电子技术 [M]. 5版. 北京：机械工业出版社，2022.
[2] 刘泉海. 电力电子技术 [M]. 重庆：重庆大学出版社，2014.
[3] 张涛. 电力电子技术 [M]. 北京：电子工业出版社，2013.
[4] 储开斌. 电力电子技术及应用 [M]. 西安：西安电子科技大学出版社，2021.
[5] 周渊深，宋永英. 电力电子技术 [M]. 北京：机械工业出版社，2015.
[6] 郝万新，刘彬. 电力电子技术 [M]. 北京：化学工业出版社，2017.
[7] 刘峰，孙艳萍. 电力电子技术 [M]. 大连：大连理工大学出版社，2016.
[8] 王廷才，王伟. 变频器原理及应用 [M]. 北京：机械工业出版社，2015.
[9] 袁燕. 电力电子技术 [M]. 北京：中国电力出版社，2016.
[10] 徐立娟. 电力电子技术 [M]. 3版. 北京：人民邮电出版社，2019.
[11] 张加胜，张磊. 电力电子技术 [M]. 东营：石油大学出版社，2014.
[12] 贺益康，潘再平. 电力电子技术 [M]. 北京：科学出版社，2017.
[13] 刘志刚，叶斌，梁晖. 电力电子学 [M]. 北京：清华大学出版社，北京交通大学出版社，2014.
[14] 严克宽，张仲超. 电气工程和电力电子技术 [M]. 北京：化学工业出版社，2017.
[15] 陶权，吴尚庆. 变频器应用技术 [M]. 广州：华南理工大学出版社，2017.